现代食品深加工技术丛书

"十三五"国家重点出版物出版规划项目

"十三五"国家重点研发计划项目（2016YFD0400200）

"十二五"国家科技支撑计划课题（2012BAD29B03）　　　资助

湖南农业大学"双一流"建设项目（SYL201802002）

魔芋综合加工利用技术

田　云　周海燕　主编

U0232394

科学出版社

北　京

内 容 简 介

  魔芋药食同源，在我国有 2000 多年的栽培和食用历史，被世界卫生组织确定为全球十大保健食品之一。本书围绕魔芋综合加工利用方面的研究，从魔芋资源及综合加工利用概况、魔芋初加工技术、魔芋精粉和魔芋葡甘聚糖、魔芋低聚糖、魔芋飞粉综合利用和魔芋加工产业发展前景共六个方面进行了详细的阐述。本书的出版将为我国魔芋种质选育、初级加工和下游精深加工等领域提供重要参考，也将为促进魔芋加工产业技术升级、实现魔芋高效全值化开发利用、提升行业国际竞争力提供重要指导。

  本书可供食品、生物、医药、材料、化工和农业等领域从事魔芋综合加工利用的高校师生、相关科研机构及企业的技术人员阅读参考。

图书在版编目（CIP）数据

魔芋综合加工利用技术 / 田云，周海燕主编. —北京：科学出版社，2019.3

  （现代食品深加工技术丛书）

  "十三五"国家重点出版物出版规划项目

  ISBN 978-7-03-060615-0

  Ⅰ. ①魔… Ⅱ. ①田… ②周… Ⅲ. ①芋–加工 Ⅳ. ①S632.3

  中国版本图书馆 CIP 数据核字（2019）第 034810 号

责任编辑：贾 超 付林林 / 责任校对：杜子昂
责任印制：吴兆东 / 封面设计：东方人华

科学出版社 出版

北京东黄城根北街 16 号
邮政编码：100717
http://www.sciencep.com

北京九州迅驰传媒文化有限公司 印刷
科学出版社发行 各地新华书店经销

*

2019 年 3 月第 一 版 开本：720×1000 1/16
2019 年 3 月第一次印刷 印张：15 1/2
字数：300 000

定价：98.00 元
（如有印装质量问题，我社负责调换）

丛书编委会

总 主 编： 孙宝国

副总主编： 金征宇　罗云波　马美湖　王　强

编　　委（以姓名汉语拼音为序）：

毕金峰　曹雁平　邓尚贵　高彦祥　郭明若

哈益明　何东平　江连洲　孔保华　励建荣

林　洪　林亲录　刘宝林　刘新旗　陆启玉

孟祥晨　木泰华　单　杨　申铉日　王　硕

王凤忠　王友升　谢明勇　徐　岩　杨贞耐

叶兴乾　张　敏　张　慜　张　偲　张春晖

张丽萍　张名位　赵谋明　周光宏　周素梅

秘　　书： 贾　超

联系方式

电话：010-64001695

邮箱：jiachao@mail.sciencep.com

本书编委会

主　　编：田　云　周海燕

副主编：刘虎虎　王　翀

编　　委：田　云　周海燕　刘虎虎　王　翀
　　　　　管桂萍　林元山　周　辉

主　　审：吴永尧　卢向阳

丛 书 序

食品加工是指直接以农、林、牧、渔业产品为原料进行的谷物磨制、食用油提取、制糖、屠宰及肉类加工、水产品加工、蔬菜加工、水果加工、坚果加工等。食品深加工其实就是食品原料进一步加工，改变了食材的初始状态，例如，把肉做成罐头等。现在我国有机农业尚处于初级阶段，产品单调、初级产品多；而在发达国家，80%都是加工产品和精深加工产品。所以，这也是未来一个很好的发展方向。随着人民生活水平的提高、科学技术的不断进步，功能性的深加工食品将成为我国居民消费的热点，其需求量大、市场前景广阔。

改革开放 30 多年来，我国食品产业总产值以年均 10%以上的递增速度持续快速发展，已经成为国民经济中十分重要的独立产业体系，成为集农业、制造业、现代物流服务业于一体的增长最快、最具活力的国民经济支柱产业，成为我国国民经济发展极具潜力的、新的经济增长点。2012 年，我国规模以上食品工业企业 33692 家，占同期全部工业企业的10.1%，食品工业总产值达到 8.96 万亿元，同比增长 21.7%，占工业总产值的 9.8%。预计 2020 年食品工业总产值将突破 15 万亿元。随着社会经济的发展，食品产业在保持持续上扬势头的同时，仍将有很大的发展潜力。

民以食为天。食品产业是关系到国民营养与健康的民生产业。随着国民经济的发展和人民生活水平的提高，人们对食品工业提出了更高的要求，食品加工的范围和深度不断扩展，所利用的科学技术也越来越先进。现代食品已朝着方便、营养、健康、美味、实惠的方向发展，传统食品现代化、普通食品功能化是食品工业发展的大趋势。新型食品产业又是高技术产业。近些年，具有高技术、高附加值特点的食品精深加工发展尤为迅猛。国内食品加工中小企业多、技术相对落后，导致产品在市场上的竞争力弱。有鉴于此，我们组织国内外食品加工领域的专家、教授，编著了"现代食品深加工技术丛书"。

　　本套丛书由多部专著组成。不仅包括传统的肉品深加工、稻谷深加工、水产品深加工、禽蛋深加工、乳品深加工、水果深加工、蔬菜深加工，还包含了新型食材及其副产品的深加工、功能性成分的分离提取，以及现代食品综合加工利用新技术等。

　　各部专著的作者由工作在食品加工、研究开发第一线的专家担任。所有作者都根据市场的需求，详细论述食品工程中最前沿的相关技术与理念。不求面面俱到，但求精深、透彻，将国际上前沿、先进的理论与技术实践呈现给读者，同时还附有便于读者进一步查阅信息的参考文献。每一部对于大学、科研机构的学生或研究者来说，都是重要的参考。希望能拓宽食品加工领域科研人员和企业技术人员的思路，推进食品技术创新和产品质量提升，提高我国食品的市场竞争力。

中国工程院院士

2014 年 3 月

前　言

魔芋为富含葡甘聚糖的药食同源作物,在我国有 2000 多年的栽培和食用历史。魔芋中的葡甘聚糖被加拿大公共卫生署和欧盟认定为安全的食品添加剂,魔芋加工生产的相关食品也被联合国世界卫生组织确定为全球十大保健食品之一。除了葡甘聚糖,魔芋中还含有多种功能性活性成分,所有这些特性使得魔芋从古至今都深受大家欢迎。不过,魔芋的深层次研究和深度加工直到 20 世纪 70~80年代才真正开始。40 年来,魔芋应用研究发展迅速,魔芋产业也取得了飞速发展,对魔芋进行综合加工利用研究具有重要意义。

自 20 世纪末,湖南农业大学以吴永尧教授为核心的研究团队一直从事魔芋新品种选育、高产栽培及综合加工利用等方面的魔芋长产业链研究开发与示范工作,先后得到国家自然科学基金委员会、湖南省自然科学基金委员会及湖南省科学技术厅等的资助,并取得了一系列研究成果(包括品种、专利、奖励、SCI 论文等),积累了丰富的实践经验。在此基础之上,研究团队经过系统整理后编写本书。本书共包括 6 章:第 1 章为魔芋资源及综合加工利用概况,包括魔芋种质资源、魔芋主要化学成分、魔芋综合加工利用概况;第 2 章为魔芋初加工技术,包括魔芋的采收和储藏技术、魔芋的褐变机理与护色技术、魔芋的干燥技术、魔芋的干法加工技术、魔芋的湿法加工技术;第 3 章为魔芋精粉和魔芋葡甘聚糖,包括魔芋精粉特性、魔芋精粉制备工艺、魔芋葡甘聚糖的分子结构及性质、魔芋葡甘聚糖的改性、魔芋葡甘聚糖生理功能及产品开发;第 4 章为魔芋低聚糖,包括魔芋低聚糖降解技术、魔芋低聚糖纯化方法、魔芋低聚糖制备技术、魔芋低聚糖生理功能及产品开发;第 5 章为魔芋飞粉综合利用,包括魔芋飞粉概况、魔芋飞粉中的生物碱、魔芋飞粉中的神经酰胺、魔芋飞粉中的其他活性物质;第 6 章为魔芋加工产业发展前景,包括魔芋加工产业的优势、魔芋加工产业的局限性。本书旨在为我国魔芋种质选育、初级加工和下游精深加工等领域提供重要参考,为进一步促进魔芋加工产业技术升级、实现魔芋高效全值化开发利用、提升行业国际竞争力提供重要指导。

本书由田云教授和周海燕副教授负责规划、规范和定稿等工作。第 1 章由田云、周辉编写,第 2 章由王翀、田云编写,第 3 章由周海燕、林元山编写,第 4章由周海燕、管桂萍编写,第 5 章由刘虎虎、田云编写,第 6 章由刘虎虎、王翀编写。本书在编写过程中参考了大量的国内外文献和资料，在此对资料作者表示诚挚的感谢。湖南农业大学的吴永尧教授和卢向阳教授在百忙之中对书稿进行了认真审阅，在此一并表示衷心的感谢！

　　由于作者学识水平和经验有限，书中不可避免地会存在一些疏漏和不足，敬请读者在阅读本书的过程中给予批评指正。

2019 年 3 月

目　　录

第1章　魔芋资源及综合加工利用概况 ……………………………………… 1

1.1　魔芋种质资源 …………………………………………………………… 1

　　1.1.1　魔芋高产优质的生物学基础 ………………………………… 1

　　1.1.2　魔芋种质资源分布 ……………………………………………… 5

　　1.1.3　魔芋种质资源遗传多样性分析 ……………………………… 6

　　1.1.4　魔芋主要育种技术 ……………………………………………… 9

1.2　魔芋主要化学成分 …………………………………………………… 14

　　1.2.1　魔芋干物质主要成分 ………………………………………… 15

　　1.2.2　不同魔芋品种中化学成分的比较分析 …………………… 16

1.3　魔芋综合加工利用概况 ……………………………………………… 19

　　1.3.1　魔芋初加工利用 ……………………………………………… 19

　　1.3.2　魔芋精粉综合加工利用 ……………………………………… 20

　　1.3.3　魔芋飞粉综合加工利用 ……………………………………… 27

　　1.3.4　魔芋深加工利用 ……………………………………………… 28

　　1.3.5　魔芋加工综合开发利用展望 ………………………………… 32

　　参考文献 ……………………………………………………………… 33

第2章　魔芋初加工技术 …………………………………………………… 36

2.1　魔芋的采收和储藏技术 ……………………………………………… 36

　　2.1.1　魔芋的采收与预处理 ………………………………………… 36

　　2.1.2　魔芋的储藏条件与方法 ……………………………………… 38

　　2.1.3　储藏期的管理 ………………………………………………… 41

2.2　魔芋的褐变机理与护色技术 ………………………………………… 42

　　2.2.1　魔芋的褐变机理 ……………………………………………… 42

　　2.2.2　魔芋的护色技术 ……………………………………………… 48

2.3　魔芋的干燥技术 ……………………………………………………… 52

　　2.3.1　热风干燥技术 ………………………………………………… 53

　　2.3.2　真空干燥技术 ………………………………………………… 57

　　2.3.3　微波干燥技术 ………………………………………………… 59

　　2.3.4　热泵干燥技术 ………………………………………………… 60

2.4 魔芋的干法加工技术 ·································· 61
　　2.4.1 干芋角片加工工艺 ··························· 61
　　2.4.2 魔芋精粉干法加工工艺 ······················ 63
2.5 魔芋的湿法加工技术 ································ 64
　　2.5.1 阻溶技术 ································· 65
　　2.5.2 乙醇回收技术 ······························ 67
　　2.5.3 魔芋粉脱毒回收技术 ························· 67
参考文献 ··· 67

第3章 魔芋精粉和魔芋葡甘聚糖 ························· 71
3.1 魔芋精粉特性 ····································· 71
3.2 魔芋精粉制备工艺 ································· 73
　　3.2.1 魔芋精粉的加工原理 ························ 73
　　3.2.2 魔芋精粉的加工工艺 ························ 74
3.3 魔芋葡甘聚糖的分子结构及性质 ····················· 85
　　3.3.1 葡甘聚糖的分子结构 ························ 85
　　3.3.2 葡甘聚糖的性质 ···························· 86
3.4 魔芋葡甘聚糖的改性 ································ 89
　　3.4.1 物理改性 ································· 90
　　3.4.2 化学改性 ································· 92
　　3.4.3 生物改性 ································ 103
3.5 魔芋葡甘聚糖生理功能及产品开发 ··················· 104
　　3.5.1 魔芋葡甘聚糖的生理功能 ···················· 104
　　3.5.2 魔芋葡甘聚糖的产品开发 ···················· 109
参考文献 ·· 121

第4章 魔芋低聚糖 ·································· 124
4.1 魔芋低聚糖降解技术 ······························ 124
　　4.1.1 魔芋葡甘聚糖物理法降解 ···················· 124
　　4.1.2 魔芋葡甘聚糖化学法降解 ···················· 128
　　4.1.3 魔芋葡甘聚糖酶法降解 ······················ 130
　　4.1.4 魔芋葡甘聚糖综合法降解 ···················· 143
4.2 魔芋低聚糖纯化方法 ······························ 146
　　4.2.1 柱层析法 ································ 147
　　4.2.2 膜分离法 ································ 147
　　4.2.3 发酵法 ································· 148
4.3 魔芋低聚糖制备技术 ······························ 149

4.4　魔芋低聚糖生理功能及产品开发 ················· 150
　　4.4.1　魔芋低聚糖的生理功能 ··················· 150
　　4.4.2　魔芋低聚糖的产品开发 ··················· 155
　参考文献 ····································· 158
第5章　魔芋飞粉综合利用 ························· 162
　5.1　魔芋飞粉概况 ····························· 162
　5.2　魔芋飞粉中的生物碱 ······················· 165
　　5.2.1　魔芋飞粉生物碱的成分 ··················· 165
　　5.2.2　魔芋飞粉生物碱的提取 ··················· 166
　　5.2.3　魔芋飞粉生物碱的纯化 ··················· 168
　　5.2.4　魔芋飞粉生物碱的应用 ··················· 169
　5.3　魔芋飞粉中的神经酰胺 ······················ 171
　　5.3.1　神经酰胺的提取 ······················· 172
　　5.3.2　神经酰胺的分离 ······················· 175
　　5.3.3　神经酰胺的检测 ······················· 178
　　5.3.4　神经酰胺的纯化 ······················· 183
　5.4　魔芋飞粉中的其他活性物质 ··················· 187
　　5.4.1　魔芋飞粉中的淀粉 ······················ 187
　　5.4.2　魔芋飞粉中的蛋白质 ····················· 200
　　5.4.3　魔芋飞粉中的黄酮 ······················ 209
　参考文献 ····································· 210
第6章　魔芋加工产业发展前景 ····················· 213
　6.1　魔芋加工产业的优势 ······················· 213
　　6.1.1　种质资源丰富 ························· 213
　　6.1.2　种植和加工技术发展迅速 ·················· 219
　　6.1.3　应用广泛　附加值高 ···················· 223
　6.2　魔芋加工产业的局限性 ······················ 226
　　6.2.1　原料供应不足 ························· 226
　　6.2.2　加工工艺有待改进 ······················ 228
　　6.2.3　魔芋资源开发利用效率低 ·················· 229
　　6.2.4　政府政策扶植局限 ······················ 229
　　6.2.5　资金缺乏 ··························· 230
　参考文献 ····································· 230
索引 ··· 233

第 1 章 魔芋资源及综合加工利用概况

1.1 魔芋种质资源

魔芋 (*Amorphophallus konjac*) 是蒟蒻 (jǔ ruò) 的俗称，为单子叶植物纲 (Monocotyledons) 天南星目 (Arales) 天南星科 (Araceae) 魔芋属 (*Amorphophallus blume*) 多年生 200 多种草本植物的总称，在栽培学上属薯芋类作物。魔芋又名磨芋、蒻头 (《开宝本草》)、鬼芋 (《图经本草》)、花梗莲 (江西新建)、虎掌 (江西万年)、花伞把 (江西定南)、蛇头根草 (江西丰城)、花杆莲、麻芋子 (陕西)、野魔芋、花杆南星、土南星 (江西)、南星、天南星 (广西河池)、花麻蛇 (云南思茅) 等。中国古代又称"妖芋"，有"去肠砂"之称，日本又称"蒟蒻"(片假名：コンニャク)，韩国称之为"곤약"。

1.1.1 魔芋高产优质的生物学基础

1. 魔芋的植物学特性

魔芋是单子叶植物，具有根、茎、叶、花、果实和种子等器官 (图 1-1)。

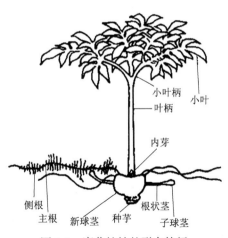

小叶柄
小叶
叶柄

内芽

侧根
主根 新球茎 种芋 根状茎 子球茎

图 1-1 魔芋植株的形态特征

魔芋的根由属于浅根系的不定根组成，从块茎上的芽鳞片叶基部长出，呈水平状生长在土表层下 10 mm 左右的土层中。由于根生长的起始温度比萌芽所需的最低温度都要低，因此，魔芋播种后最先生长出来的器官是根，比叶芽出土更早更快，魔芋的根不仅具有吸收水分和养分的作用，还具有进行合成与同化的作用。

魔芋块茎常呈扁球形、圆球形或长圆柱形，茎皮为黄色或褐色，茎肉主要为白色，部分品种茎肉偏黄。魔芋球茎纵剖面的上部为分生组织，下部为储藏组织，中部为过渡区域。新球茎、不定根和根状茎都由上部的分生组织分化形成。魔芋新球茎是从种球茎顶芽生长锥基部分化的形成层进行初生生长，其膨大几乎完全依靠异常分生组织的分裂活动。球茎顶端的中心有一个顶芽，顶芽肥大，包括 1 个叶芽和 8～12 片鳞片叶苞，顶芽着生的地方称为芽眼。顶芽为叶芽者称叶芽球茎，为花芽者称花芽球茎，花芽较叶芽稍肥大。在球茎顶端外围有一叶迹圈，为上个生长周期叶柄从离层脱落的痕迹。在此圈内形成稍下凹的窝称为芽窝。球茎上端有较多的根状茎和不定根的脱落痕迹，在底部(或少数在侧面)有残留的脐痕，即种球茎脱离的痕迹，不同年龄(1～4 年)的球茎逐渐从长圆形变成扁圆形(图 1-2)。

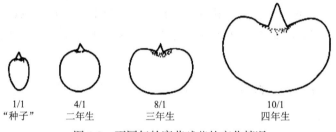

| 1/1 | 4/1 | 8/1 | 10/1 |
| "种子" | 二年生 | 三年生 | 四年生 |

图 1-2　不同年龄魔芋球茎的变化情况

根状茎又称鞭芋，是由球茎节上的腋芽萌发长成的，根状茎多在球茎的中上部。根状茎的数量不仅与品种有关，还与种芋的年龄有关，如白魔芋一个球茎能长出十余条根状茎，长度 10～25 cm，直径 1～2.5 cm，而花魔芋则较少，一般只有 3～8 条，长 8～15 cm。魔芋的根状茎比较发达，一般有两种形态：一种是始终保持肥大的根状茎；另一种是起初呈根茎状，后来养分逐步向茎尖数节集中从而膨大成指节状的子芋。根状茎有顶芽和节以及节上的侧芽，顶端稍膨大，但日本的花魔芋及中国云南省富源县花魔芋在顶端的 8～11 节可膨大成小球茎，且可自然脱离母球茎。根状茎一般当年不发芽出土形成新株，而成为下年的良好繁殖材料。

叶是植物的光合作用器官，因此魔芋生长的好坏关键在于叶的发育情况。魔芋的叶有两种类型：一种为变态叶——鳞片叶；另一种为正常叶——大型复叶。每一个芽的外面都被数片鳞片叶包裹保护着，芽萌发时，鳞片叶也一起长大，形成芽鞘或者叶鞘保护叶片或叶柄基部。鳞片叶长出后幼株出单叶，老株则抽出三裂叶。魔芋的叶柄长 30～150 cm，基部粗 3～5 cm，呈黄绿色，光滑或粗糙具疣，

有绿褐色或白色斑块；叶片绿色，通常 3 全裂，Ⅰ 次裂片具长 50 cm 的柄，二歧
分裂，Ⅱ 次裂片二回羽状分裂或二回二歧分裂，小裂片互生，大小不等，基部的
较小，向上渐大，长 2～8 cm，呈长圆状椭圆形，骤狭渐尖，基部呈宽楔形，外
侧下延成翅状；侧脉多数，纤细，平行，近边缘联结为集合脉。从种子繁殖的第
一年起，随年龄增长，叶片分裂方式呈规律性变化，一般三年以后叶形稳定。

魔芋的花为佛焰花，裸花，虫媒，雌雄同株。佛焰花序由花葶、佛焰苞和肉
穗花序组成。花株的花葶相当于叶株的叶柄，长 10～200 cm，一般不到 100 cm，
粗 1.5～2 cm，其色泽和斑纹与叶柄相似。佛焰苞呈宽卵形或长圆形，基部呈漏斗
形或钟形，长 20～30 cm，基部席卷，管部长 6～8 cm，宽 3～4 cm，苍绿色，杂
以暗绿色斑块，边缘紫红色；檐部长 15～20 cm，宽约 15 cm，呈心状圆形，锐尖，
边缘折波状，外面变绿色，内面深紫色。肉穗花序直立，比佛焰苞长 1 倍，下部
为圆柱形雌花序，长约 6 cm，粗 3 cm，紫色；上接能育的雄花序(有时杂以少数
两性花)，长 8 cm，粗 2～2.3 cm；最后为附属器，呈增粗或延长的圆锥形，长 20～
25 cm，中空，明显具小薄片或具棱状长圆形的不育花遗垫，深紫色。花单性，无
花被。雄花有雄蕊 1-3-4-5-6 个，雄蕊短，花药近无柄或生长于长宽相等的(比药
室长)花丝上，药室呈倒卵圆形或长圆形，室孔顶生，常两孔汇合成横裂缝，花粉
粉末状。雌花有心皮 1-3-4，子房呈近球形或倒卵形，1-2-3-4 室，每室有胚珠 1
颗；胚珠倒生，从直立于基底的珠柄上或从直立于隔膜中部的珠柄上下垂，或珠
柄极短，着生于基底胎座或靠近侧壁胎座上，珠孔朝向基底；花柱延长或不存在；
柱头多样，头状，2～4 裂，微凹或全缘。

魔芋果实为浆果，呈球形或扁球形，2～3 室，初期为绿色，成熟时转为橘红
色或蓝色，有的种如东亚魔芋可转为紫蓝色。

浆果具 1 个或少数种子；种子无胚乳，表皮透明，种皮光滑，单一者椭圆形，
2 个者平凸，胚同形，外面淡绿色。

2. 魔芋的生长发育过程

魔芋的生长发育主要分为五个时期，分别是休眠期、幼苗期、换头期、膨大
期和成熟期。

魔芋块茎采收后开始进入休眠期，块茎内部进行一系列的生理生化变化，为
生理性休眠。因此，魔芋在收挖后的当年是很难发芽的，但是通过使用赤霉素等
植物激素可以解除魔芋块茎的休眠。

幼苗期包括发芽、发根、展叶及块茎初期生长等过程。其中叶片的抽出和展
开是幼苗期魔芋生长的主要特征。魔芋的展叶类型主要有五类，对植株生长及产
量等有重大影响：高"T"字形展开的为丰产型，漏斗形展开的为平产型，伞状
展开的为减产型，萎缩展开的为低产型，患病展开的多数要倒伏、腐烂、无收成。

新块茎形成后，继续利用种芋的营养，使子芋的根、茎、叶生长，待种芋营养被耗尽而干缩后脱离子芋，完成换头。新旧块茎的更替，从发芽时已开始，其间种芋的营养逐渐减少，新芋块茎不断扩大，到换头时新块茎的质量大致与种芋接近，前后需 90～120 天。换头期一般在 7 月，换头后植株进入独立的旺盛生长期。

换头后，新芋块茎快速膨大，前后持续时间约 3 个月，80%以上的产量在此时段形成，因此，该时期是决定魔芋产量和品质的关键时期。由于块茎膨大期植株生长旺盛，光合作用强，需要充足的肥水，在这个阶段通过适当追肥等措施延长叶片的光合作用、防止早衰是丰产的关键。

从 9 月底至 10 月底，气温逐渐降低，植株生长趋于停滞，叶片逐渐枯萎至倒伏，可开始采挖。此时块茎中含水量高，物质合成与积累不充分，容易腐烂，不耐储藏。为此，冬季温度低时，可延迟采收，气温极低的地方，可不采收，让种芋在土内越冬，次年就地重新发芽生长或次年挖起分芽鞭和块茎移栽。

3. 魔芋生长的环境条件

魔芋的生长和块茎的形成都需要一个温湿相宜的环境，魔芋喜温湿、怕炎热、不耐寒、忌干燥、怕渍水、较耐阴。对土壤的要求主要是：土层深厚但疏松透性好，有机质丰富肥沃，土质微酸至偏碱(pH 为 6.0～7.5)。因此，影响魔芋生长发育的环境条件主要有温度、光照、水分、土壤 pH 及养分等。

温度是制约魔芋生长发育的重要生态条件，通过影响魔芋的生长速度影响其产量和品质。魔芋在不同的生长发育阶段对温度的要求也有所差异。种芋的最适发芽温度为 22～30 ℃，出苗后魔芋的最适生长温度为 20～25 ℃，日温低于 15 ℃或高于 35 ℃均为不适宜温度，长期在 0 ℃以下，魔芋球茎内的细胞结构被破坏，球茎失去活力。当温度高于 35 ℃时，影响魔芋叶的生长和根的发育。高温致死温度为 45 ℃。昼夜温差越大，越能促进干物质的积累，从而增加产量，提高魔芋品质。在魔芋的生长季节，平均气温在 17～25 ℃的地区，是魔芋的最适种植区。魔芋对积温反应灵敏，当满足其积温后，植株即倒伏。不同的魔芋品种对积温的要求不完全相同，白魔芋栽培在金沙江河谷，发芽至倒苗的活动积温(10 ℃以上的日温总和)为 4863 ℃，有效积温(开始生长的 15 ℃以上的日温总和)为 1658 ℃，而花魔芋的活动积温为 4280 ℃，有效积温为 1089 ℃。

魔芋在森林下层环境系统发育形成半阴性植物特性，光饱和点较低，喜散射光和弱光，忌强光。魔芋需适当荫蔽栽培的必要性主要有两点：一是光照超过魔芋光饱点会降低叶绿素含量，引起光合作用效率降低；二是长时间强烈光照会引起环境温度的急剧升高，造成叶部灼伤，加重各种病害。荫蔽度的掌握因不同环境而异，在温度较高、日照较长而强的环境，应采取较高的荫蔽度，以 60%～90%为好；而在日照较短而弱、温度又较低的环境，应通过与玉米、经济林等套种从而采用 40%～60% 的荫蔽度为宜。

魔芋喜欢原产地那样的湿润空气和有机质丰富、能保持适当湿度的土壤。年降雨量在 1200 mm 以上，6～9 月期间月降雨量在 150～200 mm 的地方最适宜魔芋生长。魔芋从出苗期起的生长前期及球茎膨大期，需要较高的湿度，约 80% 的土壤含水量有利于魔芋生长和球茎膨大，若土壤过湿，通气性降低，不利根系生长及球茎发育；生长后期(9～10 月)，土壤含水量宜降至 60% 左右，有利于球茎内营养物质的合成与积累。雨水过多，球茎表皮可能会开裂，导致软腐病的发生，造成田间或储藏期间腐烂，降低产量和品质。水分对魔芋结实也有重要影响，盛花期的空气湿度在 80% 以上时，才能正常结实。

魔芋喜欢微酸性(pH 6～6.5)的土壤环境，但也能耐微碱性(pH 7.5)的土壤环境，因为许多土传细菌也喜欢酸性环境而不适应碱性环境，并且酸性土壤环境容易引起磷、钙、镁元素的缺乏，碱性土壤又阻碍魔芋的生长，所以给魔芋的生长创造一个中性、微碱性(pH 7～7.5)的环境，既不影响魔芋的生长又能较好地起到防病的作用。生产上应用火土灰(碱性)，或者在整地时适量施入生石灰(视土壤的pH 而定)，或者发病时在田间撒施生石灰、草木灰(碱性)等方法来提高土壤碱性。土壤 pH 最高不能超过 8.2，碱性太强对魔芋的生长反而有害；最低不能低于 5.5，在酸性土壤中魔芋易染软腐病。

魔芋萌芽期主要依靠种芋所含营养物质，展叶后，尤其是换头结束后新球茎迅速生长期必须满足其对营养物质的大量需求，到球茎成熟期这种需求量陡降。魔芋植株干物质所含钾(5.11%)、氮(3.23%)、磷(0.8%)之比为 8：6：1，但氮的吸收量与叶面积和植株干物质之间大致呈正相关关系，因此，在不引起徒长条件下，增加氮的吸收量是必需的；氮的吸收量在后半期陡减，因此应主要在前期施氮肥。而钾的吸收量在后半期仍较高。在整个生长期，磷的吸收量较少而平缓。因此，魔芋种植应重施底肥，中期适当追肥，在后半期应控制肥料施用，一般不再施肥。所以魔芋地施肥应施长效底肥、复合肥为主，追施氮肥主要在前期作提苗、转绿用，具体的氮、钾、磷施肥量及速效、缓效肥的配合应遵从此规律。另外，魔芋是忌氯化物的植物，所以要避免施用含氯化钾的复混肥或其他专用肥。除了氮、磷、钾等大量元素外，魔芋对微量元素的需求也是必需的。缺乏微量元素将造成多种不适症状，并将严重减产，因此各地应根据当地土壤情况，注意微量元素是否欠缺，以便及时补充相应的微量元素。

1.1.2　魔芋种质资源分布

魔芋主要分布在亚洲和非洲的热带及亚热带的一些国家和地区，而关于魔芋的起源尚无定论，但倾向于认为魔芋起源于亚洲较温暖的山区。魔芋属的种类很多，至少有 170 个种，其中 30 多个种分布在非洲，其余都分布在亚洲，包括泰国、印度尼西亚、中国、马来西亚、越南、老挝、印度等国。目前，魔芋种质资源的全球分布主要归纳为七个地区，分别为非洲大陆，马达加斯加，印度中部和南部，印度北部—缅甸—泰国北部—中国南部和东南部—老挝—越南北部，泰国中部—柬埔寨南部和越南中部—中国大陆东部—中国台湾—日本，马来西亚—苏门答腊—爪哇—婆罗岛—努沙登加拉群岛—新几内亚岛—澳大利亚北部，加里曼丹—苏拉威西岛—菲律宾(解松峰等，2012)。

据记载，我国早在 2000 多年前就开始栽培魔芋，栽培历史悠久，种质资源也比较丰富，迄今已发现并命名的魔芋资源有 20 多种，其中 10 余种为我国所特有。我国魔芋资源主要有花魔芋、白魔芋、田阳魔芋、西盟魔芋、勐海魔芋、东川魔芋、攸乐魔芋、滇魔芋、甜魔芋等种质资源，花魔芋和白魔芋是我国主要的栽培品种，其中花魔芋的栽培面积最大。我国魔芋资源主要分布在云南、贵州、四川、陕西南部和湖北西部的山地丘陵区。云南作为魔芋属的起源中心之一，拥有 15 种魔芋资源，其中南部有 10 个特有种；四川盆地周围山区的魔芋资源也非常丰富，其西南部金沙江河谷地带是我国最重要的白魔芋产区。

1.1.3　魔芋种质资源遗传多样性分析

魔芋在长期的自然变异和栽培驯化过程中，已形成多个品种，同名异种、同种异名的现象严重。因此，需要通过对魔芋资源的遗传背景、亲缘关系进行深入研究，从而为魔芋新种质的创制提供重要依据。

1. 魔芋种质资源的核型分析

迄今，有关魔芋属植物染色体数目和核型的研究比较多，报道的魔芋染色体数目有 $2n=24$、26、28、39 等，其中绝大部分为 26。郑素秋和刘克颐(1989)通过对白魔芋、花魔芋、东川魔芋和南蛇棒四种魔芋的染色体组型和染色体带型进行分析，探讨其进化程度，结果表明：4 个种的染色体均为 $2n=2x=26$，基本带型为 C 带，个别为 W 带和 T 带，核型类别属于 2B 类型，通过对比四种魔芋的臂指数 NF 值及着丝点部位，进化程度最高的是花魔芋，最低的是白魔芋。龙春林等(1989)报道了结节魔芋、疣柄魔芋和矮魔芋的染色体数目和核型，结果表明：结节魔芋 $K(2n)=2x=26=20m(2SAT)+6sm$，疣柄魔芋 $K(2n)=2x=28=2M+16m+8sm+2st$，矮魔芋 $K(2n)=2x=26=20m+4sm+2st$。李恒等(1990)报道了魔芋属六个种的染色体数目和核型，核型公式如下：滇魔芋 $K(2n)=2x=26=26m$，魔芋 $K(2n)=2x=26=26m$，攸乐魔芋 $K(2n)=2x=26=22m(2SAT)+4sm(2SAT)$，西盟魔芋 $K(2n)=2x=26=20m+4sm+2st$，勐海魔芋 $K(2n)=2x=26=22m+4sm$，白魔芋 $K(2n)=2x=26=20m(2SAT)+6sm$；韦松基和温标才(2003)对桂平魔芋的染色体及核型进行分析，核型公式为 $K(2n)=2x=26=20m+6sm$，属 2B 核型；周玉红等(2011)对珠芽魔芋根尖细胞有丝分裂染色体进行核型分析，核型公式为 $K(2n)=3x=39=33m+6sm$，属于 2B 核型；杨飞和徐延浩(2013)报道了花魔芋的核型，核型公式为 $K(2n)=2x=26=16m+6sm+4st$，属 2B 核型；张风洁(2014)对魔芋属 32 份珠芽魔芋材料进行了核型分析，结果表明：32 份珠芽魔芋材料的染色体数目有 $2n=24$、26、28、39 四种类型，存在 M、m、sm 和 st 四种染色体形，染色体类型有 2A、1B、2B 和 3B 四种类型。这些研究结果表明，存在同一个魔芋种的核型常因不同研究者或同一研究者用不同来源的材料而得到不同的结果，这说明染色体鉴定种质还有一定难度。

2. 魔芋种质资源的形态学多样性分析

宣慢(2010)将国内外收集的 79 份魔芋材料(已鉴定魔芋资源 64 个，未鉴定材料 15 个)资源采用形态鉴定的方法对形态学性状进行 Q 型聚类分析，表明在等级结合线 $L=11$ 时可将 79 份魔芋材料分为 6 大类；蒋学宽(2012)对搜集到的 96 份魔芋品种材料(地区栽培魔芋品种 69 份，审定魔芋品种 5 份，杂交魔芋品种 6 份，野生魔芋品种 5 份，待鉴定魔芋品种 11 份)通过连续 2 年形态学性状的观测和统计，筛选出 55 个形态学性状进行分类学研究，采用 Q 型聚类分析，结果表明在等级结合线 $L=15$ 时可将 96 份魔芋品种材料分为 8 大类，该聚类结果与《中国植物志》魔芋属植物的经典分类基本相同；张风洁等(2013)对国内外收集的 96 份魔芋种质资源的芽、鳞片、叶、叶柄、球茎等 30 个形态学性状进行统计分析，结果表明，所供试 96 份魔芋种质的形态学性状均存在显著的遗传变异，变异范围大，遗传多样性丰富，种质间各性状平均变异系数为 48.1%，其中芽形状的变异系数最大，为 130.6%；裂片颜色的变异系数最小，为 25.6%；对魔芋表型性状进行聚类分析，在 Pearson 相关系数为 15 处将所有材料聚为 11 个大类，聚类结果与经典植物分类学结果基本吻合。

3. 魔芋种质资源的化学分类研究

刘二喜(2016)以魔芋种质资源生殖器官——附属器为研究材料，利用固相微萃取-气相色谱-质谱(solid phase microextraction-gas chromatography-mass spectrometer，SPME-GC-MS)联用技术测定样品中正丁醇、硫代乙酸乙酯等 30 种气味物质，基于计算机二进制存储原则，有气味的物质为 1，无的为 0，从而得到魔芋种质资源鉴定的条形码，实现魔芋化学鉴定条形码库的建立。许多魔芋品种开花时散发出恶臭的气味(二甲基二硫和二甲基三硫等)，但也有部分魔芋品种不散发气味或者散发悦人的香味，Kite 和 Hetterscheid(2017)通过测定 80 多个魔芋品种的花序气味，找到了魔芋种系发生限制与气味可塑性之间的证据。二甲基寡硫物作为魔芋气味中的普通成分，在半数以上的魔芋种类中含量都是最丰富的，且只在亚洲的魔芋种类中发现，这些亚洲魔芋种质在分子系统发育中聚合成单独的一类；还有一些魔芋种类的花序气味中除了二甲基寡硫物外，还含有各种各样的其他成分，其气味表现为腐肉的臭味。魔芋花序的气味与特征如颜色等是共同进化的，如具腐肉臭味的魔芋品种花序颜色为深色；同时，一些气味类型的进化也受到生态因子的影响。

4. 魔芋种质资源的分子系统分类研究

近年来，分子标记技术迅速发展，已经成为检测魔芋种质资源多样性和鉴定种质亲缘关系的重要工具。张玉进等(2001)利用随机扩增多态性 DNA 标记(random amplified polymorphic DNA，RAPD)对 22 份魔芋资源的基因组 DNA 进行多态性分析，采用 UPGMA 软件进行聚类分析，结果将 22 份魔芋材料划分为 5 个组；Grob 等(2004)以 46 份魔芋资源为材料，建立了利用 FLORICAULA/LEAFY (FLO/LFY)第二个内含子(FLint2)进行系统发育分析的方法；滕彩珠等(2006a，2006b)采用内部简单重复序列(inter-simple sequence repeat，ISSR)技术和扩增片段长度多态性(amplified fragment length polymorphism，AFLP)技术分别对 30 份魔芋种质资源和 13 份魔芋种质资源进行了 DNA 多态性分析，结果都表明白魔芋与花魔芋的亲缘关系较近；张盛林和孙远航(2006)等利用 RAPD 技术将 34 份白魔芋种质资源划分为 5 类；宣慢(2010)对 49 份魔芋种质资源进行 ISSR 分析，结果表明魔芋各种质材料之间的遗传差距不大，且供试的 49 份魔芋材料明显聚为 5 类；潘程(2012，2015)利用 AFLP 技术对分布于我国的 10 个花魔芋野生居群和一些栽培材料的遗传结构进行相关分析，聚类分析表明花魔芋在种植过程中以本地资源为主，且现有的主要花魔芋品种都是以品种育成地附近的花魔芋资源进行选育的，进一步利用 FLORICAULA/LEAFY 第二个内含子序列对 25 份魔芋属样品进行分析，发现中国部分魔芋属植物大致的划分是：花魔芋、西盟魔芋、滇魔芋、东亚魔芋、东京魔芋为一类，疣柄魔芋、珠芽魔芋为一类，攸乐魔芋、屏边魔芋、东川魔芋、南蛇棒、勐海魔芋、桂平魔芋为一类；任盘宇和潘明清(2013)采用 9 个 ISSR 分子标记对云南南部魔芋属植物 5 个物种(花魔芋、疣柄魔芋、攸乐魔芋、勐海魔芋和屏边魔芋)105 份材料进行了居群遗传多样性分析，UPGMA 聚类表明这 5 个物种可被分为明显的两大组：花魔芋为一组，其余 4 种构成一组，其中屏边魔芋与疣柄魔芋遗传距离最近；张风洁(2014)利用优化的简单重复序列间-聚合酶链式反应(ISSR-PCR)体系对 32 份珠芽魔芋种质资源进行分子标记，聚类分析结果将供试材料划分为 4 大类，与染色体数目分类的结果相吻合；Gholave 等(2016)以印度的 21 份魔芋属样品为材料，分别采用叶绿体 DNA 序列(*rbc*L、*mat*K、*trn*H-*psb*A 和 *trn*LC-*trn*LD)和指纹技术(RAPD 和 ISSR)探讨其亲缘关系，结果表明，在叶绿体 DNA 序列标记中，*rbc*L 最适合分析魔芋种质资源的亲缘关系，在指纹技术中，RAPD 技术的分辨率则更好；Gao 等(2017a)利用基于酶切的简化基因组测序(restriction-site associated DNA sequence，RAD-Seq)技术对我国西南部的 36 份疣柄魔芋(16 份野生品种，20 份栽培品种)进行遗传多样性和结构分析，结果显示供试材料分为三大类，其中栽培品种分为一大类，野生品种分为两大类；Gao 等(2017b)同时利用叶绿体 DNA 序列(*rbc*L、*trn*L 和 *trn*K-*mat*K)对我国西南部魔芋属植物 7 个物种 18 份样品进行遗传多样性与亲缘关系分析，系统发育分析显示这些魔芋种质资源分为 3 大分支。这些研究成果为魔芋分子标记辅助优良品种选育、种质资源保护利用以及重要功能基因的克隆等奠定了重要基础。Santosa 等(2017)利用 10 个微卫星标记对来自印度、印度尼西亚和泰国的 29 份疣柄魔芋种质资源进行了遗传多样性和种群结构的分析，结果表明，供试材料的遗传多样性非常高，一些种群表现出过多的杂合性和瓶颈效应，亚洲种群不太可能是随机混杂的。

1.1.4　魔芋主要育种技术

魔芋具有独特的生长发育特性，其属于胚乳正常发育、胚发育异常的胚胎单极发育模式。因此早期认为魔芋只有无性繁殖，没有有性生殖，其品种改良技术也局限于自然群体选择，发展十分缓慢。随着研究的不断深入，结果表明魔芋属于雌雄同株植物，雌蕊先成熟，雄蕊后成熟，雌蕊花期能授粉的时间很短，自交花期不遇，为异花授粉植物，因此，魔芋的种子是异株杂交的产物，仍然为有性器官，从而为魔芋进行种间杂交及远缘杂交提供了重要科学依据。

1. 自然选择育种

日本是最早开始花魔芋品种培育的国家。早在 1921 年，日本的山贺一郎研究小组以中国花魔芋品种和日本当地种分别为母本和父本进行杂交培育，并选育出叶柄为黑色的‘农林 1 号’(榛名黑)，品质得到较大提高，对日灼病和缺素症抗性较强；随后又用日本金马本地种(父本)与中国花魔芋品种(母本)杂交获得‘农林 2 号’(赤城大玉)品种，该品种膨大率高，对叶枯病抗性强，随后成为日本的主推魔芋品种；20 世纪 80~90 年代，日本科研人员以日本当地种为母本以中国花魔芋高产品种为父本杂交获得精粉产量显著增加的‘农林 3 号’(妙义丰)；同时以品质优良的不同本地品种分别为父本和母本杂交，获得产量及精粉含量极高且抗病性强的‘农林 4 号’(美山增)，具有很好的推广前景(钟伏付等，2011)。

中国的魔芋杂交育种由西南农业大学刘佩瑛教授开创。20 世纪 80 年代后期，刘佩瑛教授在调查搜集全国魔芋种质资源的基础上，从各地花魔芋农家品种中选出 15 个进行 4 年品比试验和区域试验，优选出万源花魔芋，其产量高、品质好、抗病性较强，万源花魔芋于 1993 年 4 月通过四川省农作物品种审定委员会审定，成为我国第一个经过审定的优良花魔芋品种,并成为大巴山区的主导品种(刘佩瑛等,2007)。恩施州魔芋研究中心从武陵山区地方魔芋种质资源中通过系统选择育成清江花魔芋,2003 年通过湖北省恩施州农作物品种审定,成为恩施州及武陵山区魔芋产业发展的主导品种(刘金龙等,2004)。'渝魔 1 号'是西南大学从云南花魔芋栽培群体中优选出的一批变异单株,经过多年的复选、组培快繁、品种比较试验、区域试验以及生产试验筛选出的优良品种,2008 年通过重庆市农作物品种审定委员会审定,可作为西南魔芋产区的主栽品种(牛义等,2010)。云南省农业科学院从云南丽江花魔芋混合群体中选出优良变异植株,经过连续 7 年农艺性状定向选育,于 2008 年选育定型为'云芋 1 号',2009 年由云南省林业厅园艺植物新品种注册登记办公室登记注册(李勇军等,2010)。'秦魔 1 号'是安康学院采用系统选育法从陕西岚皋花魔芋农家种群体选育出的新品种,并于 2014 年 2 月通过了陕西省非主要农作物品种鉴定(李川等,2014)。'云魔芋迷乐 2 号'、'云魔芋迷乐 3 号'和'耿芋 2 号'是云南省农业科学院于 2009 年对由西双版纳州种子管理站从泰国北部达府地区引到西双版纳景洪、勐海等地种植的珠芽类魔芋迷乐魔芋群体种进行系统选育,经去杂纯化、组织培养、快速繁殖、4 代繁育后获得性状稳定的株系,并进一步扩大繁育得到的珠芽魔芋新品种,其中'云魔芋迷乐 2 号'和'云魔芋迷乐 3 号'于 2014 年 8 月通过云南省非主要农作物品种鉴定(马继琼等,2017;尹桂芳等,2015),而'耿芋 2 号'于 2017 年 8 月通过云南省非主要农作物品种鉴定(吴学尉等,2017)。'鄂魔芋 1 号'(原系谱代号:'远杂 1 号')是湖北省恩施土家族苗族自治州农业科学院于 2006 年以本地花魔芋资源 06-25 和云南永善白魔芋资源 2005 引-007 分别为母本和父本,经远缘杂交,从子代实生系中选择优良单株育成的魔芋新品种,2015 年 10 月通过湖北省农作物品种审定委员会审定(杨朝柱等,2015)。

我国早期选育的魔芋品种以花魔芋为主,存在抗病力弱、不耐高温和繁殖系数低等诸多不足,成为制约魔芋产业发展的重要瓶颈。为此,湖南农业大学吴永尧教授通过在中缅边境丛林进行实地考证,将 20 世纪末发现的新魔芋种——珠芽魔芋从云南瑞丽先后引到湖南省桑植县、绥宁县等 6 个不同纬度、不同海拔的试验点进行试种,对珠芽魔芋的植物学特性、物候期、抗病性、耐热性、配套丰产栽培技术等进行了系统研究,具体如下。

植物学特性:[根] 肉质不定根系,发达,多着生于球茎上半部,水平密集分布于土表下 10～20 cm,长 50～60 cm,数量达数百条;新根为乳白色,后转为褐色,无繁殖根(芋鞭)。[球茎] 地下变态球茎呈扁圆球形,质量可达 20 kg 以上,顶部中央凹陷深,内生一肥大顶芽,粉红色,球茎表面侧芽眼丰富,切块繁殖时伤口自愈能力强,出苗率很高。[叶] 1 株多叶现象较普遍,叶柄上部呈绿色,下部呈墨绿色,略带黄点状纹,肉质,光滑,高可达 1.8 m,直径可达 8 cm;复叶 3 裂,叶面直径可达 1.5 m，叶裂脉上长出气生叶面球茎(珠芽)，黄豆至鸡蛋大小不等，少则一粒，多至十数粒，取决于叶片大小，珠芽浅棕色，表面布满芽眼，是比地下球茎生长系数高出几倍至十几倍的良好繁殖材料。[花]　肉质佛焰花，由花萼、佛焰苞和肉质花序组成，佛焰苞呈马蹄形，高约 30 cm，直径约 20 cm，外表呈浅灰绿至粉红色，内表呈深粉红色，且越向下红色越深，密生红色疣状突起；花开放时发出浓烈的气味。[果实和种子]　浆果，螺旋状排列在花序柱上，在 200～300 粒果成熟经历鲜红→绿色→朱红或橘红的颜色变化；成熟果实呈花生仁大小，内含 2～4 颗种子。

物候期：魔芋生产中的种是分类学意义上的种，而非栽培学上品种的概念，其物候期既与其系统发育所处的地域、气候、环境等密切相关，是其物种特性的表现，同时又受到现栽培点的地域、气候、环境的影响，在不同栽培地、不同年份稍有差异。在湖南栽培珠芽魔芋出苗比花魔芋迟 20 天左右，倒苗比花魔芋晚 40 余天，全生育期约 140 天(表 1-1)。

表 1-1　珠芽魔芋在湖南栽培的生长发育期

年份	栽培地点	海拔/m	北纬纬度	播种期/(月/日)	出苗期/天	倒苗期/(月/日)	生育期/天
2007	桑植苦竹坪村	约 500	约 29°	4/26	53	11/6	137
2008	桑植的竹科村	约 400	约 29°	4/25	52	11/2	135
2008	桑植两河口村	约 280	约 29°	4/22	50	11/3	141
2009	绥宁上堡村	约 900	约 26°	4/25	52		
2009	绥宁黄桑坪村	约 600	约 26°	4/21	49		
2009	绥宁关峡村	约 200	约 26°	4/16	58		

抗病性：珠芽魔芋野转家驯化栽培时间不长，世代野生环境使其具备了优异的抗病性，为了检验其对病害的抗感染能力，在不同试验点连续 3 年栽培，均未使用抗病抑菌药剂，即使在 8 月高温加连续雨天的高温高湿环境下，也没有观察到软腐病、白绢病等病害大量发生，偶有个别植株受损伤部位染病也未观察到扩散至相邻植株乃至群体染病现象，表明珠芽魔芋有极强的抗病性，本课题组已经开始着手研究其抗病机制。

耐热性：为考察珠芽魔芋耐热特性，各栽培试验点均选择光照条件好、无自然遮阴物的平地栽培，也不种植高秆作物遮阴，历经夏季 38 ℃以上的高温暴热天气，未观察到烈日灼伤现象，也未因此增加病害感染，可见其耐热性好。

丰产性：珠芽魔芋生长系数大，一般都在 5 以上，单个地下球茎最大质量可达数千克，2007 年栽培试验点种植的平均生长系数达到 6.6；2008 年在种源大小不一、农户种植水平参差不齐的情况下,规模栽培的平均亩(1 亩≈666.7 m²)产仍达 3200~4200 kg,表明珠芽魔芋有良好的丰产性。

繁殖特性:珠芽魔芋不长繁殖根(芋鞭),除了地下球茎和种子可用作繁殖材料外,其叶面气生球茎更是良好的繁殖材料,而且也可像地下球茎一样进行切块繁殖,故具有更高的繁殖系数。

适应性:经在湘西、湘南从纬度小于 26°到大于 29°、海拔近 200 m 到大于 900 m 的不同区域多点栽培试验,试验结果表现一致,表明珠芽魔芋具有很强的适应性,适合在南方不同海拔高度尤其是低海拔地区栽培。

经过连续 3 年从纬度小于 26°到大于 29°,海拔近 200 m 到大于 900 m 地区多点试验栽培研究,结果表明珠芽魔芋具有 4 个显著的优势:①抗病性强,基本不感染软腐病、白绢病等病害;②耐热性好,能耐低纬度、低海拔地区夏季高温,无灼伤、无感染;③能生长用作繁殖材料的叶面气生球茎,繁殖系数高,有利于降低生产投入,且生长系数大,丰产性好;④适应性广,在纬度 26°~29°不同海拔高度的低山、二高山地区均能栽培。引进的珠芽魔芋于 2010 年通过湖南省农作物品种审定委员会审定(品种登记编号:XPD003-2010),登记为魔芋新品种'湘芋 1 号'(图 1-3),该品种成为湖南省及其周边数省多年来选育的第一个魔芋良种,值得在亚热带低海拔地区大规模种植推广(湖南省种子管理局,2010)。我国自主选育的主要魔芋品种见表 1-2。

图 1-3　'湘芋 1 号'

表 1-2　我国自主选育的主要魔芋品种

品种名称	来源亲本	选育单位	品种登记时间和单位	适宜栽培区域	参考文献
万源花魔芋	各地花魔芋农家品种	西南农业大学	1993 年 4 月，四川省农作物品种审定委员会	适宜在四川盆地山区海拔 500～1300 m 的区域种植	刘佩瑛等，2007
清江花魔芋	武陵山区地方魔芋种质资源	恩施州魔芋研究中心	2003 年，湖北省恩施州农作物品种审定委员会	适宜在西南地区海拔 900～1400 m 种植	刘金龙等，2004
'渝魔 1 号'	云南花魔芋栽培群体	西南大学	2008 年，重庆市农作物品种审定委员会	适宜在海拔 600～1400 m 的四川、重庆、云南、贵州等地的山区种植	牛义等，2010
'云芋 1 号'	云南丽江花魔芋混合群体	云南省农业科学院	2009 年，云南省农作物品种审定委员会	适宜在云南海拔 1500～2300 m 的区域种植	李勇军等，2010
'湘芋 1 号'	珠芽魔芋	湖南农业大学	2010 年，湖南省农作物品种审定委员会	适种区域广，尤其适合在低纬度、低海拔地区栽培	湖南省种子管理局，2010
'秦魔 1 号'	陕西岚皋花魔芋农家种群体	安康学院	2014 年，陕西省农作物品种审定委员会	适宜在秦巴山区海拔 700～1200 m 的山区种植	李川等，2014
'云魔芋迷乐 2 号'	迷乐魔芋种群	云南省农业科学院	2014 年 8 月，云南省农作物品种审定委员会	适宜在海拔 400～1300 m，最适宜 600～1200 m 湿热区域种植	马继琼等，2017
'云魔芋迷乐 3 号'	迷乐魔芋种群	云南省农业科学院	2014 年 8 月，云南省农作物品种审定委员会	适宜在海拔 400～1300 m 的湿热区域种植，最适海拔 600～1200 m，温度 25～35 ℃	尹桂芳等，2015
'鄂魔芋 1 号'（'远杂 1 号'）	母本：花魔芋资源 06-25；父本：白魔芋资源 2005 引-007	湖北省恩施土家族苗族自治州农业科学院	2015 年 10 月，湖北省农作物品种审定委员会	适宜在湖北省西部山区海拔 800～1300 m 区域种植	杨朝柱等，2015
'耿芋 2 号'	迷乐魔芋种群	云南省农业科学院	2017 年 8 月，云南省农作物品种审定委员会	适宜在西南地区海拔 600～1600 m 的山地种植	吴学尉等，2017

2. 诱变育种

虽然现阶段魔芋的育种技术以自然选择为主，但在以辐射技术和化学试剂进行诱变育种方面也进行了探索。张盛林等(2004)发现用不同剂量 ^{60}Co-γ 照射的已萌动花魔芋球茎，栽植后出现矮化、黄化、蕨叶、白化、叶色深绿的性状变异植株，适宜剂量为 10～20 Gy；黄训瑞等(2004)研究表明，对球茎成活率有明显改善效应的 ^{60}Co-γ 射线适宜量为 7～10 Gy；吴金平等(2005)以花魔芋愈伤组织为材料，应用甲基磺酸乙酯(ethyl methyl sulfonate，EMS)诱变获得了抗软腐病的新材料。

3. 生物技术育种

随着生物技术的快速发展，人们也相继建立了魔芋的组织培养快繁技术体系和遗传转化体系等，从而使得魔芋的多倍体育种和转基因育种等也取得了一定的进展。

1986 年，孔凡伦等(1986)以白魔芋萌动的球茎为外植体，建立了白魔芋的组织培养和植株再生体系；张征兰等(1986)以魔芋幼芽和幼嫩芽鞘为外植体，建立了魔芋的组织培养与植株再生体系。目前，以魔芋的叶柄、幼芽、鳞片、球茎、种子、花序等作为外植体在白魔芋、花魔芋等魔芋种质中均有成功获得再生植株的报道(胡建斌和柳俊，2008)。刘好霞(2007)采用种子浸泡法、根状茎顶芽滴液法和愈伤组织诱导法进行白魔芋多倍体诱导，获得 1 株纯合四倍体植株；杨佩(2013)用秋水仙素溶液对花魔芋根状茎、根状茎生长点、组织培养中的愈伤组织和不定芽四种类型的材料进行多倍体诱导，对获得的变异植株进行鉴定，获得了花魔芋多倍体植株，但是否为纯合体还需进一步鉴定。

魔芋的遗传转化研究则更晚，从 21 世纪开始才先后建立了基因枪和农杆菌介导的遗传转化体系，现有的基因工程育种主要集中在抗病育种和品质改善育种两个方面。张兴国等(2001)采用逆转录 PCR(RT-PCR)方法从白魔芋组培苗的幼嫩球茎组织中克隆到腺苷二磷酸葡萄糖焦磷酸化酶(ADP-glucosepyr phosphorylase，AGP)大亚基基因；通过构建 AGP 大亚基反义表达载体，杨正安(2000)采用农杆菌转化法获得了 2 块具有抗性的愈伤组织；李贞霞等(2002，2004，2006)通过构建 AGP 小亚基反义表达载体，以白魔芋的愈伤组织为遗传转化材料，采用农杆菌和基因枪介导法成功获得了白魔芋基因反义表达植株；AGP 是植物淀粉生物合成的关键酶，通过抑制 AGP 基因的表达，降低淀粉的生物合成，从而有望提高天然魔芋与精粉质量。严华兵(2005)和陈伟达(2009)先后将病程相关蛋白(pathogenesis-related protein，PR)基因分别转化至白魔芋和花魔芋中，均获得抗病性高于正常株的阳性转化株；华中农业大学研究人员采用农杆菌介导的遗传转化方法，将来自苏云金芽孢杆菌经密码子优化的人工合成酰基高丝氨酸环内酯酶 aiiA 基因转化至花魔芋中，获得的转基因阳性魔芋材料对软腐病原菌具有很高的抗性，显著提高了魔芋的抗病能力(Ban et al.，2009；柴鑫莉等，2007；周盈等，2006)，这些研究为魔芋品种创造了新的抗病种质资源。

1.2　魔芋主要化学成分

我国西晋大文学家左思的使洛阳纸贵的名著《三都赋》中就有"其园则有蒟蒻茱萸，瓜畴芋区"这样的记载；据《本草纲目》记载，我国祖先很早就用魔芋来治病。现有研究表明，魔芋是一种"天赐良药"，食用起来有多种益处。

魔芋为什么会从古至今都这么受欢迎呢？原因主要在于魔芋中含有多种功能性活性成分。魔芋的鲜块茎中一般含有高达 80%的水分，干物质含量一般只占不到 20%。

1.2.1　魔芋干物质主要成分

1. 多糖

魔芋干物质的主要化学成分为多糖。这些多糖包括魔芋葡甘聚糖(konjac glucomannan，KGM)和淀粉等，占干物质的 60%～70%。魔芋中的葡甘聚糖是由众多的甘露糖和葡萄糖以 β-1,4-糖苷键连接起来的线性高分子化合物，在其分子的某些糖基侧链上，连接有一定数量的乙酰基团，葡萄糖和甘露糖的分子比为 1：1.6，分子质量可高达 200 000～2 000 000 Da(1 Da = 1.660 54×10^{-27} kg)，黏度特高，溶于水，在水中膨胀度特大，具有特定的生物活性(Tester and Al-Ghazzewi，2016)。魔芋也是自然界中唯一一种能大量合成葡甘聚糖的植物，因此，葡甘聚糖是魔芋的宝贵成分，其含量和品质也成了评价魔芋种质资源的重要参考指标，不同品种的魔芋内的葡甘聚糖含量差异也很大，一般在 0%～60%。由于魔芋中的葡甘聚糖和淀粉在生物合成时都以葡萄糖为基础原料，经不同的途径合成，因此，二者在魔芋块茎中的含量表现为相关的关系，故淀粉的含量一般占干物质的 10%～70%。例如，疣柄魔芋中葡甘聚糖的含量为 0，淀粉含量却高达 77%；野魔芋中葡甘聚糖的含量为 44%，淀粉含量为 27%。

2. 蛋白质与氨基酸

魔芋干物质中含有的粗蛋白总量为 5%～10%，16 种氨基酸总含量为 6%～8%，其中 8 种人体必需氨基酸的含量为 2%～3%。

3. 生物碱

魔芋干物质中含有的生物碱含量一般为 1%～2%，但有关魔芋生物碱的具体研究还比较少，各种具体成分及生物碱的结构等都没有完全确定。

4. 维生素与矿质元素

魔芋中含有烟酸、维生素 C、维生素 E 等多种维生素和钾、镁、铁、钙、磷、硒等元素 20 多种，其中人体必需的微量元素含有 10 种。

5. 神经酰胺

神经酰胺即 N-脂酰神经鞘胺醇，是细胞膜组成成分鞘磷脂的基本单位，也是体内一类重要的生物活性物质。魔芋中神经酰胺含量较高，一般为 0.15%～0.20%，比玉米、小麦、米糠中的含量高出十多倍，因此，魔芋作为神经酰胺的潜在重要来源，引起了国内外研究者的很大兴趣。

6. 黄酮等其他成分

魔芋中含有黄酮、异黄酮、二氢黄酮和橙酮等多种黄酮类化合物，但对其研究也很少。

魔芋中还鉴定出阿魏酸、原儿茶酸、桂皮酸和 5-羟色胺等多种酚类物质。

1.2.2　不同魔芋品种中化学成分的比较分析

不同的魔芋品种、魔芋生长的不同时期以及魔芋的不同部位所含化学成分的含量都是不同的。孙天玮等(2008)对有生产利用价值的 3 个魔芋分类学种——花魔芋、白魔芋、珠芽魔芋的葡甘聚糖、生物碱等化学成分进行了比较研究，结果表明：白魔芋的葡甘聚糖含量最高(51.05%)，珠芽魔芋次之，花魔芋最低；珠芽魔芋叶面球茎、白魔芋芋鞭的葡甘聚糖含量分别占干物质的 47.80% 和 46.59%，表明其同样可作加工葡甘聚糖的原料；鲜魔芋球茎含水量都在 80% 以上(图 1-4)，珠芽魔芋地下球茎含水量与其他品种间具有显著差异($P<0.01$)，而花魔芋和白魔芋之间差异不显著($P>0.05$)。花魔芋顶芽中生物碱含量最高，可以达到 0.48%，其次是表皮，球茎中含量最低，仅为 0.14%；白魔芋表皮的生物碱含量最高，珠芽魔芋表皮的生物碱含量最低；珠芽魔芋地下球茎生物碱含量最高，花魔芋球茎生物碱含量最低(图 1-5)。这可能与魔芋生物碱的合成部位及生物碱的运输途径有关。魔芋生物碱提取液在 200～700 nm 进行紫外光谱扫描，结果表明魔芋表皮和顶芽的生物碱提取液都在 241 nm 处有吸收峰，而块茎的生物碱提取液都在咪唑基团特征波长 211 nm 处有吸收峰(表 1-3)。不同品种的同一部位生物碱的吸收峰几

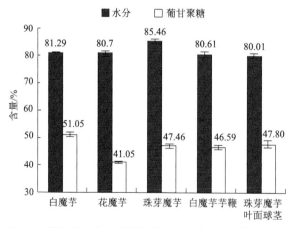

图 1-4　魔芋中水分和葡甘聚糖的含量(孙天玮等，2008)

乎相同，说明生物碱的成分相似性高，这可能与种属亲缘关系有关，而同一品种的不同部位的生物碱的吸收差异大，这可能与生物碱合成部位及生物碱在生物体内运输有关。

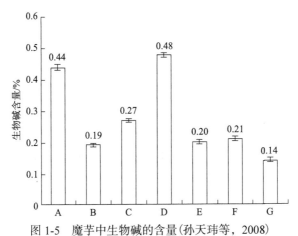

图 1-5　魔芋中生物碱的含量(孙天玮等，2008)

A~G 分别为白魔芋表皮、珠芽魔芋表皮、花魔芋表皮、花魔芋顶芽、白魔芋球茎、
珠芽魔芋地下球茎、花魔芋球茎

表 1-3　魔芋中生物碱的紫外光谱吸收峰(孙天玮等，2008)

生物碱来源	主要吸收峰波长/nm
白魔芋表皮	241，289
珠芽魔芋表皮	241，286，215
花魔芋表皮	241，286，211
花魔芋顶芽	241，205
白魔芋球茎	273，221，211
珠芽魔芋地下球茎	260，231，221，211，215
花魔芋球茎	272，211，215

李磊等(2012)对 10 个魔芋种的葡甘聚糖、水分、灰分、粗纤维、粗蛋白、氨基酸、粗脂肪、淀粉、水溶性糖及生物碱等化学成分含量进行了测定(表 1-4 和表 1-5)。结果表明：魔芋鲜球茎中的水分含量都达到 80%以上，供试种中 'L-1' 和白魔芋的水分含量最少，'M-1'的水分含量最高，达到 88.46%；加工后的粗粉中也含有一定量的水分，其中白魔芋和花魔芋粗粉中的水分含量比较高，分别达到 11.28%和 10.14%；魔芋鲜球茎中水分含量越低，干物质含量越高，越有利于魔芋品种的越冬储存。魔芋鲜球茎中灰分的含量一般在 1%左右，供试品种中 '湘

芋 1 号'、'L-1'、'M-a'、'M-b'、'M-c' 的灰分含量都在 1.3%～1.5%，而 'M-1'、白魔芋和花魔芋的灰分含量都只有 1.0% 左右。供试魔芋材料的干物质中，花魔芋的葡甘聚糖含量最高，达到 63.03%，而白魔芋和 'M-b' 中葡甘聚糖含量则只有 35.99% 和 32.34%；'L-1' 中的粗纤维含量最高，为 5.14%，而白魔芋的粗纤维含量最低，只有 3.14%，这可能也是白魔芋粗粉更为柔软细腻而 'L-1' 粗粉则更为粗糙的根本原因；氨基酸含量最高的是 'M-b'，为 8.65%，其他种的氨基酸含量都在 6%～8%；粗蛋白含量最高的是白魔芋，达到 10.36%，含量最低的则为花魔芋，仅有 6.12%；水溶性糖含量最高的是 'M-b'，含量为 7.70%；粗脂肪含量最低的是 '湘芋 1 号' 和白魔芋，分别为 0.31% 和 0.28%；淀粉含量最低的是花魔芋，仅为 10.79%，而 'L-1' 的淀粉含量高达 29.94%；'M-a' 的生物碱含量高达 2.07%，'湘芋 1 号' 和白魔芋的生物碱含量分别只有 1.17% 和 1.30%，生物碱含量较低更有利于魔芋的深加工。

表 1-4 各魔芋种中鲜球茎水分、粗粉水分和灰分的含量 (李磊，2012)

种类名称	鲜球茎水分含量/%	粗粉水分含量/%	灰分含量/%
'M-1'	88.46±0.47	8.41±0.29	0.93±0.05
'湘芋 1 号'	86.58±0.16	9.43±0.26	1.35±0.10
'L-1'	81.90±0.25	9.06±0.26	1.48±0.09
白魔芋	83.39±0.42	11.28±0.25	1.01±0.10
花魔芋	86.11±0.27	10.14±0.31	1.03±0.10
'M-a'	87.75±0.15	8.17±0.30	1.31±0.04
'M-b'	86.70±0.21	8.68±0.18	1.38±0.06
'M-c'	87.65±0.25	8.27±0.16	1.47±0.07
'M-d'	86.39±0.27	7.63±0.17	1.54±0.06
'M-e'	86.20±0.44	8.66±0.18	1.26±0.10

表 1-5 各魔芋种干物质中主要化学成分的含量 (李磊，2012)

种类名称	葡甘聚糖含量/%	粗纤维含量/%	氨基酸含量/%	粗蛋白含量/%	水溶性糖含量/%	粗脂肪含量/%	淀粉含量/%	生物碱含量/%
'M-1'	57.79±0.49	4.48±0.11	7.00±0.17	7.24±0.13	5.29±0.19	0.39±0.02	16.45±0.86	1.82±0.04
'湘芋 1 号'	37.99±0.69	4.43±0.09	7.18±0.15	9.49±0.28	4.92±0.08	0.31±0.01	22.66±0.86	1.17±0.07
'L-1'	41.02±1.05	5.14±0.19	6.32±0.20	6.84±0.16	5.64±0.13	0.44±0.03	29.94±0.85	1.46±0.08
白魔芋	35.99±1.60	3.14±0.07	6.23±0.18	10.36±0.26	5.81±0.11	0.28±0.03	22.51±0.60	1.30±0.11

续表

种类名称	葡甘聚糖含量/%	粗纤维含量/%	氨基酸含量/%	粗蛋白含量/%	水溶性糖含量/%	粗脂肪含量/%	淀粉含量/%	生物碱含量/%
花魔芋	63.03±1.66	3.93±0.18	7.26±0.14	6.12±0.16	6.18±0.13	0.34±0.03	10.79±0.17	1.73±0.04
'M-a'	54.36±0.67	3.92±0.17	7.02±0.11	7.54±0.38	5.47±0.14	0.40±0.03	19.92±0.77	2.07±0.10
'M-b'	32.34±0.80	4.77±0.11	8.65±0.21	7.88±0.15	7.70±0.10	0.38±0.03	28.68±0.85	1.62±0.05
'M-c'	48.65±0.91	4.58±0.22	6.84±0.09	8.18±0.13	4.57±0.22	0.48±0.04	18.68±0.53	1.94±0.04
'M-d'	51.64±0.91	4.28±0.10	6.86±0.10	7.63±0.14	4.83±0.10	0.36±0.01	20.67±0.75	1.56±0.05
'M-e'	48.81±1.31	4.33±0.23	6.95±0.10	9.56±0.23	5.07±0.19	0.39±0.03	18.41±0.31	1.79±0.04

1.3　魔芋综合加工利用概况

由于魔芋中含有三甲胺、生物碱等有毒有害物质，不能直接食用，所以主要通过添加石灰水或者其他碱性物质进行脱毒，制成魔芋豆腐来食用。最早的魔芋豆腐颜色棕黄，酷似多孔海绵，味道鲜美。后来，魔芋从中国传到日本，深受日本人喜爱。全球对魔芋的加工利用研究却比较晚，日本从 20 世纪 70 年代开始对魔芋进行深层次研究和深度加工，做成了一系列食品，并迅速成为日本人喜爱的保健食品之一。我国则是从 20 世纪 80 年代中期才开始真正的魔芋精粉加工研究。30 多年来，国内对于魔芋的研究力度进一步加大，加工技术水平也得到不断提升，各种各样的专业加工设备和加工工艺不断被开发、改进和完善，使得魔芋的主要加工产品魔芋精粉的品质得到不断提升，其应用研究发展更为迅速，从而使得我国的魔芋产业得到了飞速发展。

魔芋的综合加工利用主要经历了魔芋初加工利用、魔芋精粉综合加工利用、魔芋飞粉综合加工利用和魔芋深加工利用等多个阶段。早期的发展主要集中在初级加工利用阶段，随后进入了以魔芋精粉为核心的综合加工利用阶段，并通过魔芋精粉衍生了一系列深加工产品。近年来，魔芋飞粉中的生物碱、黄酮、神经酰胺等成分的开发利用也越来越受到了人们的高度重视。目前的实际生产中，主要集中在魔芋精粉的综合开发利用及其衍生的深加工利用上。

1.3.1　魔芋初加工利用

魔芋球茎的含水量非常高，采收的新鲜魔芋球茎含水量高达 85%左右，在采挖、运输等过程中因摩擦、碰撞等原因容易产生损伤，如有外界微生物的侵入，更容易发生腐烂，引起变质，难以长期储藏。因此，新鲜的魔芋球茎需要进行初加工后才能进行较长时间的储存、运输以及进一步加工利用。

　　魔芋初加工是指利用人工或机械方法将新鲜魔芋球茎加工成含水量≤14%的干魔芋片(条)和魔芋粗粉产品的过程。依据我国农业行业标准《绿色食品　魔芋及其制品》(NY/T 2981—2016),对魔芋的感官要求如下:同一品种或相似品种;芋形完整,表面清洁无污物;滋味正常,无异味;无裂痕,不腐烂;不干皱;无机械损伤和硬伤;无病虫害造成的损伤;无畸形、冻害、黑心;无明显斑痕;无异常的外来水分。

　　魔芋初加工的一般工艺流程如图1-6所示。

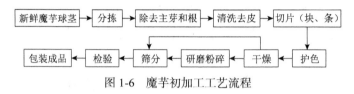

图1-6　魔芋初加工工艺流程

1.3.2　魔芋精粉综合加工利用

1. 魔芋精粉概况

　　魔芋精粉加工的核心是葡甘聚糖的提取,其开发利用也是围绕葡甘聚糖的应用开展的。根据我国农业行业标准《魔芋粉》(NY/T 494—2010)和《绿色食品　魔芋及其制品》(NY/T 2981—2016)以及湖北省食品安全地方标准《食品安全地方标准　魔芋膳食纤维》(DBS 42/007—2015),目前我国加工的魔芋精粉产品主要包括如下几类。

　　(1)普通魔芋粉(common konjac flour):用魔芋干(包括片、条、角)经物理干法或鲜魔芋采用粉碎后快速脱水或经食用乙醇湿法加工初步去掉淀粉等杂质而制得的魔芋粉。普通魔芋粉根据粒度的不同可以分为普通魔芋精粉和普通魔芋微粉两大类。普通魔芋精粉是指粒度在0.125~0.425 mm(120~40目)的颗粒占90%以上的普通魔芋粉;普通魔芋微粉是指粒度≤0.125 mm(120目)的颗粒占90%以上的普通魔芋粉。

　　(2)纯化魔芋粉(purified konjac flour):用鲜魔芋经食用乙醇湿法加工或用魔芋精粉经食用乙醇提纯而制得的魔芋粉。纯化魔芋粉按照粒度的不同可以分为纯化魔芋精粉和纯化魔芋微粉。纯化魔芋精粉是指粒度在0.125~0.425 mm(120~40目)的颗粒占90%以上的纯化魔芋粉;纯化魔芋微粉是指粒度≤0.125 mm(120目)的颗粒占90%以上的纯化魔芋粉。

　　(3)原味魔芋膳食纤维(original konjac dietary fiber):以魔芋为单一原料,经食用乙醇提纯、研磨、干燥,造粒或不经造粒等工艺加工而成的供冲调或冲泡饮用的即食型魔芋膳食纤维。原味魔芋膳食纤维按照葡甘聚糖含量的不同分为特纯魔芋膳食纤维(葡甘聚糖含量≥85%)、高纯魔芋膳食纤维(葡甘聚糖含量≥80%)、魔芋膳食纤维(葡甘聚糖含量≥70%)三大类。

(4)复合魔芋膳食纤维(composite konjac dietary fiber)：以原味魔芋膳食纤维为主要原料，添加其他食品原辅料和食品添加剂，经加工制成的供冲调或冲泡饮用的即食型魔芋膳食纤维。复合魔芋膳食纤维中葡甘聚糖含量≥20%。

魔芋粉和魔芋膳食纤维的感官指标和理化指标如表1-6～表1-9所示，魔芋粉和魔芋膳食纤维的污染物、农药残留、食品添加剂和微生物限量标准如表1-10所示。

表 1-6　魔芋粉的感官指标

类别		级别	颜色	粒度	形状	气味
普通魔芋粉	普通魔芋精粉	特级	白色，允许有极少量黄色、褐色或黑色颗粒	粒度在 0.125～0.425 mm (120～40 目)的颗粒占 90%以上	颗粒状、无结块、无霉变	允许有魔芋固有的鱼腥气味和极轻微的二氧化硫气味
		一级	白色，允许有少量黄色、褐色或黑色颗粒			
	普通魔芋微粉	二级	白色或黄色，允许有少量褐色或黑色颗粒	粒度≤0.125 mm(120 目)的颗粒占 90%以上	粉末状，少量颗粒状	
		三级	黄色或褐色，允许有少量黑色颗粒			
		四级	褐色或黑色			
纯化魔芋粉	纯化魔芋精粉	特级	白色，允许有极少量淡黄色颗粒	粒度在 0.125～0.425 mm (120～40 目)的颗粒占 90%以上	颗粒状、无结块、无霉变	允许有极轻微的魔芋固有的鱼腥气味和乙醇气味
		一级	白色，允许有少量黄色或褐色颗粒			
		二级	白色或黄色，允许有少量褐色或黑色颗粒			
	纯化魔芋微粉	三级	黄色或褐色，允许有少量黑色颗粒	粒度≤0.125 mm(120 目)的颗粒占 90%以上	粉末状，少量颗粒状	

表 1-7　魔芋粉的理化指标

项目	普通魔芋粉					纯化魔芋粉			
	特级	一级	二级	三级	四级	特级	一级	二级	三级
黏度(4 号转子、12 r/min、30 ℃)/(mPa·s) ≥	18000	14000	8000	2000	—	28000	23000	18000	13000
葡甘聚糖(以干基计)/% ≥	70	65	60	55	50	85	80	75	70
pH(1%水溶液)	5.0～7.0								
水分/% ≤	11.0	12.0	13.0	14.0	15.0	10.0		11.0	12.0

续表

项目		普通魔芋粉					纯化魔芋粉			
		特级	一级	二级	三级	四级	特级	一级	二级	三级
灰分/%	≤	4.5	4.5	5.0	5.5	6.0	3.0		4.5	
含沙量/%	≤	0.04			0.1	0.2	0.04			
粒度(按定义要求)/%	≥	90								

注：黏度和葡甘聚糖含量两项指标为强制性指标，但在不同的应用领域二者各有侧重，可分别以葡甘聚糖含量或黏度指标作为判断魔芋粉质量的主要指标

表 1-8　魔芋膳食纤维的感官指标

项目	要求		检验方法
	原味魔芋膳食纤维	复合魔芋膳食纤维	
色泽	白色	具有相应品种的颜色	将样品平摊于洁净的白瓷盘中，在自然光下肉眼观察其色泽、组织状态、杂质，嗅其气味
组织状态	粉末或颗粒状，无结块，无霉变		
气味	无异味、具有魔芋特有的轻微气味	无异味，具有相应品种的气味	
杂质	正常视力下，无肉眼可见外来杂质		

表 1-9　魔芋膳食纤维的理化指标

项目	指标			
	特纯魔芋膳食纤维	高纯魔芋膳食纤维	魔芋膳食纤维	复合魔芋膳食纤维
葡甘聚糖(以干基计)/%	≥85.0	≥80.0	≥70.0	≥20.0
水分/%	≤10.0			
灰分/%	≤3.0			

表 1-10　魔芋粉和魔芋膳食纤维的污染物、农药残留、食品添加剂和微生物限量标准

项目		指标
总砷(以 As 计)/(mg/kg)	魔芋粉	≤3.0
	魔芋膳食纤维	≤0.5
铅(以 Pb 计)/(mg/kg)	魔芋粉	≤0.8
	魔芋膳食纤维	≤0.5
多菌灵/(mg/kg)		≤0.1
辛硫磷/(mg/kg)		≤0.01

续表

项目		指标
敌百虫/(mg/kg)		≤0.01
乐果/(mg/kg)		≤0.01
氧乐果/(mg/kg)		≤0.01
五氯硝基苯/(mg/kg)		≤0.01
二氧化硫/(g/kg)	魔芋粉	≤0.2
	魔芋膳食纤维	≤0.1
新红及其铝色淀(以新红计)[a]/(mg/kg)		不得检出(<0.5)
赤藓红及其铝色淀(以赤藓红计)[a]/(mg/kg)		不得检出(<0.2)
环己基氨基磺酸钠及环己基氨基磺酸钙(以环己基氨基磺酸钠计)[b]/(mg/kg)		不得检出(<10)
阿力甜[b]/(mg/kg)		不得检出(<5)
苯甲酸及其钠盐(以苯甲酸计)[b]/(mg/kg)		不得检出(<5)
菌落总数/(CFU/g)		≤1000
大肠杆菌/(MPN/g)		≤3.0
沙门氏菌		不得检出
金黄色葡萄球菌		不得检出

a 仅限于红色魔芋制品；b 仅限于魔芋膳食纤维

2. 魔芋精粉加工原理

魔芋中的淀粉和葡甘聚糖储藏在不同的细胞中。以储藏淀粉为主的细胞称为普通细胞，以储藏葡甘聚糖为主的细胞则称为异细胞。魔芋精粉的来源主要是魔芋球茎，魔芋球茎的横切面由外向内可分为周皮(表皮)、薄壁细胞(皮层)、储藏组织和维管组织。表皮中不含储藏葡甘聚糖的异细胞；皮层中的大多数细胞不含或极少含有淀粉，该层也只有为数不多的异细胞；储藏组织和维管组织含有大量的储藏葡甘聚糖的无规则异细胞，这些异细胞被储藏淀粉的普通细胞所包围。因此，魔芋精粉加工需要除去表皮、皮层以及普通细胞，只保留储藏葡甘聚糖的异细胞。

魔芋异细胞和普通细胞之间在主要成分、韧性、硬度等方面都存在显著的差异。异细胞的主要成分为葡甘聚糖，为一个完整的粒子，韧性强、硬度大；而普通细胞的主要成分为淀粉，其脆性强、硬度低、易破碎。同时异细胞比普通细胞大 5～10 倍及以上。异细胞和普通细胞的主要差异具体见表 1-11。

表 1-11　魔芋异细胞和普通细胞的主要差异

项目	主要成分	韧性	硬度	破碎性	颗粒特点	粒子直径/mm	水溶性	遇碘显色
异细胞	葡甘聚糖	极韧	大	不易破碎	一个完整颗粒	0.2~0.6	易溶于水	不显色
普通细胞	淀粉	脆	小	极易破碎为粉尘	含多个淀粉粒	0.004 左右（淀粉粒）	不溶于凉水	显蓝色

史益敏等(1998)通过观察成熟的魔芋球茎组织,发现葡甘聚糖充满了异细胞,形成葡甘聚糖颗粒,有时几个异细胞聚集在一起,形成葡甘聚糖颗粒团(图 1-7)。魔芋异细胞中的葡甘聚糖呈晶体状、半透明,在电子显微镜下,葡甘聚糖有短针晶状和复晶体状两种形态。短针晶状即含草酸钙构成的针晶体,复晶体状即葡甘聚糖颗粒,针晶体多数附于葡甘聚糖颗粒表面,易于脱落,极少部分存在于葡甘聚糖颗粒中。把生长期较长的魔芋球茎切开时,在切面上就可以肉眼看见无色明亮的葡甘聚糖颗粒,并且很容易从球茎组织中分离出来。因此,魔芋精粉加工适宜选择 2~3 年生及以上的球茎。

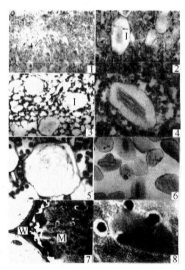

图 1-7　魔芋球茎细胞储藏葡甘聚糖粒的发育和内部结构(史益敏等,1998)

1. 用显微镜观察魔芋子茎茎尖组织(×640);2. 显微观察异细胞(Ⅰ),箭头所指为针晶体,其他为普通细胞(×640);
3. 扩大的异细胞 Ⅰ,远大于周围的普通细胞(×160);4. 增大的针晶体(×400);5. 葡甘聚糖开始在异细胞中沉积(×400);6. 用显微镜观察从魔芋球茎中分离的葡甘聚糖颗粒(×40);7. 用电子显微镜观察葡甘聚糖颗粒(×500),M:葡甘聚糖颗粒,W:细胞壁;8. 用电子显微镜观察葡甘聚糖颗粒的内部结构(×20000)

通过上述分析可知,魔芋精粉加工就是将储藏有葡甘聚糖的异细胞与其他组分分离,并进一步去除细胞中的非葡甘聚糖成分,也就是尽可能将魔芋中的葡甘聚糖与淀粉、蛋白质、纤维和生物碱等其他成分进行分离,同时将水分降低到 15%

以下。因此，在魔芋精粉加工过程中，通常先通过机械方法去掉魔芋球茎中的皮层和表皮(即去皮过程)，然后对皮层以内的储藏组织和维管组织进行加工处理，根据异细胞韧性大、不易破碎、粒度大、密度大和沉降系数大等与普通细胞完全相反的特性，进一步借助破碎、粉碎、研磨以及流体流动或固体颗粒在流体中的悬浮速度差异等将精粉颗粒分离纯化出来。魔芋精粉的加工主要有干法加工和湿法加工两种技术，其主要不同之处有两点：一是干法加工先将魔芋切片、干燥后进行干法粉碎和研磨；湿法加工则是对鲜魔芋进行湿法粉碎。二是干法加工借助风力根据不同固体颗粒的悬浮力不同从而对精粉和飞粉进行分离；而湿法加工主要是根据液体对不同固体颗粒的不同运动阻力将精粉和飞粉进行分离。

在鲜魔芋的球茎中，含有大量的多酚氧化酶和多酚类物质，因此，当魔芋受到机械性损伤(如去皮、切片等)时，容易与空气中的氧气接触后发生酶促褐变反应，导致魔芋褐变，影响魔芋精粉的颜色和品质；魔芋葡甘聚糖本身具有很强的吸水性，易吸水后形成溶胶，鲜魔芋中又含有85%以上的水分，因此，当魔芋受到机械性损伤(如去皮、切片等)时，葡甘聚糖颗粒将迅速(约1 min)吸收自身的水分而发生溶胀(吸水后可膨胀80～100倍)，甚至形成溶胶；鲜魔芋的球茎中还含有大量的葡甘聚糖酶，这种酶能够酶解葡甘聚糖，使葡甘聚糖的聚合度降低，导致精粉(葡甘聚糖)的黏度降低。鲜魔芋的这些特性决定了魔芋精粉加工过程中需要重视的四个关键技术：护色、快速脱水或阻溶、分离和保护黏度。

3. 魔芋精粉干法加工工艺

魔芋精粉干法加工是指先将魔芋切片干燥成魔芋片，然后对干魔芋片进行粉碎、研磨和分筛等，分离出魔芋精粉主产品和魔芋飞粉副产品的过程。其主要加工工艺流程如图1-8所示。

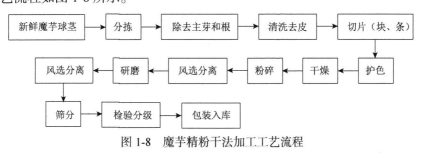

图1-8　魔芋精粉干法加工工艺流程

魔芋精粉干法加工因技术成熟度高、难度小、操作简单、设备单一等特点，所以具有建设和生产成本低、投资小、风险低等优势，已被相关企业广泛采用。但是从现有的生产情况来看，干法加工仍存在诸多不足，主要表现在以下几个方面。

(1)环境污染程度大。魔芋干法加工过程中会产生大量的含硫废气和粉尘等污染物。

(2)能耗高。例如，干燥周期长导致能量消耗大。

(3)魔芋片质量不稳定。切片厚度和干燥温度的分布不均匀容易导致魔芋片的质量不一致。

(4)主产品精粉的质量和价格都比较低，应用范围小。质量低主要表现在纯度低、黏度小、硫残留量及杂质含量高等方面；因精粉纯度低，无法在医药等领域中直接应用。

(5)副产品飞粉利用率极低。魔芋飞粉中含有较多的硫、生物碱等多种有害成分，因此很难直接应用。

(6)加工过程中主要成分葡甘聚糖损失率大。

魔芋精粉干法加工的缺陷严重影响了干法魔芋精粉的生产、销售及产业发展。

4. 魔芋精粉湿法加工工艺

魔芋精粉湿法加工是指利用加工机械对鲜魔芋与保护性溶剂一起进行处理，使精粉颗粒与淀粉、纤维等杂质成分分离，然后依据精粉颗粒密度远大于其他杂质的特性，利用沉降原理(重力沉降或离心沉降)分离出精粉颗粒，再对分离出的湿精粉颗粒进行研磨、干燥或者干燥后研磨、分离和筛分制得魔芋精粉。同时将分离出的以淀粉、纤维等杂质为主要成分的浆料再进行处理，回收溶剂重复利用，干燥杂质部分获得灰粉(相当于干法中的飞粉)。目前，魔芋精粉湿法加工生产中采用的保护性溶剂主要有有机溶剂保护剂和无机溶剂保护剂两大类。有机溶剂保护剂是以食用乙醇为主并作为控制剂而配兑的保护剂；无机溶剂保护剂主要是以能够抑制葡甘聚糖溶胀的四硼酸钠(硼砂)为主而配兑的保护剂。有机溶剂保护剂虽然成本较高，但所生产的精粉质量好，可用于医药、食品等行业；无机溶剂保护剂虽然生产成本较低，但加工的精粉质量较差，不能食用，只能作为工业用精粉。

魔芋精粉湿法加工工艺流程如图 1-9 所示。

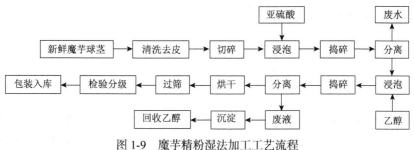

图 1-9 魔芋精粉湿法加工工艺流程

湿法加工生产的魔芋精粉虽然品质好、出品率高、适用范围广，但是技术的成熟度相对较低，配套设备也不完善，建设与生产成本均比较高，这些不足之处限制了湿法加工技术的产业化应用。目前，国内高纯度、高品质和低硫残留魔芋精粉的生产主要是以干法生产的魔芋精粉为材料，采用湿法加工技术对其进行纯化和除杂。这种生产方法实际上属于二次加工，必然会增加加工成本。

为了有效解决上述不足之处，卫永华和张志健(2015)开发出无硫魔芋湿法综合加工技术，即将魔芋精粉加工与魔芋粉脱毒回收和生物碱提取综合于一体，在生物碱浓缩环节回收废乙醇，实现乙醇多次重复使用。采用此技术可同时生产出无硫魔芋精粉、无毒无害魔芋灰粉、魔芋粗生物碱和脱毒魔芋皮渣粉(可作为土壤保湿材料)四种产品，既提高了魔芋的利用率(95%以上)，又降低了平均生产成本，其工艺流程如图 1-10 所示。

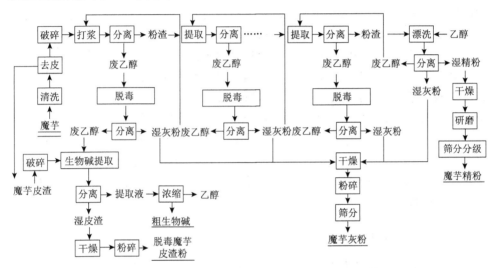

图 1-10   魔芋无硫湿法综合加工工艺流程(卫永华和张志健，2015)

1.3.3   魔芋飞粉综合加工利用

目前，我国对魔芋的加工仍然以提取分离魔芋精粉(葡甘聚糖)为主，在魔芋精粉的制备与加工过程中会产生大量的副产品魔芋飞粉和下脚料魔芋皮渣。特别是魔芋飞粉的产量非常大，占魔芋精粉质量的 30%～40%，我国魔芋飞粉的年产量达到 1500～2000 t。魔芋飞粉中营养物质丰富，含有丰富的粗蛋白、淀粉、氨基酸、粗纤维、葡甘聚糖和必需的微量元素铁、锌等，是一种非常宝贵的天然高蛋白资源。但由于魔芋飞粉中还含有一些抗营养因子和异味物质，如三甲胺、生物碱、单宁、樟脑等，这些成分影响了营养成分的吸收利用，且使魔芋飞粉具有恶臭味及辣涩的口感，从而使得其适口性差，导致了魔芋飞粉不能作为食品加工、饲料和医药加工原料被利用。因此，现有基本情况是只有极少部分魔芋飞粉作为低价饲料或干燥剂出售，大部分露天堆放被废弃掉，不仅造成了资源的浪费，更造成了环境的严重污染。因此，去除魔芋飞粉中的抗营养因子和异味物质，对其进行深加工和综合开发利用，从而提高魔芋飞粉的有效利用率，在变废为宝、保护环境等方面，都具有重要的现实意义。

现阶段魔芋飞粉的综合开发利用主要表现在以下几个方面：首先是生物活性肽类物质的制备。魔芋飞粉中含有丰富的蛋白质，可作为生产生物活性肽类物质的重要原材料。目前，利用魔芋飞粉制备的生物活性肽类物质主要有支链氨基酸寡肽、高 F 值寡肽、血管紧张素转化酶(angiotensin converting enzyme，ACE)抑制肽及甘露聚糖肽等。其次是魔芋飞粉中活性成分的开发利用。魔芋飞粉中含有神经酰胺、黄酮等活性成分，这些活性成分在功能性食品、化妆品和药品等方面的研发都具有很大的价值。再次是淀粉的制备与开发利用。魔芋飞粉中淀粉的含量非常丰富，一方面可以作为制备淀粉的原料，另一方面可以通过微生物发酵或酶解等技术来提高淀粉的附加值，如通过水解飞粉中的淀粉来生产燃料乙醇、制作发酵乳和酿酒等。魔芋飞粉中抗营养因子生物碱等的研究，魔芋飞粉中的生物碱属于纯天然产物的提取药物，对其进行分离纯化，有利于进一步开发应用；采用溶剂法和鼓风排气加热法等都能有效地去除魔芋飞粉中的三甲胺等异味成分；通过酸洗的方法也能有效去除飞粉中生物碱、单宁等抗营养因子。最后是魔芋飞粉在其他方面的应用。例如，飞粉是多羟基化合物为主体的天然高分子化合物，能够用于沉淀废水中的重金属；还可以用于制备纳米高分子材料、复合医用材料、吸水保水材料等。

1.3.4　魔芋深加工利用

魔芋深加工利用是指将魔芋或魔芋精粉制作成各种魔芋终端产品的过程。目前，魔芋已发展成为涉及食品、食品添加剂、保健品、医药、化妆品及其他工业等领域的重要生产原料，其产品的应用范围在不断扩大，市场需求量也在不断增加。但是实际生产中还是以食品开发为主。

魔芋食品近年来风靡全球，有"魔力食品"、"健康食品"和"神奇食品"等美称。魔芋食品是以鲜魔芋或魔芋精粉为主要原料或添加剂，经过不同的工艺技术流程和不同的机械设备加工而成的各种不同形态、品质的食品。魔芋精粉中的葡甘聚糖是一种优良的可溶性膳食纤维，有重要的保健功能。因此，利用魔芋葡甘聚糖凝胶性能加工制做出的丰富多彩的功能魔芋食品，受到了人们的广泛关注与热烈欢迎。

根据我国农业行业标准《绿色食品　魔芋及其制品》(NY/T 2981—2016)要求，魔芋凝胶食品(konjac gel food)是指以水、魔芋或魔芋粉为主要原料，经磨浆去杂或加水润胀、加热糊化，添加凝固剂或其他食品添加剂，凝胶后模仿各种植物制成品或动物及其组织的特征特性加工制成的凝胶制品。根据仿生对象的特征特性不同,魔芋凝胶食品主要分为魔芋丝、魔芋豆腐和魔芋仿生动物食品三大类。魔芋丝是指模仿米面粉丝形状等特征加工成型的凝胶制品;魔芋豆腐是指模仿黄豆豆腐形状等特征加工成型的凝胶制品;魔芋仿生动物食品是指模仿各种动物及其内脏形状、色泽、质地等特征特性加工成型的凝胶制品。

魔芋凝胶制品的感官要求及理化指标如表 1-12 和表 1-13 所示,魔芋凝胶制品的污染物、农药残留、食品添加剂和微生物限量标准如表 1-14 所示。

表 1-12　魔芋凝胶制品的感官要求

项目	要求			检验方法
	魔芋丝	魔芋豆腐	魔芋仿生动物食品	
色泽	具有该产品应有的黄白色或白色	具有该产品应有的灰褐色、黄白色或白色	具有与相应模仿对象一致的颜色	将样品平摊于洁净的白瓷盘中,在自然光下肉眼观察其色泽、组织状态、杂质,嗅其气味,品其滋味
组织状态	外形光滑、整齐一致,富有弹性和刚性,脆而滑爽,不软绵,不混汤	形状完美、整齐一致,富有弹性和刚性,脆而滑爽,不软绵,不混汤	具有与模仿对象一致的形态质地,表面光滑,形状完整、整齐一致,富有弹性和刚性,脆而滑爽,不软绵,不混汤	
气味和滋味	具有魔芋丝固有的气味和滋味,无异味	具有魔芋固有的气味和滋味,无异味	具有该产品应有的气味和滋味,无泥沙,无异味	
杂质	正常视力下,无肉眼可见外来杂质			

表 1-13　魔芋凝胶食品的理化指标

项目	指标		
	魔芋丝	魔芋豆腐	魔芋仿生动物食品
沥出物含量/%	≥50	≥70	≥60
沥出物含水量/%	≤95	≤94	≤95
葡甘聚糖/%	≥30	≥30	≥50
淀粉/%	≤20	≤10	≤20

表 1-14　魔芋凝胶食品的污染物、农药残留、食品添加剂和微生物限量标准

项目	指标
总砷(以 As 计)/(mg/kg)	≤0.5
铅(以 Pb 计)/(mg/kg)	≤0.5

续表

项目		指标
多菌灵/(mg/kg)		≤0.1
辛硫磷/(mg/kg)		≤0.01
敌百虫/(mg/kg)		≤0.01
乐果/(mg/kg)		≤0.01
氧乐果/(mg/kg)		≤0.01
五氯硝基苯/(mg/kg)		≤0.01
二氧化硫/(g/kg)	以沥出物计	≤0.05
	以汤汁计	≤0.01
新红及其铝色淀(以新红计)[a]/(mg/kg)		不得检出(<0.5)
赤藓红及其铝色淀(以赤藓红计)[a]/(mg/kg)		不得检出(<0.2)
环己基氨基磺酸钠及环己基氨基磺酸钙(以环己基氨基磺酸钠计)/(mg/kg)		不得检出(<10)
阿力甜/(mg/kg)		不得检出(<5)
苯甲酸及其钠盐(以苯甲酸计)/(mg/kg)		不得检出(<5)
菌落总数/(CFU/g)		≤1000
大肠杆菌/(MPN/g)		≤3.0
沙门氏菌		不得检出
金黄色葡萄球菌		不得检出

a 仅限于红色魔芋制品

以鲜魔芋或魔芋精粉为基础,经不同加工工艺制成的魔芋普通食品与仿生食品主要有魔芋条、片、块、粉丝和魔芋素鸭肠、素肚片、腰花、蹄筋、丸子、花卷等,魔芋改性食品主要有魔芋肉松糕、牛肉干、鸭味条、肉丝卷、鱼松糕、休闲食品、雪魔芋、五香魔芋春卷等,魔芋液态食品主要有魔芋果肉悬浮饮料、果子露、牛奶(豆浆)饮料、保健饮料、花生乳、茶饮料、香槟等。

现今人们将魔芋作为食品材料仍然主要集中在魔芋葡甘聚糖上。魔芋葡甘聚糖具有独特的物理性质、化学性质、生物学性质以及工艺特性、功能特性和安全特性,从而使其在食品工业上得到了广泛应用。魔芋葡甘聚糖的主要特性及应用情况见表1-15和表1-16。

表 1-15　魔芋葡甘聚糖的主要特性及其应用范围(张志健等，2018)

特性	应用范围及实例
黏结性	挂面、春卷皮、馄饨皮、粉丝，煮熟后不混汤；糕点、油酥食品不易散渣；面包增加气孔度，使之松软可口；油炸食品包被膜；固体汤料；微胶囊剂；糊料
成膜性	用于食品包装薄膜；微胶囊剂；保香剂；保鲜剂；被膜剂
可溶性	方便汤料；浆料；调味料；奶粉；香精；速溶色淀
结构性、胶凝性、赋形性	果片及丝状食品赋形；豆腐、植物蛋白食品胶凝；胶冻；粉末食品
增稠性、悬浮性、乳化性	饮料、果酱增稠；啤酒泡沫稳定；乳化剂
保水、持水、亲水	果酱、调料、豆腐、凝胶的保水；面包、蛋糕的保水和持水

表 1-16　魔芋葡甘聚糖及其改性产物应用实例(张志健等，2018)

领域	实例	涉及性能
工业	色谱填料	吸附、离子交换
	催化剂载体	负载
	木头胶黏剂	黏结力
	吸附剂	絮凝
农业	缓释肥料	成膜、缓释、生物降解
	鱼饲料	无毒、杀菌、改善免疫系统功能
食品	保鲜	成膜、杀菌、生物降解
	助剂	胶凝、保健、增稠性
	包装	成膜、生物降解
	防腐剂	成熟、生物降解、热稳定
	减肥食品	无毒、可食用性、促进肠蠕动、改善肠道菌群结构
医药	吸附剂	生物相容、生物降解
	伤口包裹材料、组织工程材料	生物相容、生物降解
	生物传感器	生物相容、生物降解
	药物控制释放载体	成膜、生物降解、靶向性

　　随着研究的不断深入，人们发现天然魔芋葡甘聚糖的应用还是有限的。为了进一步拓宽其应用范围与领域，研究者先后采用物理、化学及生物(酶)的方法对其进行改性研究。改性后的魔芋葡甘聚糖应用领域大幅度增加，如生物降解膜、乳剂、医药材料、封装与控制释放、鱼饲料、功能食品配料、分离基质、气凝胶、液晶、废水中污染物吸附剂等领域，相关产品也向生物可降解性、生物相容性以

及无毒性等进行功能改善(Zhu，2018)。

结合近年来魔芋深加工利用的发展情况，推测未来一段时间魔芋食品加工的重点将朝向多样性、方便性、即食性、休闲性方向发展。除了魔芋食品加工外，魔芋的深加工必将逐步向医药、日化、环保、精细化工、农业等更多领域发展，魔芋产业也将迎来新的更大发展空间。

1.3.5 魔芋加工综合开发利用展望

从魔芋加工综合开发利用方面来看，已经实现产业化生产的仍集中在魔芋葡甘聚糖上，尤其是对魔芋加工所产生的下脚料和飞粉的开发利用程度非常低，不仅导致了资源的浪费，也造成了环境的污染。近年来，人们也越来越重视对魔芋下脚料和飞粉中的活性成分进行开发利用研究，这些活性成分主要包括生物碱、黄酮、神经酰胺、粗蛋白、淀粉、多酚等，但至今尚未实现产业化。为了提高魔芋资源的综合开发利用价值及其附加值，实现魔芋资源的全值化利用，未来将重点围绕魔芋加工综合开发利用工艺流程及其关键技术进行研发。现阶段魔芋开发的产品还是以食品为主，今后魔芋产品的开发将进一步逐渐延伸至医药产品、化工产品、农业产品等各类领域(图 1-11)，实现魔芋资源的高效全值化开发利用。

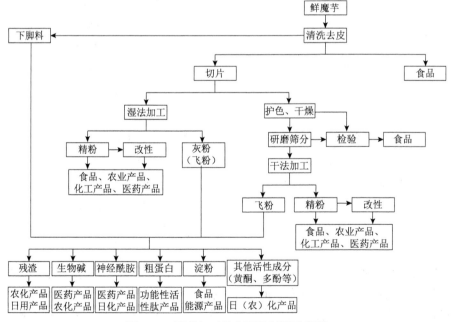

图 1-11 魔芋加工综合开发利用示意图

参 考 文 献

柴鑫莉, 周盈, 林拥军, 等. 2007. 苏云金芽胞杆菌抗软腐病 *aii*A 基因转花魔芋研究. 分子植物育种, 5(5): 613-618

陈伟达. 2009. 病程相关蛋白基因 StPRp27 对魔芋软腐病抗性研究. 华中农业大学硕士学位论文

巩发永. 2015. 魔芋资源的开发与利用. 成都: 四川大学出版社

湖北省卫生和计划生育委员会. 2015. 食品安全地方标准　魔芋膳食纤维: DBS 42/007—2015. 武汉: 湖北省食品安全地方标准

胡建斌, 柳俊. 2008. 魔芋属植物组织培养与遗传转化研究进展. 植物学通报, 25(1): 14-19

湖南省种子管理局. 2010. 良种荟萃. 湖南农业, (9): 8-9

黄训端, 周立人, 何家庆, 等. 2004. ⁶⁰Co γ 射线辐照花魔芋球茎的早期诱变效应研究. 激光生物学报, 13(4): 306-313

蒋学宽. 2012. 魔芋新品种 DUS 测试指南制定研究. 西南大学硕士学位论文

孔凡伦, 肖亮, 王爱霞. 1986. 白魔芋的组织培养和植株再生. 植物生理学通讯, 22(1): 41

李川, 崔鸣, 王显安, 等. 2014. 魔芋新品种'秦魔 1 号'. 园艺学报, 41(10): 2161-2162

李恒, 顾志健, 龙春林, 等. 1990. 国产磨芋属的染色体核型报道(Ⅰ). 广西植物, 10(1): 21-24

李磊. 2012. 不同种魔芋生物学性状及化学成分比较研究. 湖南农业大学硕士学位论文

李勇军, 王玲, 陈建华, 等. 2010. 魔芋新品种'云芋 1 号'. 园艺学报, 37(2): 339-340

李贞霞. 2002. AGP 小亚基反义基因导入魔芋研究. 西南农业大学硕士学位论文

李贞霞, 张兴国. 2004. 基因枪法介导的魔芋遗传转化研究. 华中农业大学学报, 23(6): 659-662

李贞霞, 张兴国. 2006. 魔芋的遗传转化研究. 园艺学报, 33(2): 411-413

刘二喜. 2016. 魔芋种质资源分类鉴定技术、引种适应性评价及繁殖特性研究. 湖北民族学院硕士学位论文

刘好霞. 2007. 白魔芋多倍体诱导技术的研究. 西南大学硕士学位论文

刘金龙, 李维群, 吕世安, 等. 2004. 魔芋新品种——清江花魔芋. 园艺学报, 31(6): 839

刘佩瑛, 孙远明, 张盛林, 等. 2007. '万源花魔芋'. 园艺学报, 34(4): 900

龙春林, 顾志建, 李恒. 1989. 国产磨芋属的染色体核型报道(Ⅱ). 广西植物, 9(4): 317-321

马继琼, 杨奕, 尹桂芳, 等. 2017. 魔芋新品种'云魔芋迷乐 2 号'. 园艺学报, 44(S2): 2703-2704

牛义, 张大学, 刘海利, 等. 2010. 魔芋新品种渝魔 1 号的选育. 中国蔬菜, (2): 88-90

潘程. 2012. 花魔芋微卫星标记开发及魔芋属植物遗传结构研究. 武汉大学博士学位论文

任盘宇, 潘明清. 2013. 云南南部 5 种魔芋属植物居群遗传结构的 ISSR 分析. 武汉大学学报(理学版), 59(1): 99-104

史益敏, 陶懿伟, 陆雅君, 等. 1998. 魔芋球茎细胞贮藏甘露聚糖粒的发育和内部结构(简报). 热带亚热带植物学报, 6(1): 75-77

孙天玮, 周海燕, 詹逸舒, 等. 2008. 不同种魔芋主要成分及加工方法对产品的影响. 湖南农业大学学报(自然科学版), 34(4): 413-415

滕彩珠, 刁英, 常福浩森, 等. 2006b. 云南魔芋种质资源亲缘关系的 ISSR 分析. 安徽农学通报, 28(4): 33-35

滕彩珠, 刁英, 易继碧, 等. 2006a. 魔芋种质资源 AFLP 分析. 氨基酸和生物资源, 28(4): 33-35

韦松基, 温标才. 2003. 桂平魔芋染色体及核型分析. 中药材, 26(11): 773-774

卫永华, 张志健. 2015. 魔芋湿法综合加工关键技术探讨. 贵州农业科学, 43(2): 155-157

吴金平, 顾玉成, 万进, 等. 2005. 魔芋抗软腐病突变体筛选的初步研究. 华中农业大学学报, 24(5): 448-450

吴学尉, 叶辉, 刘丹丹, 等. 2017. 珠芽类魔芋新品种'耿芋 2 号'. 园艺学报, 44(S2): 2705-2706

解松峰, 宣慢, 张百忍, 等. 2012. 魔芋属种质资源研究现状及应用前景. 长江蔬菜, (2): 7-12

宣慢. 2010. 魔芋种质资源形态多样性与 ISSR 分析. 西南大学硕士学位论文

严华兵. 2005. 魔芋转基因体系的建立. 华中农业大学硕士学位论文

杨朝柱, 牟方贵, 刘二喜, 等. 2015. 魔芋杂交新品种'鄂魔芋 1 号'. 园艺学报, 42(S2): 2879-2880

杨飞, 徐延浩. 2013. 花魔芋 45 s rDNA 定位及 FISH 核型分析. 亚太传统医药, 9(4): 13-14

杨佩. 2013. 花魔芋多倍体诱导技术研究. 长江大学硕士学位论文

杨正安. 2000. AGP 基因反义表达载体的构建及遗传转化研究. 西南农业大学硕士学位论文

尹桂芳, 马继琼, 孙道旺, 等. 2015. 魔芋新品种'云魔芋迷乐 3 号'. 园艺学报, 42(S2): 2877-2878

张风洁, 刘海利, 蒋学宽, 等. 2013. 魔芋种质资源形态标记遗传多样性分析. 中国蔬菜, (18): 53-60

张风洁. 2014. 珠芽磨芋的核型研究及其遗传关系的 ISSR 分析. 西南大学硕士学位论文

张盛林, 李川, 刘佩瑛, 等. 2004. ^{60}Co-γ 射线辐射对花魔芋性状影响初探. 中国农学通报, 20(5): 183-184, 202

张盛林, 孙远航. 2006. 白魔芋种质资源的 RAPD 分析. 中国农学通报, 22(12): 401-404

张兴国, 杨正安, 杜小兵, 等. 2001. 魔芋 ADP-葡萄糖焦磷酸化酶大亚基 cDNA 片段的克隆. 园艺学报, 28(3): 251-254

张玉进, 张兴国, 刘佩瑛, 等. 2001. 魔芋种质资源 RAPD 分析. 西南农业大学学报, 23(5): 418-421

张征兰, 黄连超, 金聿. 1986. 魔芋组织培养与植株再生的研究. 华中农业大学学报, 5(3): 224-227

张志健, 耿敬章, 卫永华, 等. 2018. 魔芋资源开发利用研究. 北京: 科学出版社

郑素秋, 刘克颐. 1989. 魔芋染色体核型及带型的研究初报. 湖南农学院学报, 15(4): 71-77

钟伏付, 苏娜, 杨廷宪, 等. 2011. 魔芋品种选育与改良研究进展. 湖北农业科学, 50(3): 446-449

中华人民共和国农业部. 2010. 魔芋粉: NY/T 494—2010. 北京: 中国农业出版社

中华人民共和国农业部. 2017. 绿色食品 魔芋及其制品: NY/T 2981—2016. 北京: 中国农业出版社

中华人民共和国国家质量监督检验检疫总局. 2000. 魔芋精粉: GB/T 18104—2000. 北京: 中国标准出版社

周盈, 林拥军, 柴鑫莉, 等. 2006. 根癌农杆菌介导的花魔芋遗传转化体系的研究. 分子植物育种, 4(4): 559-564

周玉红, 孙晨子, 周光来. 2011. 珠芽魔芋核型分析. 现代园艺, (17): 8-9

Ban H F, Chai X L, Lin Y J, et al. 2009. Transgenic *Amorphophallus konjac* expressing synthesized acyl-homoserine lactonase (*aii*A) gene exhibit enhanced resistance to soft rot disease. Plant Cell Rep, 28(12): 1847-1855

Gao Y, Yin S, Wu L F, et al. 2017a. Genetic diversity and structure of wild and cultivated

Amorphophallus paeoniifolius populations in southwestern China as revealed by RAD-seq. Sci Rep, 7(1): 14183

Gao Y, Yin S, Yang H X, et al. 2017b. Genetic diversity and phylogenetic relationships of seven *Amorphophallus* species in southwestern China revealed by chloroplast DNA sequences. Mitochondrial DNA Part A, 15: 1-8

Gholave A R, Pawar K D, Yadav S R, et al. 2017. Reconstruction of molecular phylogeny of closely related *Amorphophallus* species of India using plastid DNA marker and fingerprinting approaches. Physiol Mol Biol Plants, 23(1): 155-167

Grob G B, Gravendeel B, Eurlings M C. 2004. Potential phylogenetic utility of the nuclear FLORICAULA/LEAFY second intron: comparison with three chloroplast DNA regions in Amorphophallus (Araceae). Mol Phylogenet Evol, 30(1): 13-23

Kite G C, Hetterscheid W L A. 2017. Phylogenetic trends in the evolution of inflorescence odours in *Amorphophallus*. Phytochemistry, 142: 126-142

Pan C, Gichira A W, Chen J M. 2015. Genetic variation in wild populations of the tuber crop *Amorphophallus konjac* (Araceae) in central China as revealed by AFLP markers. Genet Mol Res, 14(4): 18753-18763

Santosa E, Lian C L, Sugiyama N, et al. 2017. Population structure of elephant foot yams (*Amorphophallus paeoniifolius* (Dennst.) Nicolson) in Asia. PLoS One, 12(6): e0180000

Tester R F, Al-Ghazzewi F H. 2016. Beneficial health characteristics of native and hydrolysed konjac (*Amorphophallus konjac*) glucomannan. J Sci Food Agric, 96(10): 3283-3291

Zhu F. 2018. Modifications of konjac glucomannan for diverse applications. Food Chem, 256: 419-426

第2章 魔芋初加工技术

2.1 魔芋的采收和储藏技术

魔芋是多年生草本植物，繁殖系数低下。生产用种一直是制约魔芋产业发展的重要因素。魔芋地下球茎体积大、皮薄、水分多、组织柔嫩、易受创伤和感染病害，种芋极不易储藏。因此，魔芋收挖后种芋的挑选和冬季安全储藏，是第二年种芋数量和质量的制约因素。若储藏过程中控制不好温度和湿度，便容易使种芋发生冻伤、烂种、干瘪等现象，种芋损失较大；若种芋带病带菌，次年种植发病率将增大，直接影响次年魔芋的病害发生程度和收成。因此，种芋的科学采收和越冬安全，是次年魔芋增产增收的重要保证。

2.1.1 魔芋的采收与预处理

魔芋的采收时间、采收质量、采收时的气候、运输损伤程度以及处理方法等直接关系种芋储藏水平。为了获得高水平的储藏效果，魔芋种芋在收储前应注意以下几点。

1. 适时采收

为确定魔芋的最佳采收期，可选择在80%的魔芋植株倒苗（即叶柄开始倒伏，地上部分开始枯萎）后的15~20天，昼夜平均温度在10℃以下，随机选收10株魔芋植株挖开观察，当离球茎基部5 cm处叶柄上硬下软，用手即可拔掉叶柄，且脱落处光滑时，表明已成熟，可以采收（赵庆云等，2012）。收挖过早，易导致产量降低和不耐储藏；收挖过晚，气温下降，易遭冻害。收挖时最好选择土壤干爽的晴天，要做到轻挖、轻放、轻运，勿损伤表皮，并保护好顶芽。

2. 种芋的选择

商品芋和种芋要分别储藏，应严格剔除有伤病和虫害的球茎。种芋的精选标准为：成熟度好、皮色嫩黄、表面光滑无创伤、球茎上端口平、窝眼小，整个球茎为锥状或芋头状，形状整齐，鳞芽肥壮粗短、具有本品种的特征、适应性强、产量高、较抗病或耐病、质量在250~500 g为佳，并将球茎、根状茎分类储藏（汤万香等，2015）。

3. 储藏前预处理

储藏前要对种芋进行严格的消毒处理，这是控制传染病的关键。常用的种芋消毒方法有晾晒、浸种、喷雾、甲醛熏蒸、拌种等。晾晒能借助太阳光杀灭球茎伤口和表面细菌，避免病菌蔓延，还能有效降低魔芋种芋水分含量，促进伤口愈合。通常情况下，新收挖的种芋要进行全面病检，健康种芋可以原地晾晒，带病带虫种芋要削去腐烂部分，使伤口向上，晾晒 1~2 天后，再翻回另外一面晾晒 1 天才能转入仓库散置。散置 1 周后，待种芋质量减少 15%，种芋表皮木栓化，伤口愈合，内部脆性降低，方可进行储藏(史楠等，2017)。

药剂处理可以降低种芋带菌量和后期死亡率。目前，用于魔芋种芋的消毒药剂配制方法较多：可用 75%农用链霉素 3000 倍液、草酸 800~1000 倍液、50%可湿性多菌灵粉剂 1000 倍液、40%福尔马林 200 倍液或 50%代森铵 1000 倍液浸种，待药液晾干后储藏；还可选用生石灰粉、草木灰、硫磺粉，按 50：50：2 的比例先拌种后储藏(王明红和余展深，2013；赵庆云等，2008)。

软腐病病原菌以魔芋球茎为宿主越冬，种球茎带菌增加了储藏、运输和魔芋生长期间感病概率。常用的种芋消毒方法对表层带菌效果好，但对已感染和深层带菌的种芋消毒效果不佳，且存在交叉感染、药剂渗透效果差、消毒不彻底、环境污染等问题。牟方贵等(2013)发现恒温浸种法是一种高效、安全、广谱的魔芋种芋消毒方法。55 ℃水浴 10 min 足以使病原菌失活，且不影响种芋发芽。如图 2-1 所示，在种芋表面带菌条件下消毒，28 天后 55 ℃浸种 10 min 发病率仅为 12.0%，而 1%福尔马林溶液和 5×10^5 U/L 农用链霉素喷雾消毒发病率分别高达 46.7%和 56.0%，差异达 5%显著水平，后两种方法发病率低于对照组的 65.3%，但不显著。

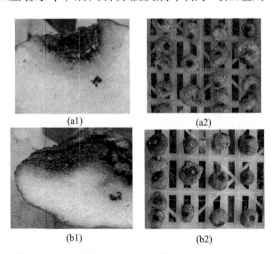

(a1)　　　　　　　　　(a2)

(b1)　　　　　　　　　(b2)

图 2-1　发病种芋消毒效果比较(牟方贵等，2013)

(a1)、(a2)：病愈芋，55 ℃恒温浸种 10 min；(b1)、(b2)：继发芋，50 mL 5×10^5 U/L 农用链霉素均匀喷雾

对已发病的种芋进行消毒处理，恒温浸种法防效为 94.7%，远高于甲醛和农用链霉素的 63.2%和 59.2%。此外，恒温浸种法对白绢病和蚜虫也有灭活作用。经以上处理可有效杀死种芋上的病菌，使储藏的种芋更安全。

马军妮等 (2016) 用平皿培养法检测了乙铝乙酸铜、噻菌铜、霜脲锰锌、多菌灵、百菌清及 72%农用链霉素在浸种及喷雾条件下对魔芋球茎表面残留细菌数量、致死率的影响。结果表明：浸种、喷雾条件下，乙铝乙酸铜及 72%农用链霉素的消毒效果最好，浸种、喷雾处理时，可使魔芋种芋表面细菌的致死率分别达到 96.0%及 92.9%、88.0%及 96.0%，种芋种植后至采收均未发病。乙铝乙酸铜及 72%农用链霉素喷雾处理球茎鲜质量每株分别为 119.3 g 及 113.3 g，较浸种处理分别提高 32.6%及 24.5%；长时间药剂浸泡可提高对魔芋球茎表面细菌的致死率，但对球茎鲜质量增加有一定抑制作用。王永琦等 (2016) 发现用 40%甲醛 2 mL 加高锰酸钾 1 g 密闭熏蒸 1 kg 种芋 24 h，对魔芋软腐病有很好的防治效果，平均累计发病株率 12.1%；较对照增产 31.70%，因此，建议在生产上推广应用，再结合高产栽培技术提高魔芋在规模化种植上对魔芋软腐病的防治效果。

2.1.2　魔芋的储藏条件与方法

种芋的越冬储藏一直是魔芋产业发展的瓶颈，对提高次年魔芋的数量和质量起着至关重要的作用(汤万香等，2015)。1997 年，陇川县大量引进种植白魔芋发生了软腐病、白绢病的爆发流行，造成严重减产，其病害流行主要原因并非种芋消毒不严，而是所引入的种芋储藏技术不适合陇川生产种植条件(王永和等，2009)。魔芋含水量高、皮层较薄，储藏期间种芋容易受到自身所带软腐病菌的侵染而发病腐烂，并造成种芋间的相互传染(孙志栋等，2011)。因此，种芋储藏的关键，一是种芋防病，二是控制温湿度，三是防冻害。国内外对种芋块茎越冬储藏的条件与方法有很多研究，就地越冬、地窖储藏、谷壳保温等方法在不同的海拔地区均有应用。

1. 储藏条件

种芋储藏期间应保持 5～10 ℃的适宜温度，在温度管理上要做到昼夜温差不太明显，在夜温过低时应增加覆盖物保暖，防止冻害。低于此温度种芋易受冻，当温度持续在 0 ℃以下时，冻害发生严重，进而腐烂。温度过高，魔芋的呼吸作用加强，加大水分散失，种芋失水率对种子的安全储藏、播种后发病率都有极其重要的影响。王孝科等 (2012) 对不同等级魔芋种芋在储藏期失水相关性及出苗率进行研究发现：10 g 以下、25 g 左右、75 g 左右、150 g 左右的种芋储藏期失水率分别为38.40%、35.12%、24.72%、21.99%，出苗率分别为 87.43%、93.33%、100.00%、100.00%。同时发现，平均质量 3.33 g 处理的小种子储藏期内易失水过多而干枯死，枯死率 5.77%。高温高湿易导致软腐病的发生及蔓延，通过在不同温度的室内对魔芋软腐病与白绢病进行研究表明：一方面在 8 ℃左右的低温下魔芋软腐病菌生长速度是其最高时的 1/3 以下，而白绢病菌丝在 10 ℃以下几乎停止生长，温度达到 18 ℃时两病都开始明显加快生长；另一方面，温度偏高，容易过早打破休眠，引起顶芽过分伸长并开始长根，形成老化苗，容易枯死。

种芋储藏环境的相对湿度以 70%～80%为宜，湿度低，种芋因呼吸作用损失大量水分，造成块茎萎缩；湿度过大，易导致软腐病的发生及传播蔓延。在储藏初期，由于球茎的呼吸作用较强，湿度较高，靠近地面处会因地面温度低而凝结水珠，易造成烂种，所以储藏期间除注意调节空气湿度，经常通风换气外，还应定期翻动，防止地表层因湿度过大而腐烂。

2. 露地越冬储藏

冬季不太寒冷的魔芋产区常采用此种方法。应选择地势高、易排水、沙壤土质，当年魔芋长势好、病害较轻的留种地就地越冬。此种方法的优点是：第一，不需采挖、搬运、储藏，可节省大量人力，同时可避免因采挖对种芋造成的损伤和病菌的传染；第二，使种芋保持新鲜，次年春季早发芽，提前出苗，有利于增产增收；第三，对大面积留种安全有效。

(1)覆盖法：在植株自然倒苗后，冬季前清除地表杂草及植株残体，将表层土壤轻轻锄松 3～5 cm，然后用稻草、玉米秆、麦草、麦糠、山茅草等材料覆盖，厚度以 10～15 cm 为宜，太薄起不到防寒保暖的作用。

(2)培土法：将土表杂草清除，然后培 10～15 cm 厚的土层，要求干土、细土、疏松。通过培土增加土层厚度，减轻严寒对深层土壤中种芋的影响，有利于种芋的越冬。对当年播种较浅或种芋被雨水冲刷露出地表的地块，采用此方法越冬效果较好。

(3)套种法：种芋露地越冬期间，在繁种地块上面套种越冬作物，有保温增湿、调节土壤水分和防冻的作用，更有利于块茎在地下安全越冬。待魔芋进入倒苗期，在土表免耕种植小麦或其他小春作物，于次年开春拔出撒播作物，小心挖出种芋。此储藏方法的前提是，魔芋不发病或发病轻；地面应有一定坡度；以利排水防涝。套种法既充分利用土地，提高经济效益，又有利于种芋的越冬。

廖文月等(2016)在海拔 1100 m 的基地开展魔芋种芋越冬储藏试验，比较种芋覆草、覆地膜与露地越冬储藏技术，结果表明，覆地膜方式的种芋才能免遭冻害，基本安全越冬，出苗率最高达 67%。虽然其出苗率不是很高，但经过实地检查，发现其余大部分未出苗的种芋并非受冻害所致，而是由于病害及自身原因等其他因素，而其余两种处理方法，对未出苗的种芋挖出检查，发现冻害率高达 80%以上。因此，在中高海拔地区，魔芋种芋露地安全越冬的最佳方法之一为覆地膜法，具体方法为：开垄沟播种后，起垄覆土 10 cm 以上，垄面覆地膜，垄边用土将地膜边压实。崔鸣等(2016)通过开展魔芋种芋越冬生产调查发现：随着海拔的升高，大田和林下越冬魔芋种芋中受冻魔芋的比例均呈现上升态势，大田种芋越冬海拔900 m 以下正常魔芋占 89.0%，900 m 以上则降低到 83.7%～73.2%，故建议 900 m 以上大田越冬应采取覆膜等保护措施。林下越冬由于秋季落叶覆盖在地表的保温和树林对气候的调节作用，魔芋正常球茎占比为 89.7%，受冻魔芋球茎明显减少，降低幅度在 18.45%～62.5%，林下越冬优于大田越冬。砂壤土通气透水好、抗逆性强、适种性广，较适宜于魔芋种芋越冬。

3. 土坑储藏法

选择地势较高、背风向阳、土壤干燥的地方挖深 100～150 cm，长、宽依种芋数量而定，在坑底及四周坑壁处铺放 10～15 cm 厚的干草，避免种芋与窖底或窖壁接触，然后放入种芋，按一层种芋一层草的顺序摆放，厚度为 6～8 层，最后再盖草，并在最外层覆盖 15～25 cm 厚的干细土壤，达到保温的目的。同时在坑四周开挖排水沟，以防雨水流进坑中，造成烂种。

4. 地窖储藏法

在关中北部、陕北及部分寒冷地区，可选择地下水位低、排水良好、土质结实处挖窖。窖的大小以能储藏 1000～1500 kg 为宜。挖好地窖后，用药剂或草加硫磺熏蒸消毒，闭窖 2～3 天后打开窖门，待窖内气味散尽后即可将种芋入窖。使用旧窖，应将窖壁铲去一层并消毒后再使用。储藏时先在窖底铺层稻草或河沙，将种芋顶芽朝上摆放，按一层种芋一层草堆放，地窖的储种量以地窖容积的 60% 左右为宜，要调节好窖内温、湿度。入冬初期早晚要打开窖门通风换气，严冬季节紧闭窖门，但窖门上方要留一个窗口便于通风。春季气温回升应打开窖门通风透气。此方法在陕西芋区很少采用。

5. 室内沙藏及草藏法

室内沙藏法可选择细河沙、山沙等，储藏时将沙晒干(七八成干)，在筐内、桶内或室内靠墙角处先放一层 10～12 cm 厚干沙，然后放一层种芋，种芋平放，芽眼朝上，然后覆上一层干沙，将种芋盖严为宜。一层干沙、一层种芋堆放，堆放的种芋以 5～6 层为宜(根状茎或小种芋可放多层)，若堆放层次太多会压坏底层种芋，或造成透气不良。室内草藏法用稻草、麦秆、谷壳等，将其晒干后使用。堆放方法与室内沙藏相同，使干草充分包住种芋，避免种芋与储藏容器壁或墙接触。此法适用于冬季温度较高，不太寒冷的地区，能保持种芋水分和芽体新鲜，并起到催芽作用，使种芋出苗快、整齐、长势旺盛。

6. 室内架藏法

在规模化魔芋种植和种繁基地，种芋数量大，室内架藏不但能充分发挥室内空间的最大储藏作用，充分利用空间，增加储藏量，而且可实现安全、便捷与可以管控的目的。室内架藏法一般为：在室内用木架或竹架分层摆放。木架层间距离为 40～50 cm，最下一层距地面 20 cm 左右，每层架上放一层干燥、透气性好的覆盖物以保暖（彭金波等，2013）。以一间 3 m×4 m、高 2.6～2.8 m 的房间为例，每面墙可搭架 12 层，储藏架总面积为 73.92 m²，每平方米可摆放 150 g 左右大小的种芋 40 kg 左右，总共可储藏种芋 3000 kg 左右，可供 4500 m² 左右大田种植。技术要点如下。①选择房间：选择面积 3 m×4 m 左右，高 2.6～2.8 m 的房间 1、2间，房间对门方向应有窗户，保证通风透气。②搭架：储藏架沿墙搭建，底层可用砖头代替圆木。除有窗的那面墙搭建 6 层，其他三面墙均搭建 12 层。架宽 70 cm，层高 17 cm。③种芋摆放：预处理完成后的种芋即可入室储藏，底层先放干土再放种芋，其余各层均匀摆放，保证种芋之间有缝隙可透气。④管理：注意做好排湿防寒工作，温度控制在 8～10 ℃，湿度控制在 60%（初期）至 80%（后期），准备一支干湿温度计，开始阶段每 10～15 天检查 1 次，发现烂芋及时拣出，并在原位周围撒点石灰或三元消毒粉。黄飞燕和黄姚（2005）以一间面积 3 m×4 m、高 2.6～2.8 m 的房间为例，计算魔芋室内架藏成本约为 0.055 元/kg，可减少 15% 种芋损失，挽回经济损失 1080 元，当年即可回收成本并获得经济效益。

2.1.3　储藏期的管理

加强储藏期的管理，是达到魔芋种芋安全储藏的必要保证，魔芋的储藏期为4～5 个月，在此期间，必须注意储藏期环境的温度、湿度及通风条件，定期检查，防止烂种的发生。

1. 前期管理

入窖 30 天内，是储藏管理的关键时期。前期种芋呼吸作用旺盛，水分蒸发量大，释放热量也大，易形成高温高湿环境，易发软腐病。此期间应加强通风换气，散热排湿，使储藏温度稳定在 8～10 ℃，相对湿度 60%～70%，注意病害发生，定期检查种芋有无病变或腐烂，如发现应立即清除，并用链霉素喷雾防止蔓延。

2. 中期管理

入窖后 30 天至次年 2 月初。种芋处于深休眠阶段，呼吸及水分蒸发减弱，发热量小，此期间块茎生理活动微弱，对环境十分敏感，外界环境温度低，易遭受冻害，保持温度 10～13 ℃，湿度 65% 为宜，以保温防寒为主。

3. 后期管理

立春后，气温逐渐回升，种芋的休眠已解除，呼吸加强，应避免储藏温度过高而促使顶芽萌发。此时期应加强通风换气，适当增加湿度，温度控制在 10～12 ℃，相对湿度 80% 左右。同时，针对会出现的外界低温天气应注意保暖。

2.2　魔芋的褐变机理与护色技术

2.2.1　魔芋的褐变机理

1. 魔芋的酶促褐变机理

魔芋的酶促褐变是指其组织中的酚类物质在氧的参与和多酚氧化酶(polyphenol oxidase，PPO)的催化下，被氧化成醌类，在氧大量侵入的情况下，氧化还原作用失去平衡，产生大量醌并逐渐积累，醌再进一步氧化聚合，形成褐色色素或黑色素，从而导致组织变色(郑莲姬等，2007)。酶促褐变的发生需三个条件，即适当的酚类底物、多酚氧化酶和氧。

不同果蔬褐变所涉及底物不同，有关底物主要有绿原酸、儿茶素、表儿茶素、没食子酸、邻苯二酚、阿魏酸等(袁江等，2011)。1974 年，Tono 等(1974)从花魔芋球茎中分离得到了一种含酚环的含氮衍生物，即 3,4-二羟基苯乙胺(多巴胺)，其分子结构式如图 2-2 所示，它能在魔芋多酚氧化酶的作用下氧化。因多巴胺含有很易被多酚氧化酶催化的两个羟基，所以猜测其可能为褐变底物之一。魔芋多酚氧化酶以多巴胺为底物时，其反应生成产物吸收光谱的最大吸收峰值在 300 nm 附近，而自然褐变产物的吸收光谱最大吸收峰值也在 300 nm 附近(图 2-3)，所以验证多巴胺为魔芋可能褐变底物之一(张盛林等，2007)。不同魔芋品种固有的褐变底物含量不同，所以它们的褐变强度也不同，如花魔芋的活力始终强于白魔芋的活力，整个储藏过程中，白魔芋的褐变强度弱于花魔芋的褐变强度(张盛林等，2007)。所以，可以选育优良的品种来控制褐变的强弱程度。

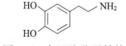

图 2-2　多巴胺分子结构式

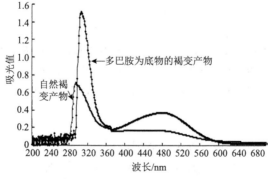

图 2-3　魔芋褐变产物光谱图(张盛林等，2013)

多酚氧化酶是导致魔芋酶促褐变的主要酶类。研究表明,魔芋中多酚氧化酶活力约为 250 U/g,酚类物质含量为 1500 mg/kg,远远高于一般果蔬中的多酚氧化酶活力(约 70 U/g)和酚类物质含量(约 200 mg/kg)(尹娜等,2013)。因此,魔芋是极易由多酚氧化酶引起酶促褐变的果蔬(张盛林等,2013)。多酚氧化酶广泛存在于魔芋球茎中,以铜为辅基,必须以氧为受体,是一种末端氧化酶。魔芋中多酚氧化酶活力随储藏时间的变化如图 2-4 所示。魔芋从采收到 11 月下旬,多酚氧化酶处于上升趋势;从 12 月上旬到 12 月中下旬,多酚氧化酶活力基本处于下降的趋势;之后魔芋多酚氧化酶活力又处于上升的趋势。这种现象可能跟魔芋储藏期的生理活动有关。魔芋球茎在储藏期的生理过程大致分为四个阶段,即后熟期、休眠期、休眠解除期和芽伸长期。从采收到 12 月上旬之前是魔芋的后熟期,球茎含水量高,且伤口呼吸作用及蒸发作用较强,内部代谢旺盛,各类酶的活性较强,因此多酚氧化酶的活力上升。12 月上旬到 12 月中旬或下旬的魔芋的逐渐进入休眠期,球茎呼吸作用减弱,球茎内部生理代谢不旺盛,因此多酚氧化酶活力处于下降趋势。12 月中下旬以后是魔芋的休眠解除期,此期间呼吸作用仍很弱但多酚氧化酶的活性随着休眠的解除略有上升。

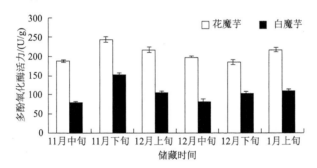

图 2-4　多酚氧化酶活力随储藏时间的变化(张盛林等,2013)

在整个储藏过程中,白魔芋和花魔芋的多酚氧化酶活力变化趋势基本一致,但白魔芋的多酚氧化酶活力始终弱于花魔芋多酚氧化酶活力。有关白魔芋和花魔芋中多酚氧化酶的电泳分析发现,引起两种魔芋中褐变的酶是同一种酶,且白魔芋的酶量明显多于花魔芋的酶量(图 2-5)。但是,花魔芋的褐变程度却远远高于白魔芋,说明魔芋的褐变跟所含的酶量不呈正相关,而与酶活力呈正相关(郑莲姬,2004)。这一研究结果说明,抑制魔芋加工过程中的褐变应主要控制多酚氧化酶的活性。

影响多酚氧化酶活性强弱的因素有温度、水分、pH、抑制剂等。温度对多酚氧化酶有钝化作用,组织中或在溶液中的多酚氧化酶在 70～90 ℃下短时间的热处理足以使其失活。热处理包括热水处理、热蒸汽处理、热空气处理等。采用瞬时高温处理原料,可使多酚氧化酶及其他的酶类全部失活,达到控制酶促褐变的目的,

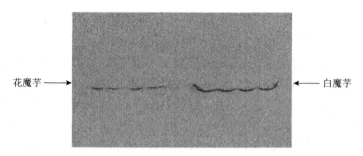

花魔芋 →　　　　　　　　　　　　　　　　　　　← 白魔芋

图 2-5　魔芋多酚氧化酶电泳图（郑莲姬，2004）

是使用最广泛的控制酶促褐变的方法。加热处理必须严格控制时间，要求在最短的时间达到既能控制酶活性又不影响魔芋原有风味的效果，如果热处理不彻底，破坏细胞的结构，但未钝化酶类，反而会强化酶和底物的接触而促进褐变（熊绿芸和罗敏，2002）。由于热处理也会导致水溶性无机盐和维生素损失，因此热处理可使用柠檬酸和抗坏血酸溶液，效果更加理想（Sapers，1997）。

　　大多数情况下多酚氧化酶的最适 pH 在 4～7，一般情况下 pH 低于 3 时多酚氧化酶已明显无活性。因此，魔芋加工过程中常用柠檬酸、苹果酸、磷酸及抗坏血酸等防止酶促褐变，其中，柠檬酸对酶促褐变有双重抑制作用，既可降低pH，又可螯合多酚氧化酶的铜辅基，但作为褐变抑制剂来说，单独使用的效果不大，通常与其他褐变抑制剂复配使用，效果更佳（牟方贵等，2013；叶维和李保国，2016）。

　　多酚氧化酶是以铜为辅基的金属蛋白，因此许多金属螯合剂，如氰化物、一氧化碳、铜锌灵、2-巯基苯并噻唑、二巯丙醇或叠氮化合物对其都具有抑制作用。在这类抑制剂中，食品加工中有实际价值的是抗坏血酸、柠檬酸和植酸等。与酶促反应产物作用的抑制剂有醌还原剂和醌螯合剂。实际生产中常用的醌还原剂有抗坏血酸、二氧化硫、偏重亚硫酸盐等。二氧化硫及亚硫酸盐溶液在偏酸性条件（pH=6）下对酚酶抑制效果最好，可通过抑制酶的活性来抑制酶促褐变，亚硫酸盐是较强的还原剂，也可抑制酪氨酸转变为 3, 4-二羟基苯丙氨酸，此法的优点除使用方便、效力可靠、成本低外，还有利于保存维生素 C。但是它易腐蚀铁壁，破坏维生素 B_1，浓度较高时有碍于人体健康。因此生产中常将二氧化硫和（或）亚硫酸盐跟其他的抑制剂结合使用，以降低使用量。常用的醌螯合剂有半胱氨酸和谷胱甘肽，L-半胱氨酸是食品中固有的营养成分，是一种安全的试剂，控制褐变效果好，作为焦亚硫酸钠的替代品很有潜力；L-半胱氨酸对多酚氧化酶具有钝化作用，作为醌螯合剂，与醌作用生成稳定的无色化合物来抑制褐变。

　　多酚氧化酶和过氧化物酶在水分活度降至 0.85 以下时便失活。在正常的情况下，虽然魔芋水分活度高，但细胞内的酶与多酚氧化酶区域化分布，所以不产生褐变。在进行干燥加工时，虽然酚酶脱水凝集导致变性，酚酶活性降低，但由于细胞膜结构损伤，膜透性增大，细胞内物质外泄，增加了酶与底物接触的机会，因此，虽然酚酶活性低，但褐变程度却很高。鉴于此，在加工过程中应迅速降低水分活度，在酚酶与底物接触之前钝化酶活性，如在魔芋加工过程中提高风速，风速越快褐变越慢，这是因为风速的提高可加快魔芋的干燥速率，导致水分散发加快，干燥时间缩短，芋片氧化褐变时间缩短，从而可获得色泽较好的产品。与此同时，芋片的厚度也对色泽带来影响，芋片越薄，干燥越快，色泽越好。

多酚氧化酶只有在氧气存在的情况下才能与底物反应，因此加工过程中可以采取隔离氧气的办法来控制底物氧化。隔离的办法有浸泡、真空、充氮、充二氧化碳。因魔芋葡甘聚糖易溶胀，所以长时间浸泡不适宜魔芋加工。通常采用一定浓度的乙醇浸泡。真空干燥的产品中葡甘聚糖不能形成晶体粒子，且加工设备贵，成本高，所以一般不用。

除了以上的理化控制法，也可采用生物控制法，例如，使用天然添加剂，如蛋白酶(主要是无花果蛋白酶、木瓜蛋白酶和菠萝蛋白酶)、小分子多肽、乳酸菌的代谢产物等，抑制酶促褐变。由于多酚氧化酶是由核基因编码的一种重要的末端氧化酶，随着分子生物学领域不断取得关键性的技术突破，迄今，已成功克隆出马铃薯、葡萄、番茄、甘薯、苹果、双胞蘑菇、草莓、茶树、梨、香蕉、莲藕、菠菜、紫竹、蝴蝶兰等十多种园艺作物的多酚氧化酶基因。通过基因工程技术手段，如利用反义技术，反向表达多酚氧化酶基因等，可以实现对酶促褐变的有效控制。

张洁(2014)采用同源克隆的方法，从花魔芋叶片中克隆得到多酚氧化酶基因的保守编码区序列，并采用 cDNA 末端快速扩增技术(rapid amplification of cDNA ends，RACE)从花魔芋叶片中克隆得到多酚氧化酶基因全长，通过分析魔芋基因的序列信息及其遗传背景发现，魔芋蛋白分子质量约为 55 kDa，编码蛋白属于酪氨酸酶基因家族蛋白，具有多酚氧化酶蛋白典型的特征。如图 2-6 所示，魔芋中第 91～108、250～261 位氨基酸残基分别为 CuA 和 CuB 结合区，高度保守的 CuA 和 CuB 结合区富含 His 残基；魔芋蛋白是亲水蛋白，无信号肽。该蛋白含有 15 个 α-螺旋结构，5 个 β-折叠结构；花魔芋蛋白与禾本科植物(玉米、小麦、大麦)最先聚为一类，亲缘关系最近。利用反义表达载体成功转化马铃薯和苹果，有效防止了马铃薯的褐化和苹果的组培褐化问题。魔芋基因全长序列的克隆成功，为后续通过反义抑制和超量表达等转基因方法来调节魔芋多酚氧化酶基因的表达奠定了基础，有望在魔芋的抗褐变育种中取得重大突破。

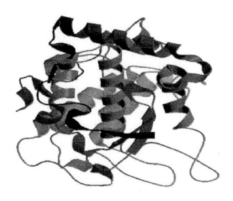

图 2-6　魔芋多酚氧化酶蛋白二级结构及预测三维结构(张洁，2014)

2. 魔芋的非酶褐变机理

魔芋储藏或加工过程中常发生与酶无关的褐变作用，称为非酶褐变。非酶褐变一般包括焦糖化反应、羰氨反应、抗坏血酸氧化反应。糖类在没有含氮化合物存在的情况下，加热到熔点(150～200 ℃)以上，生成黏稠状深褐色物质的过程称为焦糖化反应。魔芋加工过程中的温度一般不能达到焦糖化反应温度，所以一般不考虑焦糖化反应引起的褐变。由抗坏血酸氧化引起的食品褐变称为抗坏血酸氧化褐变。抗坏血酸氧化褐变在很大程度上依赖于 pH 和抗坏血酸的浓度。如果利用抗坏血酸抑制酶促褐变，非酶褐变的羰氨反应时抗坏血酸过量，那么剩余的抗坏血酸会引起抗坏血酸氧化褐变，所以要控制好抗坏血酸的量，不能过多。

羰氨反应是指氨基(—NH$_2$)与羰基(>C=O)经缩合、聚合生成黑色素的反应。此反应在氨基和羰基共存的条件下发生。其中氨基包含游离氨基酸、肽、蛋白质、胺类；而羰基包含醛、酮或糖分解和脂肪氧化等生成的羰基化合物。据报道，魔芋球茎中含有羰氨反应的底物有约 3%的还原糖(可溶性糖有葡萄糖、甘露糖、果糖和蔗糖)，约 5%的粗蛋白和十几种氨基酸。魔芋干燥过程中，具备发生羰氨反应的温度和水分条件，所以魔芋初加工中羰氨反应引起的褐变也较严重。

最容易发生羰氨反应的物质为游离还原糖和游离氨基酸，由于大部分含羰基可溶性糖存在于含葡甘聚糖的异细胞内，采用干法加工难以除去；而氨基酸是魔芋的营养成分，因而很难通过控制游离还原糖和游离氨基酸含量来抑制非酶褐变。薄晓菲等(2007)探讨了乙醇浸提控制魔芋精粉非酶褐变的工艺。非酶褐变及乙醇处理对白魔芋和花魔芋精粉的白度和变黄指数的影响如表 2-1 所示。白魔芋精粉和花魔芋精粉在 105 ℃下加热 4 h 后均会发生褐变，花魔芋精粉的非酶褐变程度要高于白魔芋精粉；当两种魔芋精粉经50%乙醇在 35 ℃下浸提 3 h 后，其白度均有增大，变黄指数均有减小，非酶褐变程度都显著降低，基本不再褐变；乙醇处理的魔芋精粉再加热后，白魔芋精粉和花魔芋精粉的白度减小，变黄指数增大，说明加热后发生非酶褐变，但较直接加热后的颜色要浅，由此说明乙醇浸提把引起非酶褐变的成分提取的比较充分。

表 2-1　非酶褐变及乙醇处理对魔芋精粉白度和变黄指数的影响(薄晓菲等，2007)

处理方式	白度		变黄指数	
	白魔芋	花魔芋	白魔芋	花魔芋
原料	30.93	26.85	17.8	27.32
非酶褐变	18.15	7.36	56.51	88.47
乙醇处理	32.20	32.68	7.33	8.58
乙醇处理后加热	30.82	28.05	10.14	18.43

由于羰氨反应的底物多为游离还原糖和游离氨基酸，产物为酚类物质，作者进一步对两种魔芋精粉加热褐变前后的游离还原糖、游离氨基酸和酚类物质的变化进行了解析。结果表明：非酶褐变前后，白魔芋和花魔芋精粉中的游离还原糖和游离氨基酸总量均有减少，酚类物质含量增加，说明可能发生了羰氨反应。经乙醇处理后，游离还原糖、游离氨基酸和酚类物质均有显著降低，说明乙醇处理后可以脱除引起非酶褐变的成分。

通过分析非酶褐变前后魔芋精粉乙醇浸提液中游离还原糖组成发现，非酶褐变前后白魔芋精粉乙醇浸提液中还原糖只有葡萄糖，花魔芋精粉乙醇浸提液中还原糖的种类有阿拉伯糖和葡萄糖，但两种魔芋精粉褐变后都只有葡萄糖的含量减少，说明葡萄糖是参与魔芋精粉加热褐变的主要还原糖。白魔芋精粉和花魔芋精粉中均有 16 种游离氨基酸，白魔芋精粉中各种氨基酸含量变化最大的是丝氨酸，其次为谷氨酸、苏氨酸和天门冬氨酸，花魔芋精粉中氨基酸含量变化最大的是丝氨酸，其次为丙氨酸、精氨酸、谷氨酸、亮氨酸、苏氨酸、天门冬氨酸和赖氨酸。通过进一步模拟葡萄糖和氨基酸的羰氨反应发现，褐变强度最大的是赖氨酸，其次是组氨酸，其他氨基酸褐变现象不明显。虽然两种魔芋在非酶褐变前后，其赖氨酸和组氨酸的含量变化不大，但这两种氨基酸与葡萄糖发生羰氨反应所产生的颜色变化较大，是引起褐变的主要氨基酸。利用气相色谱-质谱法（GC-MS）分析赖氨酸和组氨酸与葡萄糖的羰氨反应产物成分，发现两种魔芋精粉的褐变产物中均含有 2, 3-二氢-3, 5-二羟基-6-甲基-4（H）-吡喃-4-酮，推测其为产生魔芋精粉非酶褐变的主要物质，花魔芋精粉反应产物中还分析出了 5-羟甲基糠醛，推测该物质也是魔芋精粉褐变后比白魔芋精粉颜色深的原因之一。综上所述，白魔芋和花魔芋精粉通过加热处理后颜色的变化是由羰氨反应引起的，反应的主要底物为游离葡萄糖和游离氨基酸。

2.2.2 魔芋的护色技术

魔芋球茎的皮下组织为白色，但在魔芋储藏与加工过程中会发生褐变，从而使魔芋产品的白度降低。我国生产的魔芋精粉主要销往日本、东南亚、欧洲、美国等，这些国家和地区对魔芋精粉的色泽均有严格的要求。GB/T 18104—2000《魔芋精粉》要求特级魔芋精粉白色颗粒占总重的 95%以上。因此，白度是衡量魔芋粉质量高低的重要指标。魔芋精粉褐变，不仅影响外观色泽，而且其酶促褐变的中间产物和终产物与魔芋葡甘聚糖发生超分子相互作用，组装或沉积到魔芋葡甘聚糖上，严重影响其水溶性，降低黏度，使魔芋精粉的使用价值降低。

引起魔芋褐变的原因有两种：酶促褐变及非酶褐变的羰氨反应。褐变的影响因素有内因和外因。引起酶促褐变的内因有多酚氧化酶和底物，外因有温度、pH和水分。引起非酶褐变中羰氨反应的内因有羰氨化合物和氨基化合物，外因有温度、pH、水分和金属离子。因此，在魔芋的储藏加工及精粉储藏过程中，采取有效措施抑制褐变，维持其白色品质的技术称为魔芋护色技术。魔芋的护色是符合食品科学原理、符合食品相关法典的，与恶意漂白食品、过分追求感官性质有着本质的不同。目前，在实际生产中形成了诸多行之有效的护色技术，这些技术包括：①加强魔芋优良品种的选育与管理；②改进魔芋加工工艺；③破坏或脱除魔芋精粉中的色素物质。

1. 魔芋品种的选育与管理

(1)选育魔芋良种：不同的魔芋品种的褐变底物的含量不同。总体而言，白魔芋比花魔芋的褐变底物的含量要低一些、品质也要好一些。在花魔芋种群中，由于较长时间在不同的海拔、纬度、土壤、光照强度、温度等生态环境下生长，已形成了许多各具特色的地方良种，这些地方良种的褐变底物的种类、分子结构、酶的含量、酶的活性等都不尽相同。因此，因地制宜选择褐变较轻的优良品种是防止魔芋褐变的基础。

(2)选择海拔较高的地方栽培：较高的海拔比较低海拔栽培的鲜魔芋，其褐变底物的含量要低些，因此，选择较高海拔栽培魔芋可以减轻魔芋加工过程中的褐变现象。

（3）病虫害防治：遭受病虫危害的鲜魔芋，加工时发生褐变的程度比正常的鲜魔芋要严重得多，要使魔芋干的二氧化硫控制在较低的水平，做好病虫害的防治十分重要。

（4）适时采收和加工：由于魔芋在生长期中酶的活性较休眠期要强，如提早在生长期中采收和加工，产品的褐变程度要重一些。因此，在休眠期采收、加工是比较适宜的。

（5）改进储运方法，防止外伤：鲜魔芋的表皮较薄且含水量较高，很容易受伤、腐烂。受伤、腐烂的鲜魔芋加工性能变低，褐变非常严重。而目前全国普遍存在的严重问题是粗放采收、粗放储运，这是目前制约我国魔芋产业的一大难题。建议中国园艺学会魔芋协会协同有关部门尽快建立、实施商品鲜魔芋的质量标准和包装、储藏、运输规范，以推进我国魔芋加工水平和质量的提高。

（6）改进仓储环境和方法：商品鲜魔芋进入加工厂后，不良的仓储环境条件和方法，会加快鲜魔芋的腐烂进程，影响产品质量。对作加工原料的鲜魔芋，应合理堆放在防雨淋、排湿、透气的地方。有条件的地方最好能就地边收边加工。

2. 魔芋的护色技术

目前，针对果蔬护色技术的研究较多，研究者主要提出的护色工艺有二氧化硫护色法，水溶液护色剂护色法，高温空气灭酶护色法，真空冷冻干燥、微波干燥及热泵干燥护色法，热水漂烫及酸碱溶液处理护色法，天然褐变抑制剂护色法等。由于魔芋球茎中富含亲水性极强的葡甘聚糖，在冷水溶液中即可迅速吸水膨胀糊化，并且有很强的胶黏性，会造成脱水困难，加之葡甘聚糖糊化后，不可能重新变成晶体，不能再加工出魔芋粉，因而水溶液护色剂和热烫抑制酶的方法不可行。不接触水，采用高热空气杀酶，芋片温度（特别是内部）必然要经过由低到高的升温过程才能达到杀酶温度，但实践证明在这一过程中，反而加快了褐变发生的速度，单纯的高热空气杀酶也解决不了魔芋干"色白"问题。因此，常规果蔬护色中普遍采用的浸渍法、高热空气法等在魔芋护色中均不适用。

二氧化硫护色法就是传统的熏硫技术，即将二氧化硫加入热风中对魔芋进行熏蒸，此法操作简便，运行成本低，护色效果好，应用极为广泛。二氧化硫可破坏酶的氧化系统，与氧反应，从而阻止酶促褐变以及各类氧化反应的发生，同时可抑制由还原糖与氨基酸发生羰氨反应而导致的非酶褐变。魔芋干燥加工中添加二氧化硫的残留量必须控制在限定范围内，否则将对人体健康造成危害。GB/T 18104—2000《魔芋精粉》规定二氧化硫含量≤2.0 g/kg。但某些企业为追求色泽，导致魔芋精粉中含硫量超标。为降低魔芋精粉二氧化硫残留量，魔芋精粉加工企业后期需采用30%乙醇对魔芋精粉清洗加工，极大地增加了生产成本。为了降低生产成本，使用过氧化氢与乙醇互配溶液进行去硫清洗，能够氧化魔芋精粉中残留的大部分二氧化硫，有效降低魔芋精粉中二氧化硫的含量，缩短清洗时间(叶维等，2014)。巩发永(2016)设计了一种用于降低魔芋精粉二氧化硫含量的装置，为防止魔芋精粉吸水膨胀并发生粘连，先将过氧化氢与一定浓度的乙醇混合，利用螺旋搅拌保证魔芋精粉与雾状过氧化氢和乙醇的混合液充分接触后，储存一定时间，及时将魔芋精粉干燥，最终得到二氧化硫含量符合 GB 2760—2014《食品安全国家标准 食品添加剂使用标准》的魔芋精粉。夏俊等(2009)采用回流法进行魔芋脱硫处理，可将魔芋含硫量降至 20 mg/kg，效果虽好，但步骤较烦琐，有较多的限制因素，还需进一步优化。

天然褐变抑制剂如柠檬酸、草酸、抗坏血酸、硫醇类等，是二氧化硫替代品的理想选择，在食品加工中已得到广泛使用。其中，草酸对多酚氧化酶抑制效果主要是其与酶活性中心铜离子反应生成稳定化合物(Zheng and Tian，2006)；抗坏血酸及其衍生物对酶促褐变抑制作用主要是其能将多酚氧化酶产生的醌类在进一步形成色素前还原为酚类(Martinez and Whitaker，1995)；柠檬酸及其衍生物通过双重作用抑制褐变，较低 pH 并螯合酶活性中心铜离子；硫醇类化合物(如 L-半胱氨酸、谷胱甘肽等)也是非常有效的褐变抑制剂，抑制效果高于维生素 C(Eissa et al.，2006)。通常多元混合抑制剂抗褐变效果比单一种类好。采用互配处理优势互补，选择最优配比，可减少单一用量，增强抑制效果。应用于魔芋的几种效果较好抑制剂组合如表 2-2 所示(郑莲姬等，2002，2007；周杨等，2007)。

表 2-2　应用于魔芋的几种效果较好抑制剂组合(尹娜等，2013)

抑制剂	L-半胱氨酸	柠檬酸	植酸	抗坏血酸	绿茶茶多酚
白魔芋	0.01	—	—	—	—
花魔芋 1	0.15	1	1	0.01	—
花魔芋 2	—	2	—	—	1

注："—"表示未加入该物质

由于各种抑制剂的天然特性不同，最适条件各异，因此在多元互配中也会出现拮抗作用，影响抑制效果，所以在互配处理中需要兼顾各种因素。如草酸、柠檬酸等褐变抑制剂，虽对褐变具有一定效果，但这些褐变抑制剂单一使用剂量比较大或自身具有毒性等问题，使常规使用受到限制。而且，这些物质在酶促褐变反应开始后才起作用，或如果加入量不足，就不能很有效地控制酶促褐变发生，尤其是抗坏血酸，一旦大部分被氧化成脱氢抗坏血酸后，醌类就会聚积、聚合，这将会最终导致褐变发生。张志健等(2011a)研究了柠檬酸、抗坏血酸、L-半胱氨酸、植酸、氯化钙和 EDTA 六种无硫护色剂对魔芋片的护色效果。单因素试验发现，柠檬酸对魔芋片白度的影响最为显著，护色效果最佳，且护色性质稳定。而抗坏血酸、L-半胱氨酸和植酸的影响相对较小，且影响程度相近。四种护色剂的使用浓度为：柠檬酸浓度 7.50%，L-半胱氨酸浓度 0.20%，植酸浓度 4.00%，抗坏血酸浓度 0.20%。根据单因素试验结果，进一步选择植酸、柠檬酸、抗坏血酸和L-半胱氨酸四种护色剂，采用正交试验，研究复合护色剂的护色效果。复合护色剂的最优组合是柠檬酸浓度 6.50%，L-半胱氨酸浓度 0.11%，植酸浓度 5.00%，抗坏血酸浓度 0.23%。

热水漂烫及酸碱溶液处理是抑制果蔬酶促褐变的常用方法之一。现在广泛种植花魔芋和白魔芋中多酚氧化酶活性的最适温度都是 30 ℃，最适 pH 是 5.5，酶活性与温度、pH 关系如表 2-3 所示，白魔芋与花魔芋在 70 ℃左右时，酶活性丧失率分别为 83.3%和 75.8%，当温度达到 100 ℃时酶活性全部丧失。白魔芋在 pH 为 3 时，酶活性丧失 57.2%，在 pH<2.2 时酶活性丧失 100%，花魔芋在 pH 为 3 时酶活性丧失 86.5%，pH 在 2.2 以下时酶活性全部丧失。因此，通过调节温度及 pH 均可抑制多酚氧化酶活性，从而达到抑制褐变效果(尹娜等，2013)。Vishal 等 (2012)探讨了热烫温度-时间对魔芋片色泽、质地和褐变指数的影响。结果显示，较长的热烫时间和较低的干燥温度能够起到较好的护色作用，降低魔芋片的褐变指数。在 90 ℃情况下热烫 3 min，然后在 80 ℃下干燥 480 min 可以使最终产品具有最佳品质。

表 2-3　多酚氧化酶与温度和 pH 的关系(尹娜等，2013)

魔芋品种	温度与酶活性丧失率	pH 与酶活性丧失率
白魔芋	70 ℃时丧失 83.3%	pH 为 3 时丧失 57.2%
	100 ℃时丧失 100%	pH 为 2.2 以下时丧失 100%
花魔芋	70 ℃时丧失 75.8%	pH 为 3 时丧失 86.5%
	100 ℃时丧失 100%	pH 为 2.2 以下时丧失 100%

真空冷冻干燥可控制产品中的酶活性，防止氧化褐变，经过真空冷冻干燥的魔芋能保持白色。由于魔芋的特殊性质和结构，真空冷冻干燥后魔芋葡甘聚糖因易受冻而被破坏，经过真空冷冻干燥的魔芋片容易吸潮从而影响后期的粉碎工艺，干燥后魔芋粉分离较困难，且真空冷冻干燥法所需设备初次投资大，干燥能耗高，运行成本较高，目前暂未推广运用。叶维和李保国(2016)研究和筛选了三种护色剂复配使用的最佳配方和真空冷冻干燥最佳工艺条件，以增强护色效果。以魔芋片的色泽变化及收缩率变化作为评价指标，色泽按 1～70 分进行评分，乳白色为 45～70 分，浅黄色为 30～45 分，稍发黑为 25～30 分，发黑则低于 25 分。结果

表明，魔芋真空冷冻干燥的护色剂最佳配比：柠檬酸浓度为 7.74 g/L，L-半胱氨酸浓度为 0.115 g/L，抗坏血酸浓度为 0.203 g/L。在此试验条件下得到的魔芋色泽呈乳白色，感官品质良好。

3. 魔芋的后期漂白技术

后期漂白是魔芋加工中的传统工艺。食品工业中常用的漂白方法有三大类型，即还原漂白法、氧化漂白法和脱色漂白法。由于有些色素不受氧化漂白的作用，故氧化漂白仅在特殊条件下才使用，魔芋加工中不适合用此法。脱色漂白法是将存于水中又能产生颜色的物质用铁、铝等离子的吸附作用来除去的方法，也不适合魔芋的加工。

熏硫法，它不但可以漂白，还可以抑制褐变。这是目前我国魔芋加工中最普遍的方法，但用这种方法得到魔芋粉中二氧化硫含量普遍在 3 g/kg 以上，比国家标准、行业标准高 50%以上，也比日本国内标准 0.9 g/kg 高出 2 倍多，存在严重的安全问题；且国家允许二氧化硫残留食品并不包括魔芋粉。因此，研究抑制魔芋酶促褐变的二氧化硫合适替代品已成为研究热点。还原漂白法对于植物性食品通常是比较有效的。常用的还原漂白剂有亚硫酸氢钠（$NaHSO_3$）、亚硫酸钠（Na_2SO_3）、连二亚硫酸钠（$Na_2S_2O_4$）、偏重亚硫酸钾（$K_2S_2O_5$）、亚硫酸（H_2SO_3）。但此类漂白剂用量不能过多，否则不仅会对人体的消化功能产生影响，还会带来不良气味。近年来，一些食品添加剂的制备过程中常常使用 H_2O_2 进行漂白与脱色处理。H_2O_2 具有强氧化性，目前对 H_2O_2 在魔芋上应用主要集中在对魔芋粉纯化方面。利用 5% H_2O_2 对魔芋粉进行脱色试验，得到纯化粉经红外光谱分析并未发生氧化变性反应（Xiao et al.，2000，2001）。采用 H_2O_2 处理操作简单、成本低廉，且其用于抑制褐变用量少，并不会对人体造成很大伤害；若结合乙醇使用，效果显著：在 H_2O_2 和 70%乙醇水溶液双重作用下，魔芋多酚氧化酶活性几乎完全丧失（邹应龙，2006）。叶凌和邹应龙（2008）在 H_2O_2-柠檬酸-40%乙醇酸性体系下漂白魔芋微粉的制备工艺，通过单因素和响应面试验确定了制备漂白魔芋微粉的工艺条件为 H_2O_2 加入量 1.5%、pH 4.3、柠檬酸加入量 3.0 g/L、反应温度 40 ℃。在此条件下，漂白魔芋微粉黏度可达 41.7 Pa·s，白度可达 87.6%。黏度约为原魔芋微粉的 2/3，而白度提高了 7%。但 H_2O_2 具强氧化性，在抑制酶促褐变的同时，魔芋葡甘聚糖有可能发生一定程度物理化学变化，还有待进一步研究。

2.3　魔芋的干燥技术

魔芋采收后，其含水量高达 82%以上，极易感病受伤，不耐储运，所以魔芋一般在进行工厂精加工前，将其水分含量降到 12%以下，制成芋角或芋片，以利于储运；与此同时，干燥也是魔芋精粉生产中的一个必要环节。热风干燥、真空干燥和微波干燥是食品工业中比较常用的三种干燥方式。热泵干燥是近年来研究的一个热点，其低能高效的特点在魔芋干燥领域有较大的发展空间。

2.3.1　热风干燥技术

1. 热风对流干燥

目前，农产品的干燥生产中最为普遍采用的是热风对流干燥技术。为探明魔芋片的热风对流干燥工艺，张志健等(2011b，2011c)探讨魔芋片对流干燥过程中水分变化规律及温度、干燥介质流量对其影响情况。将鲜魔芋经清洗去泥后，切成 1～2 mm 厚的薄片，称重后置于干燥箱网盘上，在 70 ℃、80 ℃、90 ℃、100 ℃、110 ℃下、一定通风量下进行恒温干燥，每隔 5 min 称重一次，直到芋片趋于恒重。按鲜魔芋含水量为 86%(实测值)计算魔芋片干基含水量(kg/kg)，结果如图 2-7 所示。

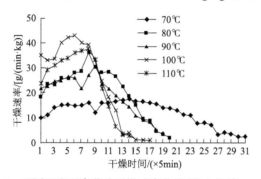

图 2-7　不同温度下魔芋片干燥速率曲线(张志健等，2011b)

魔芋片热风对流干燥过程具有明显的预热期、恒速干燥期和降速干燥期，且恒速干燥期相对较长。魔芋片对流干燥的适宜温度范围为 80～100 ℃。干燥温度对干燥速率变化具有明显的影响，升高干燥温度，会使魔芋片温度升高加快，干燥速率增大，恒速干燥期缩短，降速干燥速率下降加快，第一临界水分含量增大。魔芋片热风对流干燥曲线方程式为：$y = ax^2 + bx + c$，其中，y 为魔芋片干基含水量(kg/kg)；x 为干燥时间(×5 min)；a、b 为常数；c 为芋片初含水量(kg/kg)。

耿敬章等(2012)研究了在热风对流干燥过程中魔芋片干燥速率变化，以及温度和干燥介质流量对其的影响。图 2-8 为在图 2-7 的基础上加大干燥介质风量时魔芋片干燥速率曲线，表 2-4 为不同干燥条件下魔芋片干基含水量随时间变化的比较。对比图 2-7 可以看出，在不同干燥介质风量时，魔芋片的对流干燥过程均呈三段式速率变化：即预热期、恒速干燥期和降速干燥期。

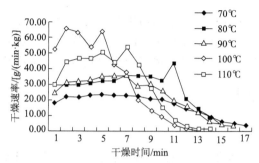

图 2-8　加大干燥介质风量时魔芋片干燥速率曲线(耿敬章等，2012)

表 2-4　不同干燥条件下魔芋片干基含水量随时间变化的比较(耿敬章等，2012)

干燥时间/(×5 min)		0**	1	2	3	4	5	6	7	8	9	10	11	12	13
温度/℃	风量	魔芋片各测定点平衡质量/g													
70	小	6.13	5.78	5.42	4.99	4.57	4.18	3.82	3.48	3.16	2.91	2.62	2.35	2.09	1.85
70	大	6.13	5.54	4.90	4.33	3.78	3.28	2.84	2.44	2.10	1.81	1.54*	1.34	1.18	1.05
80	小	6.13	5.53	4.85	4.24	3.64	3.10	2.60	2.14	1.66	1.31	1.03	0.78	0.57*	0.41
80	大	6.13	5.23	4.43	3.74	3.10	2.55	2.06	1.61	1.22	0.90	0.64	0.34*	0.22	0.14
90	小	6.11	5.40	4.75	4.11	3.54	3.01	2.55	2.20	1.82	1.44	1.18*	0.97	0.80	0.66
90	大	6.16	5.38	4.52	3.77	3.09	2.49	1.96	1.52	1.20	0.91*	0.70	0.55	0.44	0.36
100	小	6.15	5.07	4.20	3.45	2.70	2.06	1.51	1.09	0.75*	0.50	0.33	0.22	0.14	0.13
100	大	6.14	4.67	3.28	2.26	1.58	0.96*	0.62	0.36	0.24	0.16	0.11	0.09	0.07	0.07
110	小	6.17	5.33	4.40	3.56	2.80	2.15	1.58	1.10	0.71	0.42*	0.27	0.17	0.14	0.12
110	大	6.13	5.22	4.11	3.16	2.38	1.71	1.23	0.76	0.45*	0.28	0.18	0.14	0.12	0.12

*为第一临界水分含量；**本行数据表示(0×5)min，依次类推

　　干燥温度对干燥速率变化具有明显的影响，并表现出一定的规律性，即随着干燥温度的升高，干燥速率增大，恒速干燥期缩短，降速干燥速率下降加快(曲线变陡)，第一临界水分含量增大。80 ℃和90 ℃的差异不大，特别在恒速干燥期。分析认为，随着干燥温度的升高，魔芋片表面水分蒸发速率加快，并在相对较短的时间内超过内部水分向外转移的速率，使魔芋片表面开始干枯，从而导致上述结果。因此，认为魔芋片对流干燥温度不宜过高，否则易出现外焦内湿，产生黑心片及焦糊现象。但当干燥温度在 110 ℃时，干燥速率有所下降(低于 100 ℃)，第一临界水分含量降低，且为所有试验温度中最低者。因此，认为 110 ℃为魔芋片对流干燥的最佳温度。

2. 薄层变温热风干燥

变温干燥是在不同的干燥阶段设置不同的干燥环境温度，通过调节物料干燥过程的湿度变化，达到同时提升物料干燥效率和品质的目的。目前在种子、果蔬等农产品加工过程中得到较多研究和应用。

邱兵涛（2013）全面系统地对魔芋片恒温热风干燥和变温热风干燥的结果进行了对比，并建立了相关数学模型。结果显示：温度相对于厚度和风速而言，对于魔芋片失水率的影响更大；研究魔芋片变温热风干燥特性曲线可知，控制温度 50 ℃（120 min）然后迅速升温至 70 ℃，干燥时间要比 70 ℃（120 min）然后迅速降温至 50 ℃ 的干燥时间短，但厚度对干燥时间也有一定影响。Page 模型能很好地描述魔芋片恒温和变温的干燥特性，拟合度很高，是魔芋片变温条件下魔芋热风干燥的最佳数学模型。在恒温干燥条件下，误差反向传播算法（error back propagation training, BP）神经网络模型包含了温度、风速、厚度、时间四个参数，是恒温条件下魔芋片干燥的最佳数学模型。根据热风干燥条件下的综合得分，找出了最优的影响因子水平及组合，温度>风速>厚度，根据综合得分结果，取变温 50 ℃→70 ℃，风速 0.75 m/s，厚度 5 mm 作为最佳试验组合。

罗传伟等（2016）在风速 0.75 m/s、厚度 5 mm、6 mm、7 mm 条件下，对魔芋进行温度 50 ℃→70 ℃ 和 70 ℃→50 ℃ 的薄层变温热风干燥试验,分析了变温温度（50 ℃→70 ℃ 和 70 ℃→50 ℃）及芋片厚度（5 mm、6 mm、7 mm）对魔芋干燥速率的影响，用 9 个数学模型对魔芋变温试验数据进行拟合，计算魔芋的有效水分扩散系数，并将魔芋薄层变温干燥与恒温干燥进行了对比。表 2-5 列出了所采用的 8 个薄层干燥的数学模型以及根据曲线估计得到的三次多项式模型。结果显示：魔芋的干燥时间随着芋片厚度的增加而增加，魔芋薄层变温热风干燥过程主要发

表 2-5　薄层干燥的数学模型（罗传伟等，2016）

模型名称	模型表达式
Lewis（Newton）	$MR = \exp(-kt)$
Page	$MR = \exp(-kt^n)$
Modified Page	$MR = \exp[-(kt)^n]$
Henderson and Pabis	$MR = a\exp(-kt)$
Logarithmic	$MR = a\exp(-kt) + c$
Two-term	$MR = a\exp(-gt) + b\exp(-ht)$
Wang and singh	$MR = 1 + at + bt^2$
Modified Henderson and Pabis	$A\exp(-kt) + b\exp(-gt) + c\exp(-ht)$
三次多项式	$MR = at^3 + bt^2 + ct + d$

生在降速和恒速阶段，无明显增速阶段。干燥过程中，魔芋的含水量比下降速率和干燥速率随热风温度的升高和切片厚度的减小而增大。且当变温条件为 50 ℃→70 ℃时干燥所用时间少于变温条件为 70 ℃→50 ℃时的干燥用时间。最适合魔芋薄层变温干燥特性的模型是 Two-term 模型，其平均相对误差、决定系数、卡方及均方根误差的平均值均为所有模型中的最优值，分别为 22.26%、0.997、0.06%及1.84%，在干燥过程中魔芋的有效水分扩散系数随着芋片厚度的增加而增大。对比魔芋变温干燥与恒温干燥过程发现，在风速及厚度条件相同情况下，变温干燥的干燥速率更高，且变温 50 ℃→70 ℃先低温后高温的变温方式效果更好。

　　吴绍锋等(2016)采用的三因素三水平全面试验，对魔芋进行了薄层干燥，以期精确地反映各因素对魔芋干燥速率的影响；并使用传统的经典数学模型、三项多项式及 BP 神经网络模型描述魔芋的薄层干燥特性。试验所用薄层干燥装置如图 2-9 所示。试验表明：魔芋干燥时间随着热风温度的升高、风速的增大以及芋片厚度的减小而减少，且热风温度对魔芋干燥速率的影响最显著，在其他条件相同的情况下，50 ℃时的干燥时间约是 70 ℃的 2.13 倍，0.75 m/s 时的干燥时间约是 1.95 m/s 的 1.13 倍，7 mm 时的干燥时间约是 5 mm 的 1.24 倍，且魔芋干燥过程没有明显的恒速干燥阶段。三个经典数学模型(Henderson and Pabis，Lewis 和Page 模型)及三次多项式模型中，三次多项式模型最适合描述魔芋的干燥特性；在温度为 60 ℃，风速为 0.75 m/s，厚度为 0.75 mm 时，三次多项式模型的拟合值平均相对误差为 5.64%，而 BP 神经网络的拟合精度更好，且包含温度、风速、厚度和时间 4 个参数，因此，BP 神经网络为魔芋薄层干燥的最佳模型。

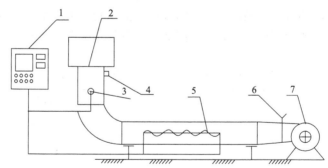

图 2-9　薄层干燥试验装置示意图(吴绍锋等，2016)
1. 控制箱；2. 干燥盘；3. 测温点；4. 测风点；5. 加热器；6. 风量调节板；7. 风机

3. 气体射流冲击干燥

　　气体射流冲击技术是将经喷嘴喷射并且具有一定压力的加热气体直接冲击物料表面的一种干燥新方法。其干燥原理是因为喷出的加热气体速度较高而且流程非常短，在物料表面与气流之间产生的边界层非常薄，对流换热系数较高，通常要比热风干燥高出几倍甚至一个数量级,目前已有研究人员把气体射流冲击干燥技术应用在纸张和纺织物等物料的干燥中,并且取得了不错的效果。气体射流冲击干燥技术现阶段正逐渐被应用于农产品加工领域,已有文献显示,在紫薯、胡萝卜、葡萄、杏、西洋参、圣女果等农产品的干燥中取得了很好的效果。

为探究魔芋气体射流冲击干燥特性,提高魔芋干制品质和效率,将气体射流冲击干燥技术应用于魔芋片的干燥,冯亚运等(2016)研究了魔芋在切片厚度(3~5 mm)、风温(70~100 ℃)和风速(10~13 m/s)条件下的干燥曲线、干燥速率曲线、水分有效扩散系数和干燥活化能,建立气体射流干燥魔芋片的最适数学模型。将气体射流冲击干燥设备预热 30 min,物料盘距喷嘴 170 mm,喷嘴之间距离为 80 mm。选取大小一致的魔芋,先用自来水将其冲洗干净,晾干,去皮后,用切片机切成相应厚度一致、长 55 mm、宽 45 mm 的薄片,再将薄片均匀平铺在网状盘上,网状盘大小为 340 mm×160 mm。样品的质量变化测定时间间隔为 5 min,停止试验时样品的湿基含水量应达到15%以下,将样品取出冷却,保存于塑封袋中。按不同的厚度、风温和风速进行干燥试验。每组试验重复 3 次。研究表明:魔芋气体射流冲击干燥为降速干燥,且切片厚度、风温和风速对其均有不同程度的影响,切片厚度和风温影响较大,风速影响程度较小。在 90 ℃下所得产品褐变程度最小,产品品质最佳。随着切片厚度、风温和风速的增加,魔芋的气体射流冲击干燥有效扩散系数也增加,其最高为 $2.2178×10^{-9}$ m^2/s。在该试验条件下的平均干燥活化能为 6.601 kJ/mol。在风温 70~100 ℃、风速 10~13 m/s 且切片厚度为 3~5 mm 条件下,描述魔芋气体射流冲击干燥过程中水分变化规律的最适模型是 Henderson and Pabis 模型,该模型能很好地预测魔芋片气体射流冲击干燥过程中的含水量变化规律。

2.3.2　真空干燥技术

目前,真空干燥技术被广泛应用于食品行业,但在魔芋干燥行业中,真空干燥仅限于纯化其精粉和微粉制品。卫永华等(2015)以湿法魔芋精粉干燥产品的色泽、孔隙率、堆积密度、溶胀速度、黏度和微观结构为考察对象,比较分析了热风干燥、真空加热干燥和微波干燥三种方法对湿法魔芋精粉理化性质的影响。结果表明:三种干燥方法对本研究所考察的魔芋精粉理化性质都有显著的影响($P <$ 0.05)。与微波干燥和热风干燥相比,真空加热干燥所得魔芋精粉颗粒颜色洁白,孔隙率最高,内部形成的微孔数量众多,且细小均匀,使得魔芋精粉溶胀速度最高,溶胶的黏度最大(34 500 mPa·s),溶胀性优于其他两种方式干燥的产品,较适用于魔芋湿精粉的干燥(图 2-10)。卫永华等所采用的魔芋精粉真空加热干燥方法为:将湿法魔芋精粉放置于真空干燥箱中,真空度为 0.1 MPa,温度为 70 ℃条件干燥,当精粉含水量低于 15%时,结束干燥,凉凉后用食品塑料袋密封。

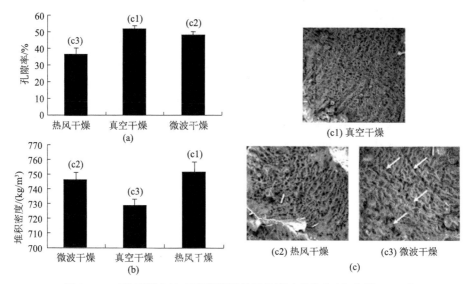

图 2-10　三种干燥方法对魔芋精粉品质的影响比较(卫永华等，2015)
(a)干燥方法对魔芋精粉孔隙率的影响；(b)干燥方法对魔芋精粉堆积密度的影响；
(c)干燥方法对魔芋精粉微观结构的影响

黎斌等(2017)采用真空干燥技术将其干燥至安全含水量 15%，选取温度(50 ℃、60 ℃、70 ℃)和真空度(0.04 MPa、0.05 MPa、0.06 MPa)为试验因素进行研究,考察了温度和真空度对魔芋切片干燥含水量比 MR 和干燥速率 DR 的影响,水分扩散系数和干燥活化能。利用 6 种常见食品干燥数学模型对试验数据进行非线性拟合,通过比较评价决定系数 R^2、卡方 X^2 和标准误差 eRMSE 及平均相对误差 E 得到较优模型,并与 BP 神经网络模型进行对比检验。魔芋真空干燥特性试验方案为：真空干燥试验前对干燥仓内进行预加热,减小热惯性对干燥温度造成的影响,根据前期干燥预试验,选取大小均匀、没有质量缺陷的魔芋进行切片处理,洗净削皮后将其切成厚度为 4 mm 的正方形的小块,准确称量(50±0.1) g 放置于预先加热的真空干燥箱内进行干燥处理,干燥温度采用 50 ℃、60 ℃、70 ℃,真空度选取 0.04 MPa、0.05 MPa、0.06 MPa 进行全面试验。采用间歇式称量,每隔 20 min 记录一次物料的质量,当干燥至前后两次称量质量差不超过 0.10 g 时即认为物料达到平衡含水量 M_e,停止干燥,每组试验进行三次平行试验。结果如图 2-11 所示：同样条件下,魔芋真空干燥到达安全含水量时间分别与真空度和温度成反比,真空度、温度越高,到达安全含水量时间越短。魔芋真空干燥过程是内部水分扩散控制的降速干燥过程,没有明显的恒速干燥阶段。魔芋真空干燥最佳动力学模型为 BP 神经网络模型,模型平均相对误差 E 为 1.32%。在不同干燥条件下对魔芋有效扩散系数 Deff 和活化能 E_a 进行求解表明,有效扩散系数 Deff 与真空度和温度成正比,平均干燥活化能 E_a 为 28.96 kJ/mol。

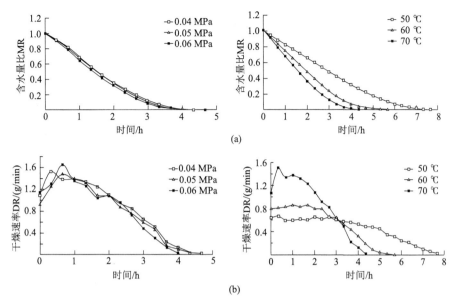

图 2-11　不同温度真空度条件下魔芋含水量比 MR 和干燥速率 DR 随时间变化曲线
（黎斌等，2017）

吴绍锋（2016）对比分析了魔芋热风干燥与真空干燥特性。在相同温度和厚度下，魔芋热风干燥水分蒸发速率远大于真空干燥，干燥至相同条件时，真空干燥所需的最短时间约是热风干燥所需最短时间的 4.67 倍；在其他条件相同时，相同厚度及温度下魔芋热风干燥速率均大于魔芋真空干燥速率。

2.3.3　微波干燥技术

微波干燥与传统干燥方式不同，其热传导方向与水分扩散方向一致，具有干燥速率大、节能、生产效率高、易实现自动化控制等优点，因而在干燥领域受到重视。有研究表明鲜魔芋经过常规处理去皮、切片后，用频率 915～2450 MHz 微波将魔芋切片灭酶 3～5 min，然后烘干，再转入魔芋精粉机内进行粉碎，最后风选分离，得到魔芋精粉，经该方法得到的魔芋精粉不含硫残物，卫生指标高，味道独特鲜美，且加工方法简单易操作（张盛林等，2007）。卫永华等（2015）将湿法魔芋精粉平铺于微波科学试验炉的玻璃转盘上，在频率 2450 MHz、输出功率 800 W 条件下进行微波干燥。当精粉含水量低于 15% 时，结束干燥。微波干燥属于内外同时加热，加热速度较快，有利于异细胞内水分的汽化，促进水分向外转移。经微波干燥的魔芋精粉孔隙率虽小于真空加热干燥样品，但微波干燥过程中尤其在干燥后期，其颗粒内部温度较高，难以控制，表面残留的淀粉和蛋白易受热糊化和变性，所形成的淀粉溶胶和蛋白质凝胶分布于细胞表面，脱水后形成薄膜，阻碍细胞内水分向外转移；与此同时，细胞内的水分不断受热汽化，导致细胞内压力和内外压差逐步增大。在此两方面因素的作用下，魔芋精粉颗粒最终发生"爆裂"，产生一定的膨化效应，其孔隙率大于热风干燥样品。

由于魔芋冬季采收，多在交通不便山区，集中处理量大，使用微波干燥装备，造价高，且年加工时间又短，尤其对魔芋片这类物料，采用微波不当会产生热处理不均匀、局部焦化等现象，因此微波在魔芋干燥领域的使用受到一定的限制。

2.3.4　热泵干燥技术

热泵干燥与微波干燥、真空冷冻干燥等干燥技术相比，其可利用环境热源，同时由于热泵干燥采用的是低温低相对湿度的空气为干燥介质，适合热敏性物料的干燥，目前已应用于木材工业、纺织、制药和农产品加工等领域。国内外对可可、山药、苹果、胡萝卜、荔枝、黄花菜、龙眼等进行了热泵干燥研究。

叶维和李保国（2015）采用热泵低温干燥技术结合护色剂处理，对魔芋进行了干燥研究。考察了干燥温度、风速、切片厚度等因素对魔芋热泵干燥特性的影响，得到了魔芋干燥特性曲线。并通过 Origin 软件对试验数据进行拟合，建立了魔芋热泵干燥数学模型。干燥试验用热泵低温干燥试验装置如图 2-12 所示。试验开始前将热泵干燥机调整到设定的风温、风速，预热 30 min。将魔芋在护色剂（L-半胱氨酸 0.25 g/L、柠檬酸 10 g/L、抗坏血酸 0.2 g/L）中浸泡 3 min，取出后平铺在滤网上去除表面水，然后放置在干燥室中进行干燥试验，每间隔 30 min 记录样品的质量变化，直至达到设定的含水量。

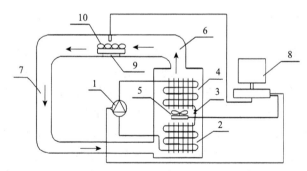

图 2-12　热泵低温干燥试验装置示意图（叶维和李保国，2015）
1. 压缩机；2. 蒸发器；3. 节流阀；4. 冷凝器；5. 风机；6. 干燥空气；7. 含湿空气；
8. 数据采集与控制系统；9. 干燥室；10. 物料

魔芋的热泵低温干燥过程中，干燥风温和风速及魔芋的厚度对魔芋干燥特性的影响结果表明：干燥温度越高，风速越大，魔芋越薄，干燥所用时间就越短，干燥速率就越快；得出魔芋的最优干燥工艺为厚度 5 mm、风速 5 m/s、温度 55 ℃。

魔芋热泵低温干燥过程中有明显的加速干燥阶段和降速干燥阶段,在物料达到最大干燥速率时进入恒速干燥阶段。Page 模型能较好地模拟魔芋热泵低温干燥过程。在试验条件范围内,Page 模型的试验值与预测值拟合度高,且通过确定模型相关参数与风温、风速和切片厚度的函数表达式,能准确地预测任意时刻魔芋的含水量。

2.4　魔芋的干法加工技术

魔芋的经济部位是粗短膨大的地下块茎,其主要成分是碳水化合物和葡甘聚糖,还含有蛋白质、铁、钙、磷等矿物质、维生素 A 和维生素 B、纤维素及 17种氨基酸和人体必需的多种脂肪酸(黄挺,2000)。魔芋是目前为止人们发现的唯一能够大量提供葡甘聚糖的天然作物(谭小丹等,2015)。其中,白魔芋的干物质中约含葡甘聚糖 51.05%,花魔芋约含葡甘聚糖 41.05%,珠芽魔芋约含葡甘聚糖47.46%(孙天玮等,2008)。

魔芋加工就是从魔芋中排除水分、分离出淀粉和纤维等杂质,最终获取葡甘聚糖,即魔芋精粉或微粉的过程。魔芋精粉为粒度在 0.125~0.425 mm 的颗粒占90%以上的魔芋粉颗粒,魔芋微粉为粒度≤0.125 mm 的颗粒占 90%以上的魔芋粉颗粒,根据魔芋粉中葡甘聚糖含量的多少,又可分为普通精粉、纯化精粉、普通微粉和纯化微粉。魔芋精粉的干法加工是指将魔芋干片采用物理机械分离方法制备魔芋精粉的过程,一般分为两个阶段:①将鲜魔芋加工成干芋角片;②将干芋角片进行粉碎、研磨和分离,生产魔芋精粉和魔芋飞粉。

2.4.1　干芋角片加工工艺

魔芋干芋角片的加工流程一般为:鲜芋→清洗、去皮→修整→切片→护色→干燥→精选分级→包装→储存。魔芋的特性决定了在干芋角片加工时需注意以下问题:①从清洗到出干片,必须连续进行,尽量缩短各生产环节的转换时间,防止去皮后的魔芋表面膨化和切片后产生褐变;②前级加工必须进行钝化处理;③加工中须严格控制钝化和抑膨(主要指湿法加工中)原料的使用量;④魔芋的干燥须制定特殊的干燥工艺。

1. 原料分拣

为确保原材料质量符合标准,一般要对魔芋进行集中的分拣和检测,为后续工作的全面开展提供保障。一般采取人工分拣,集中挑选质量大于 0.5 kg 的魔芋。原料个体选择工作也十分关键,要对成熟度、黏度及颗粒等基础性性状进行处理和管控。

2. 清洗、去皮与修整

加工前先除去芽根，将魔芋表面用清水洗净、去皮，常用的清洗去皮方法有手工去皮和机械去皮两种。①手工去皮：用竹制刮刀或不锈钢制作的刮刀清除芋芽和凹槽处的皮，或采用尼龙毛刷，边刷边清洗将鲜魔芋表面的泥沙和皮刷洗干净；②机械去皮：利用机器中安装的毛刷转动，在被清洗的芋球间相对滑动，达到鲜芋的清洗去皮目的。去皮操作工序中，较为常见的设备是鼠笼滚筒式与辊轮式。机械去皮的特点是效率高、成本低，去皮率、清洁率一般都在 85%～90%。采用机械去皮难以将魔芋表面凹眼处的皮去净，故在机械去皮后应采用人工进行修整，把未去掉的皮刮去，确保边缘、芽眼及沟槽中的泥土都能得到有效处理和清除。去皮也可采用化学去皮法。化学去皮是将清洗后的魔芋块茎放入温度 60～95 ℃，浓度为 5%～15%的氢氧化钠溶液（含 0.5%的葡甘聚糖溶剂）中浸泡 5～15 min，然后取出，用水冲洗，外表皮即全部除去。

3. 鲜芋切片

这是魔芋干法加工过程中十分重要的流程，去皮结束后集中切片，切成条状、片状，主要是为了尽快烘干。鲜魔芋块茎的组织结构不十分紧密，碰撞易成小碎片，所以切片应采用锋利的刀具，魔芋中的葡甘聚糖粒子遇水易膨化，故在切片过程中不能再遇水，以防表面膨化。去皮后的鲜芋不能存放太久，应尽快切片，将鲜芋切成长 3～4 cm 的长条片或圆片。

4. 护色与干燥

魔芋的干燥是魔芋加工中的一个重要环节。魔芋在切片后，内部物质和空气中氧气作用下会出现氧化褐变的情况。因此不能直接加工，要进行定色管理，落实抗氧化操作，确保魔芋活性酶能有所钝化，避免褐变对魔芋精粉色泽的影响，从而保证魔芋精粉的整体质量。干燥处理工序较为复杂，并且要集中控制温度参数，建立高温区域、中温区域和低温区域三阶段干燥处理，确保成品的含水量在13%以下。目前，较为常见的干燥设备是网带式处理设备，按照标准化流程，从根本上维护烘干效果。这种干燥设备不仅具有产量大及自动化程度高的特征，产品优质率也能在 90%以上，有效提高工艺的适应性。工作中，要对烘房、烘箱等烘干管理结构进行处理，提高设备的运行效率和实效性，优化干燥处理的整体质量。

5. 分拣、包装与储存

采用先进的干燥工艺和设备，可以保全鲜芋中的葡甘聚糖，使干燥后的魔芋片色泽洁白、品质优良。干燥后的芋片含水量降至 7%～9%，达到所要求的干燥标准，便可分级包装入库。

2.4.2　魔芋精粉干法加工工艺

魔芋精粉的干法加工，是将干芋角片经物理机械研磨，将非葡甘聚糖成分(飞粉)与葡甘聚糖(精粉)分离的过程。为了保证魔芋精粉的整体质量，在工序结束后要对烘干机取出的魔芋片进行分类，有效除去褐变片、不合格片及叠加片，分级处理保证后续研磨操作的完整性。使用普通粉碎机将干芋角片进行粉碎，可得到粗粉，粗粉中含有精粉粒子。由于精粉粒子有较强的硬度和韧性，一般的粉碎方法难以将其破碎，由粗粉加工成精粉，即在粗粉中分离出葡甘聚糖，实际上就是通过物理方法逐渐去掉精粉粒子表面附着的淀粉、纤维等物质。一般情况下每 100 kg 干芋角片可产生 50～58 kg 精粉。魔芋精粉干法加工主要包括粗粉加工和精粉加工两个阶段，由粉碎、气流分离和筛分三部分组成，其主要工艺流程如图 2-13 所示。

干芋角片→粉碎→分离→研磨→分离→筛分→精粉→分级→入库
　　　　　　　↓　　　　　↓　　↓
　　　　　　飞粉　　　飞粉　残渣

图 2-13　魔芋精粉干法加工工艺流程图

1. 魔芋粗粉加工

魔芋粗粉加工是指将干芋角片送入粉碎机，以 3500～3800 r/min 的速度高速旋转，通过破碎、搓揉使精粉与淀粉、纤维分开。当达到一定细度后，由风力吸入分离室。密度较小的淀粉、纤维等杂质(即飞粉)由外部风机抽出，经旋风分离后进入除尘布袋；密度较大的精粉则由螺旋输送机排出，然后进入冷却系统，由风机送入旋风分离器。经冷却、分离后进入布袋收集器除尘。精粉经关风器进入振动分级筛，筛分后即获得精粉成品。精粉的粒度一般为 30～60 目，小于 30 目的粗粉可返回精粉机进一步粉碎。

2. 魔芋精粉加工

粗粉产品中仍有较多的淀粉、纤维等杂质，为进一步提高产品中葡甘聚糖的含量，魔芋精粉加工即是将粗粉再次研磨，通过摩擦作用进一步去掉粗粉颗粒表面的杂质，使精粉品质进一步提高。研磨机上有带波纹槽的 4 个活动磨轮支承在主轴架上，以 200 r/min 的速度旋转，转动的磨轮与固定的磨圈之间由于物料的填充，使磨轮产生自转，从而对物料进行充分研磨。在风机产生的高速风力的作用下，磨细的杂质和磨细的少量精粉经旋风分离器分离，杂质进入回收装置收集，精粉由旋风分离器收集；通过研磨的精粉在风力的作用下被送至另一旋风分离器，进行杂质分离后，进入抛光机进行抛光加工，抛光后的精粉再进入旋风分离器进行杂质分离，分离后的精粉进入振动筛进行筛选分级，从而获得表面光滑、透亮、洁白的高质量精粉。

3. 魔芋微粉加工

目前,多数魔芋葡甘聚糖产品(魔芋精粉)存在颗粒大、溶胀时间长(需 4~6 h 才完全溶胀)等缺点,给工业应用带来不便。减小粒度是加快颗粒溶胀速度的有效途径之一,因此实际生产中需要对魔芋精粉进行进一步粉碎加工以获得粒度更小的魔芋微粉。魔芋微粉加工中,由于异细胞干燥后韧性极强,热稳定性差,普通的粉碎设备很难对其进行有效粉碎,或虽能细化,但黏度大幅度下降,成为次品或废品,且加工成本极高。目前,较为成功的加工方式有高压预处理-粉碎、机械研磨、深冷粉碎、气流粉碎等,但深冷粉碎和气流粉碎由于设备要求较高,较少采用。

丁金龙等(2004)采用振动研磨方式对魔芋精粉进行粉碎,采用连续水冷却措施,使出料温度不超过 35 ℃,使魔芋粉的理化性能及葡甘聚糖分子结构能基本保持稳定,避免因温度上升对其造成影响。该方式能对魔芋精粉进行有效微粉碎,随粉碎时间的延长,魔芋粉粒度逐渐下降,色度逐渐改善,溶胀速度逐渐提高。但葡甘聚糖分子量和溶胶黏度则逐渐下降,粉碎过程中对魔芋粉产生了机械力化学效应。孙远明等(2002)采取常温下对魔芋精粉颗粒利用静态力量进行高压预处理,使精粉粒子的内应力超过精粉粒子韧性极限,粒子产生裂纹或破裂,再经多次粉碎,使物料进一步破碎,最后采用专用分级机对其微粉进行分选,达到粒径要求的颗粒作为产品收集,没有达到粒径要求的颗粒再次返回粉碎区继续粉碎。四川广汉市魔芋研究所采用类似原理,设计生产出 MGWJ-400/500/600 型魔芋微粉加工设备,生产的微粒颗粒 80% 在 0.125~0.061 mm。

魔芋精粉的干法加工对机器设备要求较高,加工成本也高。魔芋精粉干法加工的优点是所需的机器设备较少,仅需切割设备、粉碎设备与干燥设备,成本较低;缺点是干法加工得到的魔芋粉黏度低,不能彻底去除魔芋粉表面的杂质,纯度不高,干法加工也无法除去魔芋本身自带的异味杂质(谭小丹等,2015)。

2.5　魔芋的湿法加工技术

魔芋粉湿法加工是将新鲜的魔芋清洗去皮后粉碎,在保护性溶剂的浸渍下,经过砂轮研磨、离心、去除小颗粒的淀粉等杂质,干燥后得到粉末,再进一步筛分、检验、均质和包装。其具体工艺流程如图 2-14 所示。

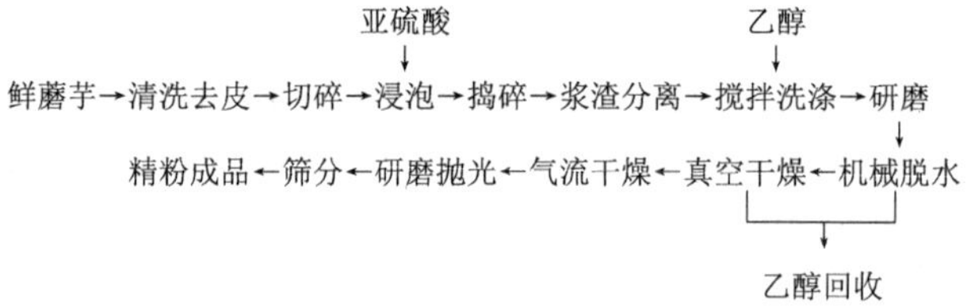

亚硫酸　　　　　　　　　乙醇

鲜蘑芋→清洗去皮→切碎→浸泡→捣碎→浆渣分离→搅拌洗涤→研磨

精粉成品←筛分←研磨抛光←气流干燥←真空干燥←机械脱水

乙醇回收

图 2-14　魔芋湿法加工工艺流程图

与干法精粉相比，湿法魔芋精粉因出品率高、产品品质好、适用范围宽广而受到广大魔芋精粉使用者的青睐。表 2-6 对比了干、湿加工法生产的魔芋精粉的性能差异。湿法加工技术不需人为加入 SO_2 抗褐变，魔芋精粉中不含 SO_2；湿法加工工艺无长时间的高温芋角烘烤环节，精粉黏度比干法加工高 20%左右，市场售价也相应提高；湿法加工通过洗涤和研磨，除去了葡甘聚糖粒子表面和内部可溶性杂质，葡甘聚糖粒子纯度比干法加工高；湿法加工精粉的葡甘聚糖粒子在液体介质作用下与普通细胞联结变松散，易于分离，无须干法加工所采用的长时间粉碎与研磨，减少了葡甘聚糖在机械加工中的流失，从而使精粉的收成率比干法加工高 3%～5%。

目前，湿法魔芋精粉生产技术成熟度相对较低；魔芋利用率低，除葡甘聚糖外，淀粉、生物碱等其他成分均未被利用；配套设备尚不完善；建设及生产成本均较高，乙醇耗量大、乙醇回收技术难度大且能耗高。这些缺陷限制了魔芋湿法加工技术的发展和产业化应用。从目前的湿法加工技术研究和应用情况看，湿法加工仍存在以下两方面关键问题：① 精粉颗粒在湿法加工中的溶胀问题；② 湿法加工过程中溶剂的回收与利用。

表 2-6　湿法精粉与干法精粉主要性能指标对比（吴伦等，2011）

序号	指标名称	湿法精粉	干法精粉
1	葡甘聚糖含量（以干基计）/%	≥90	≥70
2	1%水溶液的 pH（代表精粉中 SO_2 的含量）	7	≥5.0
3	黏度（4 号转子 12 r/min，30 ℃）/(mPa·s)	≥32 000	≥22 000
4	色泽	白色，有极少量淡黄色颗粒	白色，有极少量淡黄色、褐色或黑色颗粒
5	灰分/%	≤2	≤4.5
6	特级精粉比例/%	100	90

2.5.1　阻溶技术

魔芋球茎中的葡甘聚糖颗粒具有极强的吸水性，鲜魔芋球茎在切碎时，葡甘聚糖颗粒会立即吸水溶胀，粘连成块，加工难度很大。因此，在采取湿法加工时，需预先加入阻溶剂，以抑制葡甘聚糖颗粒吸水溶胀粘连，随后经进一步的分离、干燥方可得到高品质魔芋精粉。

1. 无机溶剂阻溶技术

邬应龙和郝晓芸（1998）筛选获得了一种以硼酸盐为主要成分的无机阻溶剂，其组成为硼酸盐-柠檬酸盐-亚硫酸盐（硼含量 0.2%，柠檬酸含量 0.2%，亚硫酸含量 0.1%)，pH 8～9。经硼酸盐阻溶剂处理后，葡甘聚糖颗粒经清水充分洗涤后仍呈散粒状且具有一定弹性，干燥后所得制品外观白色有光泽，溶胀性良好。在魔芋精粉溶胶中葡甘聚糖分子与硼酸盐阻溶剂作用形成一种透明状的弹性凝胶状物，推测硼酸盐与葡甘聚糖颗粒表层的葡甘聚糖分子之间可能形成了一种复合物，这种复合物可能是：①天然硼酸盐的$[B_4O_5(OH)_4]^{2-}$之间通过氢键互相连接成链状结构，链与链间借助 Na^+ 互相连接成一种网状结构，网状结构中可包含大量水分。葡甘聚糖分子也可能与$[B_4O_5(OH)_4]^{2-}$通过氢键、Na^+ 联系而成为凝胶。②硼酸盐水溶液中，缺电子的硼原子(B)可与多羟基有机化合物形成稳定的配位化合物。葡甘聚糖颗粒表层的葡甘聚糖分子也可能因这种作用而发生分子间交联，达到一定交联度时即可成为短时间不溶于水的复合物。

田国政和周光来(1999)比较了硼砂、硼酸、亚硫酸钠、柠檬酸、氢氧化钠及其组合复配剂的阻溶效果，从而筛选获得阻溶剂 $Na_2B_4O_7$，能有效地抑制魔芋葡甘聚糖颗粒的溶胀粘连。经活化脱硼，硼元素残留量为 19 mg/kg，符合食品卫生标准的硼元素残留量(≤30 mg/kg)，可供食用。

2. 有机溶剂阻溶技术

在魔芋湿法加工中，以有机溶剂作为阻溶剂仍是目前研究最多，应用最广泛的技术。而乙醇仍是湿法加工阻溶技术的最佳介质。乙醇在魔芋精粉加工中的作用可以归纳为 4 个方面：①作为阻溶剂来抑制葡甘聚糖颗粒吸水溶胀；②分散非精粉颗粒组分，形成悬浮液，以便分离出精粉颗粒；③溶解脱除生物碱等成分；④高浓度乙醇对多酚氧化酶有一定的抑制作用，减轻褐变。

生产中所使用的乙醇浓度和用量对生产操作、产品质量和生产成本均起着决定性作用，因此，科学选择乙醇浓度和用量是魔芋精粉湿法提取的关键之一。有研究发现，乙醇浓度升高，有利于降低精粉颗粒的溶胀程度。当乙醇浓度高于30%时，可基本满足精粉加工的要求，但排出的废液中仍溶解有一定量的葡甘聚糖，在废乙醇蒸发回收时，会析出胶状物质，易出现黏壁、爆沸现象；当乙醇浓度高于75%时，此现象消失，但会导致乙醇用量增加，且因生产过程乙醇挥发严重，损失量增加，生产成本增大，生产安全性降低。所以在实际生产中，须根据魔芋的含水量大小选择乙醇浓度，含水量大的魔芋(如 2 年生嫩魔芋)需较高乙醇浓度，反之，可较低。

魔芋精粉湿法加工中，乙醇用量(即料液比)的大小主要影响精粉颗粒的分离。乙醇用量过小和过大均不利于非精粉颗粒组分的排出。另外，在乙醇用量过少时还会导致精粉颗粒吸收自身的水分而溶胀。经验表明，乙醇：魔芋($V:M$)在 1.5：1 至 3：1 之间较为合适。乙醇用量较少时，魔芋乙醇混合浆液易形成糊状物，无法分离除杂；而乙醇用量过大时，体系黏度降低，悬浮物沉降速度过快，导致不同悬浮物的沉降速度差异过小，不易分层，非精粉颗粒组分难以分离除去。

2.5.2　乙醇回收技术

　　魔芋湿法加工的技术瓶颈之一是废乙醇的回收。废乙醇回收不仅能耗大，且浓缩时易出现爆沸、黏壁等问题。为此，卫永华等(2017)将魔芋精粉加工与魔芋粉回收和生物碱提取综合于一体，把乙醇多次重复使用，在生物碱浓缩环节回收废乙醇，从而提高了魔芋的利用率(达到95%以上)，并降低了平均生产成本。作者在生物碱浓缩环节采用二次浓缩，一次醇沉工艺，即将生物碱提取液先浓缩，再加浓乙醇进行醇沉，然后再将上清液进行二次浓缩。通常，当乙醇含量达50%～60%时，可以除去淀粉等杂质；当乙醇含量为75%时，可以除去蛋白质等杂质；当乙醇含量为80%时，几乎可除去全部蛋白质、无机盐类杂质。在操作中，第一次浓缩倍数和醇沉浓乙醇的用量是比较关键的工艺参数。经验表明，若生物碱提取用的废乙醇浓度较高，则第1次浓缩倍数可大些(如15倍)，且醇沉浓乙醇用量可少些(3倍)；反之，第1次浓缩倍数不宜过大，否则会出现爆沸、黏壁等，且醇沉浓乙醇用量较大，甚至须改为三次浓缩、二次醇沉。综上所述，魔芋湿法综合加工的关键之一是科学合理地确定乙醇浓度。乙醇浓度较高有利于魔芋粉脱毒、生物碱提取，以及生物浓缩与乙醇回收，还可能降低葡甘聚糖的流失，但乙醇用量会增加，加工过程乙醇挥发损失增大，生产安全系数降低。

2.5.3　魔芋粉脱毒回收技术

　　从精粉湿法加工过程所排放废液中收集的物质称为魔芋粉，其主要成分为蛋白质、淀粉和纤维素等，相当于干法加工中的飞粉。魔芋粉脱毒回收技术可脱除魔芋粉中的生物碱等成分，降低魔芋粉的毒性，提高其安全性和使用价值。无硫湿法综合加工技术生产的魔芋粉中生物碱含量为 7.000 μg/g，而干法飞粉中生物碱含量为 41.500 μg/g。且湿法魔芋粉无异味，而干法飞粉有强烈的腥臭味。将精粉湿法加工所产废液分别静置 9 h 和进行离心处理，发现上清液中生物碱含量分别为 1.327 μg/mL 和 1.154 μg/mL。说明采用静置回收魔芋粉可降低魔芋粉中生物碱含量，提高魔芋粉品质和使用价值。为了便于安排生产过程，建议将精粉湿法加工所产废液静置 1 天后，取下层沉淀物进行离心和真空脱溶、干燥、粉碎、过筛即得脱毒魔芋粉产品。

参 考 文 献

薄晓菲. 2007. 魔芋精粉的非酶褐变机理研究. 西南大学硕士学位论文
崔鸣, 王显安, 李建国, 等. 2016. 魔芋种芋大田和林下越冬调查研究. 陕西农业科学, 62(11):

37-39

丁金龙, 孙远明, 杨幼慧. 2004. 振动研磨式微粉碎对魔芋粉理化性能的影响. 中国粮油学报, 19(2): 53-56

冯亚运, 崔田田, 张宝善, 等. 2016. 魔芋气体射流冲击干燥特性及干燥模型. 陕西师范大学学报(自然科学版), 44(1): 118-124

耿敬章, 张志健, 李新生, 等. 2012. 魔芋片热风对流干燥速率影响因素. 食品研究与开发, 33(9): 24-27

巩发永. 2016. 用于降低魔芋精粉二氧化硫含量装置的设计. 食品工业, 37(5): 222-223

黄飞燕, 黄姚. 2005. 魔芋种的室内架式贮藏. 西南园艺, 33(4): 57

黄挺. 2000. 魔芋产品世界市场潜力大. 世界农业, (8): 39-40

黎斌, 彭桂兰, 吴绍峰, 等. 2017. 魔芋真空干燥特性及动力学模型的建立. 食品与发酵工业, 48(8): 115-122

廖文月, 彭金波, 徐小燕, 等. 2016. 魔芋种芋越冬贮藏技术探究. 湖北农业科学, 55(21): 5557-5558

罗传伟, 彭桂兰, 邱兵涛, 等. 2016. 魔芋薄层变温热风干燥特性实验研究. 食品工业科技, 37(22): 137-143

马军妮, 何斐, 张忠良, 等. 2016. 魔芋球茎药剂消毒效果研究. 陕西农业科学, 62(8): 53-56

牟方贵, 刘二喜, 杨朝柱, 等. 2013. 魔芋种芋消毒方法比较研究. 中国农学通报, 29(10): 119-125

彭金波, 徐小燕, 费甫华, 等. 2013. 魔芋种芋大规模室内架藏技术研究. 现代农业科技, (10): 277-278

邱兵涛. 2013. 魔芋片干燥试验研究及模型建立. 西南大学硕士学位论文

史楠, 牛建刚, 牛青. 2017. 陕南山区魔芋种芋安全越冬贮藏技术. 农业与技术, 37(17): 13-14

孙天玮, 周海燕, 詹逸舒, 等. 2008. 不同种魔芋主要成分及加工方法对产品的影响. 湖南农业大学学报(自然科学版), 34(4): 413-415

孙远明, 盖国胜, 杨幼慧, 等. 2002. 静压-剪切微粉碎工艺对魔芋粉理化性能的影响. 农业工程学报, 18(5): 175-179

孙志栋, 田方, 张仁杰, 等. 2011. 芋的贮藏与保鲜. 食品工业, (5): 55-58

谭小丹, 陈涵, 吴先辉, 等. 2015. 我国魔芋粉加工及利用现状研究. 农产品加工, (8): 49-51, 55

汤万香, 徐小燕, 邓红军, 等. 2015. 魔芋种贮藏方法与技术. 现代园艺, (2): 39-40

田国政, 周光来. 1999. 魔芋葡甘聚糖阻溶剂的设计和筛选. 湖北民族学院学报(自然科学版), 17(3): 21-23

王明红, 余展深. 2013. 魔芋种芋的安全贮藏方法. 长江蔬菜, (9): 34-35

王孝科, 刘二喜, 覃大吉. 2012. 不同等级魔芋种芋贮藏期失水相关性及出苗率的研究. 湖北民族学院学报(自然科学版), 30(2): 153-154

王永和, 李仲敬, 段凤萍. 2009. 白魔芋种芋不贮藏和不同药剂处理与产量和田间发病率的关系. 热带农业科技, 32(3): 30-31, 36

王永琦, 简红忠, 高媛, 等. 2016. 不同药剂对魔芋种芋的消毒效果试验. 西北园艺, (7): 54-55

卫永华, 张东, 相辉, 等. 2015. 干燥方法对湿法魔芋精粉理化性质的影响. 食品工业科技, 36(15): 248-251

卫永华, 张志健. 2017. 魔芋湿法综合加工关键技术探讨. 贵州农业科学, 43(2): 155-157

邬应龙. 2006. 漂白魔芋微粉的结构与特性研究. 浙江大学博士学位论文

邬应龙, 郝晓芸. 1998. 魔芋葡甘聚糖颗粒阻溶剂的筛选与应用. 食品科学, 19(9): 17-20

吴伦, 王鹏, 赵帮泰. 优质魔芋精粉湿法加工工艺及设备配套研究. 四川农机, (2): 37-38

吴绍锋. 2016. 魔芋真空干燥特性及模型研究. 西南大学硕士学位论文

吴绍锋, 邱兵涛, 彭桂兰. 2016. 魔芋薄层干燥试验及数学模型的建立. 中国粮油学报, 31(8): 105-110

夏俊, 李斌, 马美湖. 2009. 无淀粉脱硫魔芋精粉加工技术研究. 食品科学, 30(11): 229-231

熊绿芸, 罗敏. 2002. 热空气对流干燥条件对魔芋葡甘聚糖内在品质的影响研究. 山区开发, (9): 34-40

叶凌, 邬应龙. 2008. 响应面法对漂白魔芋微粉制备工艺的优化研究. 食品科学, 29(6): 151-155

叶维, 李保国. 2015. 魔芋热泵干燥特性及数学模型的研究. 食品与发酵科技, 51(5): 32-36

叶维, 李保国. 2016. 魔芋真空冷冻复合护色剂的选择. 食品与发酵科技, 52(1): 47-51

叶维, 李保国, 周颖. 2014. 魔芋精粉的护色及干燥加工工艺的研究进展. 食品与发酵科技, 51(1): 4-8, 19

尹娜, 温成荣, 叶伟健, 等. 2013. 加工魔芋粉褐色素控制研究进展及问题. 粮食与油脂, 26(4): 48-51

袁江, 张绍铃, 曹玉芬, 等. 2011. 梨果实酚类物质与酶促褐变底物的研究. 园艺学报, 38(1): 7-14

张洁. 2014. 魔芋多酚氧化酶基因的克隆与序列分析. 西南大学硕士学位论文

张盛林, 张甫生, 钟耕. 2013. 魔芋加工中二氧化硫使用的必要性研究. 农产品质量与安全, (1): 60-62

张盛林, 郑莲姬, 钟耕. 2007. 花魔芋和白魔芋褐变机理及褐变抑制研究. 农业工程学报, 23(2): 207-212

张志健, 耿敬章, 孙海燕, 等. 2011a. 魔芋片无硫护色剂及其应用技术研究. 食品科技, 36(8): 132-135

张志健, 耿敬章, 孙海燕, 等. 2011b. 魔芋片热风对流干燥动力学研究. 江苏农业科学, 39(6): 457-459

张志健, 耿敬章, 孙海燕, 等. 2011c. 魔芋片对流干燥水分变化规律研究. 安徽农业科学, 39(12): 7106-7107

赵庆云, 寸湘琴, 杨燕. 2002. 云南高原魔芋种芋的越冬贮藏技术. 长江蔬菜, (11): 39-40

赵庆云, 梁艳丽, 杨燕. 2008. 魔芋种芋的采挖及越冬贮藏. 中国种业, (2): 71-72

郑莲姬. 2004. 魔芋无硫干燥技术的研究. 西南农业大学硕士学位论文

郑莲姬, 张盛林, 钟耕. 2002. 魔芋褐变原因分析及防止褐变原因初探. 山区开发, (11): 2-4

郑莲姬, 钟耕, 张盛林. 2007. 白魔芋中多酚氧化酶活性测定及其护色研究. 西南大学学报(自然科学版), 29(2): 118-121

中华人民共和国国家卫生和计划生育委员会. 2014. 食品安全国家标准 食品添加剂使用卫生标准: GB 2760—2014. 北京: 中国标准出版社

中华人民共和国国家质量监督检验检疫总局. 2000. 魔芋精粉: GB/T 18104—2000. 北京: 中国标准出版社

周杨, 吕丹, 胡小静, 等. 2007. 魔芋块茎天然褐变红色素的固定化研究. 食品工业, (5): 7-8

Eissa H A, Fadel H H M, Ibrahim G E, et al. 2006. Thiol containing compounds as controlling agents of enzymatic browning in some apple products. Food Res Int, 39(8): 855-863

Hii C L, Law C L, Suzannah S. 2012. Drying kinetics of the individual layer of cocoa beans during at pump drying. J Food Eng, 108(2): 276 -282

Martinez M V, Whitaker J R. 1995. The biochemistry and control of enzymatic browning. Trends Food Sci Tech, 6(6): 195-200

Sapers G M, Cooke P H, Heidel A E, et al. 1997. Structure change related to texture of pre-peeled potatoes. J Food Sci, 62(4): 797-803

Tono T, Fujita S, Ito T. 1974. Identification of dopamine in tubers of konjac. J Jpn Soc Nutr Food Sci, 27(9): 467-470

Vishal K, Manish K, Sanjay K. 2012. Influences of temperature-time blanching on drying kinetics and quality attributes of yam chips. Int Agr Eng J, 21(1): 7-16

Xiao C B, Gao S J, Zhang L N. 2000. Blend films from konjac glucomannan and sodium alginate solutions and their preservative effect. J Appl Polym Sci, 77(3): 617-626

Xiao C B, Gao S J, Zhang L N, et al. 2001. Water-resistant cellulose films coated with polyurethaneacrylamide grafted konjac glucomannan. J Macromol Sci Pure, 38(1): 33-42

Zheng X L, Tian S P. 2006. Effect of oxalic acid on control of postharvest browning of litchi fruit. Food Chem, 96(4): 519-523

第3章　魔芋精粉和魔芋葡甘聚糖

魔芋精粉是魔芋加工过程中的中间产品,主要成分为葡甘聚糖(KGM)。魔芋精粉的加工是魔芋资源利用的基础与关键,其质量直接关系它在食品、医药、化工、纺织、石油等工业中的应用范围及效果(郭际和邱杰,1996)。

最早的魔芋精粉加工是日本茨城县的中岛藤卫门(1745—1826)发明的,他把魔芋球茎切成薄片、晒干,再碾成粉末,制成了粗粉。后来,益子金藏(1786—1854)在磨粗粉的研磨器上安装鼓风机,吹走粉末中的细小颗粒,制得了精粉。20世纪中叶以来,日本涉及魔芋精粉加工的文章与专利不断出现,先后推出碓白式、锤片式、滚压式、磨齿式、复合式等各类型的魔芋精粉成套“干法”(由魔芋干加工而成)设备及工艺;发明了魔芋精粉“湿法”加工技术和魔芋微粉加工技术(李波和谢笔钧,1999)。我国对魔芋精粉的加工研究起步较晚,但发展却比较快。20世纪80年代中期,西南农业大学、四川省农业科学院等开始进行魔芋精粉干法、湿法和干湿结合法的加工工艺研究,1986年西南农业大学和航天工业部7317研究所等单位合作研制成功我国第一台魔芋精粉加工设备,经多次技术改进,成为我国魔芋精粉的主体加工设备。20世纪90年代初期,开始进行魔芋纯化粉和微粉的研究,并有多家企业采用湿法生产魔芋纯化粉和微粉。近年来,清华大学、华南农业大学和淄博圆海正粉体设备有限公司联合开发成功魔芋干法超细加工系统设备,并通过了省级成果鉴定。这些技术的进步对于丰富魔芋粉的产品类型、提高产品质量、满足不同应用领域的需求及降低加工成本等起到了非常重要的作用。

3.1　魔芋精粉特性

魔芋精粉加工的核心是从魔芋球茎中分离葡甘聚糖。为便于合理有效地分离葡甘聚糖,人们对葡甘聚糖在魔芋球茎中的存在形式、分布特点及其性质进行了较多的研究。

魔芋精粉主要存在于异细胞中,异细胞中除了葡甘聚糖,还含有一定量的粗蛋白、纤维素、矿物质元素等(表3-1)。未经纯化的魔芋粉,具有一种令人不快的特殊腥味,常影响制品的风味,影响魔芋精粉的出口。经鉴定,特殊气味来自于三甲胺、樟脑、α-蒎烯、芳樟醇、苯酚、二苯胺等20多种化学物质,其中三甲胺对气味的影响最大。因此，若想获得高纯度的葡甘聚糖，需要对异细胞分离出来的物质作进一步的纯化处理(孙天玮等，2008)。

表 3-1　魔芋粉主要化学成分及其含量

成分	含量/%		
	全粉	精粉(干法)	飞粉(干法)
水分	12	8～14	12～14
葡甘聚糖	40～60	68～82	3～7
淀粉	10～30	1～3	30～45
粗纤维	2～5	1～2	4～8
粗蛋白	5～14	3～6	15～19
可溶性糖	3～5	4～6	2～4
灰分	3.4～5.3	3.0～4.2	4～8
粗脂肪	0.2～0.4	0.02～1.2	0.4～0.6

KGM 含量是评价魔芋精粉质量的一项最为重要的指标，KGM 含量越高，表示魔芋精粉纯度越高，品质越好。不同种类的魔芋中，珠芽魔芋精粉的 KGM 含量最高，达到 72.84%，花魔芋精粉 KGM 含量次之，为 70.39%，而白魔芋精粉的 KGM 含量最低，只有 67.46%。

因为 KGM 是一种天然高分子化合物，在魔芋精粉中占有较大比例，使魔芋精粉具有高吸水性、高膨胀性等特性。它溶于冷水时，会形成一种黏稠的溶胶，可起增稠、乳化和悬浮的作用；若加碱使其 pH 小于 12.2，则可形成可逆性的凝胶，具有成膜、成型和保鲜的作用；若加碱使其 pH 大于 12.2 并进行加热，则形成一种弹性凝胶，可用于魔芋食品加工。这种特性在其他多糖中是罕见的(尉芹和马希汉，1998)。

魔芋精粉的黏度与高分子化合物的分子量大小有关，而且 KGM 黏度是制备凝胶食品和可食性膜等需首要确定的因素，因此黏度同样是魔芋精粉的一项质量指标。不同来源的精粉中，珠芽魔芋精粉的黏度最高，达到 19 690.5 mPa·s，花魔芋精粉次之，为 18 606.5 mPa·s，白魔芋精粉则最低，为 16 580.8 mPa·s，与 KGM 含量高低呈现良好的对应关系。根据 NY/T 494—2010，花魔芋精粉和珠芽魔芋精粉的黏度值达到特级标准(黏度≥18 000 mPa·s)，白魔芋精粉达到一级标准(黏度≥14 000 mPa·s)。因为珠芽魔芋精粉的高黏性，可以有效地应用于食品添加剂、木材胶黏剂和防腐材料中。

魔芋精粉的吸水膨胀能力极强，因其分子结构中含有大量的乙酰基团和羟基，且乙酰基团和羟基的存在可以结合大量的水分，能吸收相当于其自身体积 80～100 倍的水。将不同来源的魔芋精粉分别配制成 100 mL 1.0%的溶胶于常温条件下放置，一定时间间隔内对其气味、质地、水分析出、霉变程度进行观察，随着放置时间的延长，魔芋溶胶的稳定性逐渐变差，渐渐出现霉臭味、质地分层不均一、水分析出、霉变产生等。值得注意的是，放置 72 h 后，花魔芋、白魔芋等其他品种的精粉溶胶的质地出现轻微分层，并且析出轻微水分，但珠芽魔芋精粉溶胶的质地仍保持均一不分层，且未有水分析出。放置 216 h 后，其他品种的精粉溶胶都完全分层沉淀，但珠芽魔芋精粉溶胶虽出现分层，却并无沉淀产生。由此可见，珠芽魔芋的精粉水溶液稳定性良好，优于花魔芋、白魔芋等其他品种来源的精粉水溶液稳定性。因此，目前普遍认为珠芽魔芋精粉具备更为良好的特性，可在食品、医药、化工等多领域推广应用。

　　另外，珠芽魔芋还具有耐热抗病、成熟期早、产量高、能在低海拔地区生长繁殖等优势，湖南农业大学的吴永尧教授团队将其引种至湖南湘西地区，获得成功，并获得‘湘芋 1 号’湖南省非主要农作物品种登记证书，也使珠芽魔芋的种植和资源的开发在该地区渐渐备受关注。

3.2　魔芋精粉制备工艺

3.2.1　魔芋精粉的加工原理

1. 魔芋精粉干法加工原理

　　根据魔芋的异细胞与普通细胞所含成分、韧性及硬度上的差异，可采用机械粉碎法使普通细胞首先破碎，其中的淀粉、纤维素等杂质逐步被粉碎成颗粒细小的飞粉；而异细胞韧性极强，在一般粉碎条件下不易破碎，仍保持着颗粒的完整性，同时由于葡甘聚糖与淀粉等杂质的粒子大小和质量的差异，可以采用筛分或风力分离的方法将葡甘聚糖与其他成分分离。初步粉碎后的异细胞表面仍有一些与异细胞结合紧密的普通细胞或其残留物，此时若葡甘聚糖粒子能够受到外力的作用，使其发生碰撞、摩擦或揉搓，再通过筛分或风力分离等除去葡甘聚糖粒子表面的其他杂质分子，最终会获得半透明状的魔芋精粉(图 3-1)。

图 3-1　干法加工生产的魔芋精粉产品

2. 魔芋精粉湿法加工原理

葡甘聚糖和淀粉是魔芋球茎中含量最高的两种成分。从理论上讲，葡甘聚糖易溶于水，而淀粉不溶于冷水。因此，可先用水将魔芋中的葡甘聚糖溶解出来，然后用沉淀剂(如乙醇)分离溶液中的葡甘聚糖，或采取适当的干燥方法得到葡甘聚糖产品。但是，由于葡甘聚糖黏度极高，即使浓度为 0.5%的葡甘聚糖溶液也很黏稠，无论采取乙醇沉淀法还是干燥法，得到葡甘聚糖的成本都极高，一般仅用于制备葡甘聚糖纯品而不用于精粉生产。

3.2.2　魔芋精粉的加工工艺

1. 魔芋精粉的干法加工

我国魔芋产业形成于 20 世纪 80 年代中期，魔芋作物的种植面积逐年扩大，鲜芋产量不断增加，魔芋加工的装备也从简陋的手工作坊工具逐渐改进为先进的成套机械化装备。魔芋精粉干法加工的设备较单一，较普遍的是锤片式精粉机。干法加工投资小，加工成本低，所加工的精粉为目前的主体产品。但与湿法相比，该法无法去除葡甘聚糖粒子表面的杂质，带有魔芋的腥臭味，黏度也相对较低，很难获得高品质的精粉产品。

1)工艺流程

芋角→破碎机中破碎→风选分离→精粉机中加工→风选分离→研磨机中研磨→风选分离→筛分→分级→混合均质→包装入库。

2)主要设备及工作原理

早期的魔芋精粉加工机以锤片式为主。1986 年航天工业部 7317 研究所与西南农业大学联合研制推出了 MJJO-1 型锤片式魔芋精粉加工机，并开发出系列机型，如 300 型、400 型、450 型、500 型。1995 年，四川省广汉市魔芋研究所又推出了刮片式涡轮魔芋精粉研磨机。这些魔芋精粉加工设备通常由破碎机、精粉加工机、研磨机、分离罐、旋风除尘器、布袋除尘器和三元振动筛等组成。

锤片式魔芋精粉加工机设计紧凑，由进料室、粉碎室、揉搓分离室等部分组成，将魔芋片(条、角)的粉碎、揉搓、分离等流程融为一体，设备组成及构造如图 3-2 所示。主轴的材质为 45#钢或 40 铬钢，经加工淬火后精磨而成。进料采用轴向底部进料，原料由自重和风力进入粉碎室底部，可避免原料因受破碎产生的冲击力而射出伤人。粉碎室由固定锤片、活动锤片、齿圈等组成。当锤轮高速旋转时，粉碎室底部的魔芋不断被抛起，受到锤片的打击和与齿轮碰撞，逐渐被粉碎；魔芋粉在风力的作用下输送到下一级锤片进一步粉碎，在第三级中揉搓。各型号机粉碎室内的锤片都采用阶梯形锤片。锤片数量越多，粉碎性能越强，所需时间越短，颗粒越小；反之，锤片数量越少，粉碎性能越差，所需时间越长，颗粒越大。锤片越厚，粉碎性能越强，所需时间越短；反之，锤片越薄，粉碎性能越差，所需时间越长，而且更换锤片次数也越多。锤片和齿圈间隙越小，则粉碎性能越强；间隙越大，则粉碎性能越差。目前，各型号机的锤片一般来用交错、对称和螺旋线排列，线速度一般为 70～90 m/s，锤片与齿尖间隙在 3～8 mm，这两个参数对轴功率的设计很重要。

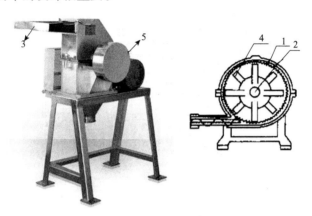

图 3-2　普通魔芋精粉加工机
1. 机盖；2. 主轴；3. 进料室；4. 粉碎室；5. 揉搓分离室

经过粉碎的魔芋粉进入揉搓分离室，在矩形锤片的高速运动及气流的作用下，魔芋粉形成复杂运动的环体，不断受到锤片的打击、碰撞，同时粒子相互间产生猛烈的摩擦、揉搓，使葡甘聚糖粒子表面的纤维、淀粉等杂质(飞粉)脱落，葡甘聚糖粒子因韧性强而保持完整。由于葡甘聚糖粒子和飞粉之间的颗粒大小、密度相差很大，它们进入分离室后，葡甘聚糖粒子所受到的离心力要比飞粉的大几十倍而碰撞在分离内衬上。从揉搓分离室切面图可看出，分离内衬是一个 40°～50° 的圆锥面，由于入射角等于反射角，反作用力又将葡甘聚糖粒子弹回揉搓分离室内，飞粉因离心力太小，难于抗拒风力的吸引，而顺着分离室的空隙被风机吸走。为使小颗粒的葡甘聚糖粒子不被吸走，通常将离心通风机装在机外，便于调整风量。此外，要正确选择魔芋精粉加工机。一般要求所选机型在保证魔芋精粉黏度的前提下，出粉率达到 59%～60%，锤片的寿命至少要能够加工处理 80～100 t 精粉，精粉含水量不超过 10%。

魔芋精粉加工机的辅助设备包括旋风除尘器、布袋除尘器、筛选设备、电控柜、离心通风机等。通常来说，布袋除尘器的面积大小应设计为可使通风机的风速在 0.01 m/s 以下，以避免将微细精粉粒吸走；或将精粉与飞粉分离设计为两级，一级为纯飞粉，二级为微细精粉。可利用的筛选设备，过去多采用往复式振动筛或挂式振动筛，而现在三元振动筛则更为普遍。

为了提高魔芋精粉的纯度和黏度，经过魔芋精粉加工机加工出来的精粉，还可以采用魔芋精粉研磨机来完成。1995 年，四川省广汉市魔芋研究所在国内首次研制成功魔芋精粉研磨机，如图 3-3 所示。该机投放市场后，对于提高我国魔芋精粉质量，达到日本同类产品的水平起到了重要作用。

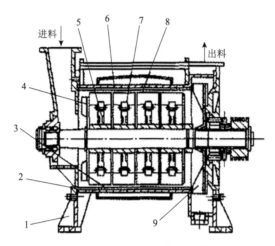

图 3-3　MYJ-400 型研磨机的结构图

1. 机座；2. 下机壳；3. 内衬；4. 分配器；5. 主轴；6. 上机壳；7. 转子；8. 叶片；9. 风扇轮

该机内部是多仓式结构，为连续生产方式。精粉原料进入料斗（定量连续进料）后，高速旋转的刮片不断搓擦精粉粒子，其搓擦力比精粉加工机大几十倍，使精粉粒子表面未能在原精粉加工机中去掉的纤维等杂质被刮擦下来，同时可以去除精粉中的黑点和黑色表面物，从而提高精粉的等级。该机的刮片可调，使用寿命长。它的分离系统由分离罐完成，除尘系统与精粉加工机相同，可一人操作。经应用测试，精粉黏度可提高 5000 mPa·s 以上，而且糊化时间缩短，使其产品更适合应用于食品。魔芋精粉研磨机除刮片式以外，还有日本生产的磨盘研磨机和我国台湾生产的锥轴式研磨机等，不过结构较复杂，功率大（54.3 kW），且价格高。

3）加工步骤

（1）原料准备。

芋角质量优劣直接影响精粉的质量，通常应选择颜色白、含硫量低、含水量低的芋角。"黑心"和烤焦芋角严重影响精粉色泽与质量，在加工特级或一级精粉时，必须将其剔除。每次按精粉加工机说明所规定的加入量，把挑选好的芋角倒在丝网板上，让小粒及杂物漏下。此外，网板底面最好固定几块磁铁，把可能夹在芋角内的金属碎块吸住，以免进入精粉加工机内。

（2）启动精粉加工机。

合上配电盘上的闸刀，控制柜通电，再按照精粉加工机说明书的顺序启动机器的各部分；确认运转正常后，在控制柜上设置加工时间周期。

(3)投料。

当机器上加料指示灯亮时,把装好的芋角均匀地投入料斗内,投料时间约20s。

(4)粉碎、研磨与出料。

投料后,粉碎、研磨和分离达到预定时间后,自动卸出精粉。

(5)研磨机中研磨。

将精粉输入研磨机中进一步研磨,并通过抽风吸走飞粉杂质。如果加工一般质量的精粉,可省去此研磨工序,但加工高质量的精粉,则不可省。

(6)筛分、检验、均质和包装。

卸出的精粉倒入筛分器内进行筛分。筛网有 40 目、60 目、80 目、100 目、120 目、140 目等几种孔径,筛网孔径大小、粒度级数的选择应依据要求而定。筛分时,最好每层内放置一块塑料泡沫,以便将头发、碎屑等杂物吸住,并定期换泡沫。筛分后进行出厂质量检测,包括水分、黏度、二氧化硫含量、葡甘聚糖含量等,然后用均质机将同一类别的精粉进行充分混合,以保证产品质量的均匀性。最后,进行产品包装。

4)影响精粉出粉率和质量的因素

精粉出粉率的高低和质量的优劣直接影响企业的经济效益,应加倍重视。

(1)魔芋种类与品种。

在我国,可用于精粉加工的魔芋种类有白魔芋、花魔芋、西盟魔芋、勐海魔芋等。这些魔芋的葡甘聚糖含量为,白魔芋>花魔芋>西盟魔芋>勐海魔芋,综合品质以白魔芋最好。白魔芋的葡甘聚糖粒子大小较均匀,分子量大,杂质含量低,球茎中多酚氧化酶活性较花魔芋低,褐变较轻。花魔芋是我国分布最广、栽培面积最大的魔芋种类,但各地方品种的内在品质却存在一定的差异。西南农业大学魔芋研究中心对各地花魔芋品种的内在品质进行了分析,其分析结果为万源花魔芋、綦江花魔芋、东川花魔芋这三个地方品种的葡甘聚糖含量较其他地方品种的高(莫湘涛等,1998)。

(2)鲜芋的成熟度对精粉出粉率及质量的影响。

未成熟的鲜芋,含水量高,葡甘聚糖积累没有达到高峰,出精粉率较低。一般情况是,若芋角很饱满,表面有葡甘聚糖粒子凸起,且凸起很多,则出粉率高;若芋角收缩,表面无葡甘聚糖粒子凸起,且凸起很少,则出粉率低。此外,芋角在手中有沉甸感的出粉率高,有轻飘感的出粉率低。

(3)芋角含水量与精粉出粉率的影响。

若原料含水量高于16%,则不但出粉率低,而且影响精粉保存期或延长后续干燥工序的时间;若原料含水量低于11%,则出粉率虽高,但精粉的光泽度受影响,外观较粗糙。因此,芋角含水量应以 13%～15%为宜,这样既能保证出粉率和精粉粒子的良好外观,又能在加工过程中让水分散失,使精粉含水量达到10%

左右，以符合精粉加工标准对含水量的要求。判断芋角含水量的方法有：用手捏芋角感觉扎手的含水量较低；将芋角抛下，响声脆的含水量较低，响声涩滞的含水量较高；敲击芋角，易呈粉末状，含水量较低，呈块状，含水量较高。

(4)精粉加工机参数对精粉出粉率及质量的影响。

如果机器结构空间过大，则不但增加加工时间，且不利于杂质的去除；如果机器结构空间过小，则温度容易过高，使精粉发热变黄或焦化。若机器内衬用铸铁或用未经调质淬火处理的钢件，则硬度不够，易使加工的精粉发乌、不光亮，影响色泽。

(5)精粉、飞粉分离系统与风量是否匹配对精粉出粉率和质量的影响。

在分离轮叶片尺寸一定时，风量过大可能将精粉抽走，风量过小飞粉排不尽；在风量一定时，分离轮叶片过宽飞粉排不出，分离轮叶片过窄可能将精粉抽走；当风量与分离轮叶片匹配时，分离轮和分离内衬之间的间隙过大可能将精粉抽走，间隙过小则飞粉排不尽。

(6)加料量和加工时间对精粉出粉率和质量的影响。

在其他因素不变时，若加料多，加工时间短，出粉率虽高，但杂质去除不彻底；若加料少，加工时间过长，精粉质量虽提高，但出粉率降低。为保证较高的出粉率和提高精粉质量，可采用短时间内在精粉加工机中加工两遍，并严格控制加料量，然后在研磨机中研磨加工。

2. 魔芋精粉的湿法加工

魔芋精粉的湿法加工，是指在加工精粉的过程中采用保护性溶剂浸渍保护加工，使精粉不膨化、不褐变，经粉碎、研磨、分离、干燥等工序制取精粉的方法。湿法加工的产品有利用鲜魔芋球茎直接加工的纯化魔芋精粉、利用普通魔芋精粉经湿法加工的纯化魔芋精粉，以及将鲜芋直接加工的精粉和经过干法加工的纯化魔芋精粉进行再加工的纯化魔芋微粉等。湿法加工采用的保护性溶液包括有机溶剂保护液和无机溶剂保护液，有机溶剂保护液主要是指以食用乙醇为主并作为控溶剂而配兑的保护液；无机溶剂保护液主要是指以四硼酸钠(硼砂)为主而配兑的保护液。前者保护液成本较高，但精粉质量好，精粉产品用于医药、食品等行业；后者保护液成本较低，但加工的精粉不能食用，仅能作为工业用精粉。

干法加工魔芋精粉存在一些问题，如在魔芋烘成干片(角)后，葡甘聚糖成分与植物细胞之间结合得更加致密，需要长时间粉碎与研磨才能使两者分开，又由于葡甘聚糖粒子不是规则的圆球形，难于均匀研磨，这就造成少量的葡甘聚糖损失。

而湿法加工则具有干法加工不能比拟的以下优点：①湿法加工去除了葡甘聚糖粒子表面和内部的可溶性杂质，并且湿法加工的芋角未经烘烤环节，减少了高温对其质量的影响。②湿法加工的葡甘聚糖粒子在液体介质中能膨胀，从而撑破普通细胞的包围，使葡甘聚糖粒子与普通细胞的联系松散，易于分离，不需要长时间的粉碎与研磨，这就避免了葡甘聚糖的损失，因而精粉出粉率比干法加工的高出 3～5 个百分点。但是，湿法加工的加工成本和固定成本较高，一套设备需几十万元，且工艺要求高，如果掌握不好，则精粉质量得不到保证。此外，如果以鲜芋为原料，则加工季节过于集中，设备闲置时间长。

1) 工艺流程

鲜魔芋球茎清洗去皮切分→护色→粉碎(脱溶剂除杂)→研磨→脱溶剂除杂→(洗涤)→干燥→(干研磨)→筛分→均质→检验→包装。

2) 设备及工作原理

(1) 粉碎研磨设备。

普通湿法加工精粉，对粉碎研磨设备的要求不及干法加工的高，砂轮磨(如浆渣分离机、微磨机等)、剪断滚筒型粉碎机、胶体磨等均可作为粉碎研磨设备，一般多选用砂轮磨。其分散盘的高转速带动研磨体高速运动，对物料产生强烈的研磨和剪切力，并进行分散。该机结构简单，使用维护方便，运行平稳。

(2) 分离设备。

分离设备多采用间歇式和连续式过滤离心机。间歇式过滤离心机有人工上部卸料三足式离心机(图 3-4)、卧式刮刀卸料离心机等，连续式过滤离心机有离心力卸料离心机、螺旋卸料过滤离心机等。其中，人工上部卸料三足式离心机虽为人工卸料和间歇操作，但因其结构简单、价格低、离心力大、适应性好和过滤时间可灵活掌握等因素而应用较多，并且以线速度大的为好。在加入需要分离的悬浮液后，高速旋转的转鼓产生巨大的离心力，使液体穿过转鼓壁内的滤布，经壁孔排出转鼓，而固体颗粒则截留在过滤介质表面，形成滤饼，从而实现固液分离。

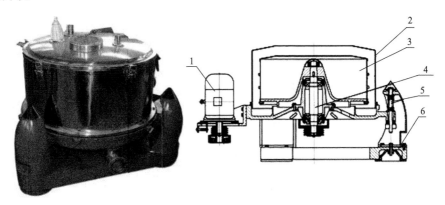

图 3-4　人工上部卸料三足式离心机

1. 电机；2. 外壳；3. 转鼓；4. 传动机构；5. 悬挂支撑；6. 底盘

(3)真空干燥设备。

真空干燥设备均为间歇操作。湿物料加入筒内后，抽真空，夹层管导入蒸汽或热水，经金属壁传热给物料，待物料干燥后取出、冷却。该类设备主要结构、功能及优缺点如下。

(a)双锥回转真空干燥器，如图3-5所示。该干燥器的中间段为一圆筒（具有加热套），圆筒两端为锥形结构（双锥）。双锥圆筒两侧各外伸一中空短轴，除支承干燥器身回转外，还用于进出加热介质和抽真空。物料加入后，干燥器回转，物料不断翻动，从接触的器壁内表面接受热量。物料干燥过程在真空状态下进行，受热均匀，无局部过热现象。但是，该干燥器存在某些严重缺点，真空口在罐内易被物料埋没而造成粉尘堵塞真空管道和过滤网甚至冷却器，装填系数太低（容积的40%以下），旋转封头易磨损，受热表面积不易增大及易结块（球形）等。

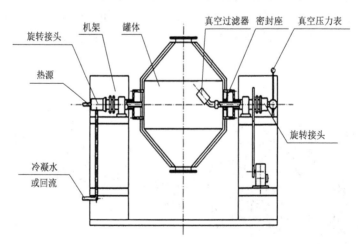

图3-5　双锥回转真空干燥器

(b)振动真空干燥器，如图3-6所示。该干燥器是在流化床干燥的基础上发展起来的，主要依靠来自外部的机械振动，使物料流化，通过间接加热在真空状态下干燥物料。该干燥器基本操作参数的选择：一是物料填充率。物料填充率直接影响干燥速率，填充率大，物料与器壁的接触面积大，获得的振动能和热能多，物料流动状态好，干燥速率快；反之，填充率小，干燥速率慢。因此，物料填充率一般应控制在 70%左右。二是气流压力。加热蒸汽压力(水温、油温)和干燥器内压力(真空度)越高，器内压力越低，物料中水分的沸点越低，就越容易汽化，干燥速率也就越快。

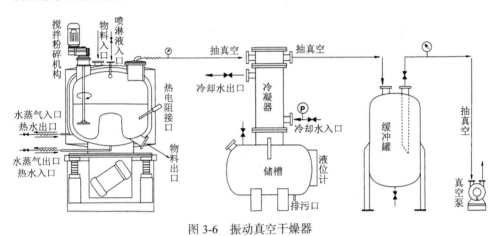

图 3-6　振动真空干燥器

振幅最佳推荐值为 3 mm，最佳频率为 25 Hz。该干燥器的优点是：传热表面积比双锥干燥器大一倍以上，热效率较高；由于振动流动，局部过热现象少；不堵塞真空气流；粉尘飞扬少；所需动力小；结块比双锥干燥器的轻，仅形成小片状结块。其缺点是黏度太大的物料不能采用此干燥器。

(c)气流干燥器，如图 3-7 所示。气流干燥器是一种连续操作的干燥器，它是将粉粒状物料分散悬浮于热气流中，在气、固并流流动中进行传热传质，以达到物料干燥的目的。该干燥器具有以下优点：①处理量大，干燥强度大。由于物料在气流中高度分散，颗粒的全部表面积即为干燥的有效面积，因而传热传质强度大。②干燥时间短。气流在干燥管中的速度一般为 10~20 m/s，气、固两相的接触时间短，干燥时间一般为 0.5~2 s，可得到瞬时干燥产品。③不会产生过度干燥。④设备结构简单。该干燥器的缺点是：干燥系统阻力大，需设回收除尘器，系统负荷较大，回收乙醇困难，若不回收，则其成本较高；产品中的乙醇不易除尽。改进的方法：先将物料用真空干燥系统干燥到一定程度，乙醇首先蒸发并回收，再将物料放入气流干燥器中，去掉剩余的水分，则物料干燥过程快，不易结块，乙醇回收率高，气味消除也彻底。

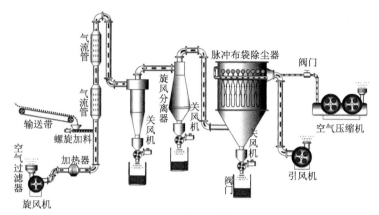

图 3-7　气流干燥器

(4)乙醇回收设备。

魔芋精粉湿法加工中使用的大量乙醇需要回收,常用蒸发和冷凝系统来完成。用蒸汽加热的蒸发器,一般采用盘管式或直接充气式,用热水或热油加热的蒸发器,一般采用垂直短管式。两种蒸发器的结构均较简单,成本低。冷凝器多采用直管式(分离式或卧式),以铝材为好,传热系数比不锈钢大 2～3 倍,有利于降低成本。

3)加工步骤

(1)魔芋清洗去皮。

手工去除魔芋球茎的顶芽和根,然后放入清洗机内清洗,并去掉外皮。

(2)切分与护色。

若使用砂轮磨粉碎研磨,需先用切块机将去皮后的魔芋切成块(用剪断滚筒型粉碎机则省去此道工序)。切分后,用有效二氧化硫浓度为 25～100 mg/L 的亚硫酸盐溶液进行护色处理,一般在第一次粉碎介质中加入使用。不同亚硫酸盐的有效二氧化硫含量不同(表 3-2)。

表 3-2　酸系列化合物中有效二氧化硫含量

名称	分子式	有效二氧化硫含量/%
液态二氧化硫	SO_2	100
亚硫酸	H_2SO_3	6.0
亚硫酸钠	$Na_2SO_3 \cdot 7H_2O$	25.42
无水亚硫酸钠	Na_2SO_3	50.84
亚硫酸氢钠	$NaHSO_3$	61.59
焦亚硫酸钠	$Na_2S_2O_5$	57.65
低亚硫酸钠	$Na_2S_2O_4$	73.56

(3)粉碎、研磨与分离。

(a)乙醇浓度。若乙醇浓度过低，则葡甘聚糖溶解，并在粉碎、研磨和分离过程中损失，从而影响成品的溶解性；若乙醇浓度过高，则增加成本，对去除水溶性杂质有影响。因此，乙醇溶液与物料混合平衡后的乙醇浓度不宜低于30%。用乙醇比重计所测的乙醇浓度受温度的影响，温度低时所测的浓度比实际高，温度高时所测的浓度比实际低，这时需要查表校正。当然，也可采取近似值的计算方法，即以 20 ℃为标准，温度每降低 3 ℃，乙醇浓度则升高 1%；温度每升高 3 ℃，乙醇浓度则降低 1%。

(b)粉碎。乙醇溶液的用量与其浓度、加工设备、后续加工情况及所要求的精粉质量等因素有关。若乙醇浓度高，粉碎设备功率大、加工能力强和(或)后续重复加工次数多，则用量可稍少些，一般为鲜魔芋重的1～3倍。若用剪断滚筒式粉碎机粉碎，则将鲜魔芋与乙醇溶液按适当比例加入筒体内，粉碎至精粉粒子分散后，再送入砂轮磨中进一步粉碎。若用砂轮磨粉碎，则需要将切分的魔芋与乙醇溶液分别按比例同步加入，磨间距调至合适，使精粉粒子完全分开，并得到充分研磨。

(c)分离。多采用离心过滤分离方式，即将上面浆状物装入有 150～300 目滤网的离心机转鼓内，使可溶性物质及小颗粒杂质在离心力的作用下穿过滤网随溶剂分离出去，魔芋精粉粒子留在滤网内；还可根据质量需要，按工序重复操作；也可在离心分离后，用 30%以上的乙醇溶液进行洗涤，离心脱离溶剂。

(4)干燥。

湿魔芋精粉的含水量在 70%以上，可采用低温真空、热风气流、流化床等多种干燥方式；也可采用低温真空干燥再接热风气流干燥，较节省乙醇且除气味彻底。若采用热风气流干燥，进风温度应在 120 ℃以上。因魔芋精粉颗粒较大且含水量较高，而每次干燥时间又短(仅数秒)，所以一两次干燥不能使魔芋精粉完全干燥，需要重复多次。并且，在每次干燥后需放置一段时间再续烘下一次，以利于去除残余乙醇。

筛分、检验、均质和包装与干法相似。

4)提高有机湿法产品质量和降低成本的措施

(1)所有加工过程中使用的乙醇，均采用回收装置反复回收使用。

(2)在初粉碎时，可用水代替乙醇，以节省成本，但要求魔芋粉碎与分离应在短时间(0.5 min)内完成，即在葡甘聚糖粒子还没有充分溶胀前完成。分离后的粗精粉必须立即送入阻溶剂中，以阻止葡甘聚糖继续溶胀；否则，精粉将结块，使后续加工困难，并可能造成葡甘聚糖溶解损失。因此，需要研制并使用专用粉碎磨机和连续式脱水机等设备。

(3)魔芋精粉湿法加工最忌精粉粒子过度溶胀或形成溶胶。过度溶胀或形成溶胶后，即使用乙醇脱水，再干燥，产品的溶解性也将大为下降。此外，精粉粒子过度溶胀会造成葡甘聚糖的严重损失。因此，不要为节省成本而过度降低乙醇的浓度。

(4)使用后的乙醇溶液悬浮有大量的淀粉、纤维素、少量的葡甘聚糖和其他可溶性杂质，较黏稠，自然沉降速度极慢，加热起泡性强。因此，在回收前，需采用沉淀剂处理或加热处理，再进行离心分离，分离液送入回收装置回收乙醇，以降低生产成本。

采用湿法直接加工的精粉，虽色泽稍暗，但纯度高，黏度高，含硫量极低，没有明显的腥臭味，多次分离后还可直接纯化魔芋粉。随着加工工艺的进一步完善和设备的配套，预计将来采用由湿法直接生产魔芋粉的企业会越来越多。

5)其他湿法加工现状简介

(1)无机溶剂保护加工精粉技术。

无机湿法加工魔芋精粉的工艺与有机湿法基本相同，但因采用的液体介质性质不同而有差异。鲜芋的清洗、去皮、切分、护色与有机湿法相同。切分护色后，按芋液质量比 1∶1 或 1∶2 加入含 1.0%～1.2%氢氧化钠的 0.4%～2.0%四硼酸钠溶液中，于砂轮磨或其他粉碎研磨机中粉碎、研磨，然后用过滤式离心机脱去溶液及部分小粒杂质。上述滤饼含有一定量的四硼酸钠和其他杂质，为提高脱硼和除杂效率，可采取研磨洗涤法，即按滤渣质量加入 5 倍以上的水，于研磨机中研磨后，离心脱水，重复 1～2 次，至水洗液的 pH 为 7.2～8.5、葡甘聚糖仍呈松散状态为止，并离心脱水。此时滤饼仍含有少量的四硼酸钠和氢氧化钠，可用少量的酸中和其中的碱，否则会影响葡甘聚糖溶解性和黏度。中和前先测定滤渣中的残留碱量，并计算用酸总量。中和时，将上述洗涤液脱水后的滤渣干燥至半干状态，再将 0.40%～1.1%盐酸溶液按计算量均匀加入魔芋粉中，最后干燥至规定含水量以下。也可以在水洗后，用酸性乙醇溶液浸泡洗涤，这样做有利于进一步脱硼，但增加了成本。

无机湿法的优势在于加工成本低，每吨精粉仅需 200～400 元的阻溶剂，比有机湿法低。但硼盐在食品工业中已禁用，该精粉只宜应用于其他行业。

(2)干湿结合纯化加工精粉技术。

采用质量等级较低档次的精粉，经过一系列加工，可生产出质量等级上升 1～2个档次的精粉。工艺流程大致为：低档次精粉→膨润(同时加入乙醇、护色剂)→搅拌→研磨→(过滤→洗涤→脱水→干燥)→回收乙醇→筛分→检验→包装。操作要点有：配制膨润保护的护色溶液，其食用乙醇浓度为 25%，亚硫酸钠的浓度为200 mg/kg。按保护溶液与低档次精粉质量比为 5∶1 进入加工流程。低档次精粉放入膨润缸中要不断地充分搅拌，搅拌转速 60～80 r/min，时间 30～40 min，这样做的目的是让精粉颗粒膨润增大而又不产生膨化现象，便于下道工序研磨表面去除非葡甘聚糖杂物。其余工序同湿法(有机)操作要点。

3.3　魔芋葡甘聚糖的分子结构及性质

葡甘聚糖是魔芋中的主要活性成分，认识魔芋葡甘聚糖的结构和性质是利用魔芋的基础。20 世纪 60 年代初，日本许多学者对魔芋葡甘聚糖的结构进行了初探，但限于当时研究手段的落后，没取得突破性进展，我国在 20 世纪 80 年代以前也没有对魔芋进行深入的研究，20 世纪 80 年代之后才开始真正对魔芋进行全面系统的研究，但对其结构的研究较少，仅在 20 世纪 90 年代末有所涉及。

目前公认的魔芋葡甘聚糖分子式为$(C_6H_{10}O_5)_n$，是一种由 β-D-葡萄糖和 β-D-甘露糖按 2∶3 或 1∶1.6 物质的量比，通过 1, 4-糖苷键和 1, 3-糖苷键等连接而成的天然多糖，其含量通常为 44%～64%(白魔芋、花魔芋品种其含量可达 50%～65%)。在葡甘聚糖的主链上，每隔 9～19 个糖单位连有一个乙酰基，提高了魔芋葡甘聚糖的溶解度，其平均分子量在 20 万～200 万(许时婴和钱和，1991)。

3.3.1　葡甘聚糖的分子结构

1. 一级结构

对魔芋葡甘聚糖结构的研究始于 19 世纪末，日本研究学者过畅太郎首先从魔芋粉水解液中检测出大量的黏稠物质，即甘露糖。此后，Mayeda 又发现了魔芋黏稠物中除了甘露糖外，还含有葡萄糖。至此，魔芋葡甘聚糖的基本组成成分被确定。20 世纪 60 年代以来，我国和日本学者均用现代分离检测技术对魔芋葡甘聚糖的结构进行了详细的研究。研究发现魔芋葡甘聚糖的主链是由 D-葡萄糖和 D-甘露糖通过 β-1, 4-吡喃糖苷键连接而成的(Li et al., 2006)，见图 3-8。在魔芋葡甘聚糖的一级结构上，目前主要是对其支链以及支链的长短问题仍然存在较大的分歧。

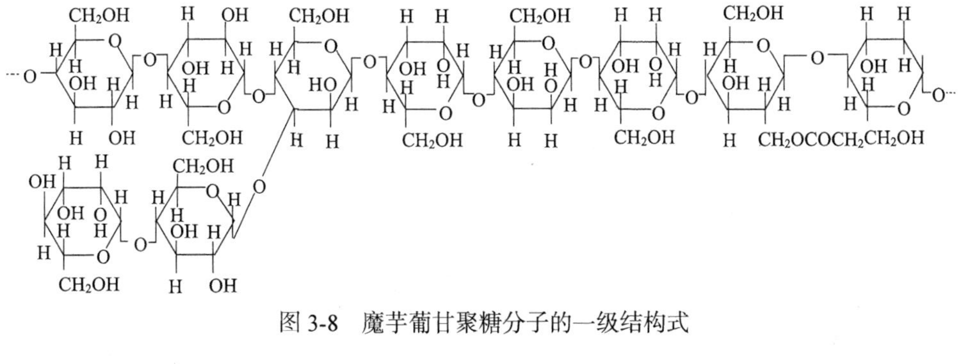

图 3-8　魔芋葡甘聚糖分子的一级结构式

2. 二级结构

魔芋葡甘聚糖链的构象在 X 射线衍射(XRD)图上显示出伸展的二级螺旋形结构,螺旋的形成主要靠分子间的 O(3) 和 O(5) 的氢键作用以及 O(6) 上的旋转作用。利用 X 射线衍射分析了由不同物质的量比的单糖组成及不同乙酰基含量的魔芋葡甘聚糖的结构,三乙酸酯的纤维衍射图呈伸展的三级螺旋形结构。利用计算机程序进行构象分析,结果表明其有利的手性为左旋。

3. 高级结构

魔芋葡甘聚糖由放射状排列的胶束组成,其晶体结构有 α 型(非晶型)和 β 型(结晶型)两种。X 射线衍射显示,魔芋葡甘聚糖系斜方晶系,三轴的长度 $a = 9.01$Å、$b = 16.73$ Å、c(纤维轴)$=10.40$ Å;而退火的魔芋葡甘聚糖呈纤维形式(Kaname et al., 2003)。

魔芋葡甘聚糖分子的构象与温度、浓度等多种因素有关。纯化的魔芋精粉在低浓度(0.02%~0.1%)、35 ℃下的分子构象先由线性分子过渡为球形分子结构,当浓度大于 0.06%时,魔芋葡甘聚糖分子由球形分子向无规线团结构转变。分析认为,这是由于随着浓度的增大,分子从分散到相互靠近缠结,乃至彼此穿插交叠所致。还有研究表明,在低温(低于 40 ℃)下,分子构象趋于球形;而在温度较高(45 ℃以上)时,分子构象趋于无规线团状。分析认为,随温度的升高,分子能量增加,介质分子热运动增强,分子间的氢键相互作用减弱,致使魔芋葡甘聚糖分子伸展。通过电子衍射图谱分析发现,葡甘聚糖具有 II 型晶型特征,且葡甘聚糖 II 型多晶型结构在所有温度下均可形成,但不会形成葡甘聚糖 I 型结构。不过,当以温和的酸水解降低魔芋葡甘聚糖分子量后,却能够形成葡甘聚糖 I 型多晶型结构,表明魔芋葡甘聚糖分子量对其晶型结构有影响。

3.3.2　葡甘聚糖的性质

研究魔芋葡甘聚糖的理化性质,需以魔芋胶作为研究载体。魔芋胶是一种中间产品,为魔芋葡甘聚糖的粗制品或精制品。根据中华人民共和国农业行业标准"魔芋粉"中的分类与定义,魔芋粉(konjac flour)即魔芋胶(konjac gum),可分为普通魔芋精粉、普通魔芋微粉、纯化魔芋精粉和纯化魔芋微粉 4 种。

1. 魔芋葡甘聚糖的水溶性与持水性

魔芋葡甘聚糖易溶于水。魔芋葡甘聚糖大分子与水分子之间可以通过氢键、分子偶极、诱导偶极、瞬间偶极等作用力聚集成庞大而难以自由运动的巨型分子,使水分子的扩散迁移速度远远超过魔芋葡甘聚糖大分子的扩散迁移速度,这时魔芋胶溶液变为黏稠的非牛顿流体。随着魔芋中魔芋葡甘聚糖大分子与水分子的网络结构的建立，其持水量增大，为魔芋胶本身质量的 30～150 倍。另外，在溶解过程中，魔芋胶颗粒发生溶胀或肿胀，在颗粒表面产生薄薄的一层高聚糖的黏稠溶液，迫使魔芋胶的颗粒互相粘连而结块，从而阻碍魔芋胶的进一步溶解，因此，在魔芋胶溶解之前应使用蔗糖、葡萄糖、盐或淀粉之类的分散剂以防止结块。应指出的是，稀释分散剂是有选择的，用于肉制品的魔芋胶宜用盐或淀粉稀释分散，用于甜食品的魔芋胶宜用蔗糖或葡萄糖稀释分散。如果没有稀释分散剂，魔芋胶必须在高速搅拌的条件下溶解。

2. 魔芋葡甘聚糖的流变性

魔芋胶水溶液的"流动速度"是用黏度计来测定的，即"流动速度"越快，黏度越小；"流动速度"越慢，黏度越大。为研究方便，通常从魔芋胶水溶液的黏度和影响魔芋胶水溶液黏度的因素两方面来研究魔芋胶水溶液的流变性(rheological property)。如果一定要直接研究魔芋胶水溶液的流变性，可用黏度的倒数来表示"流动速度"。影响魔芋胶水溶液黏度的主要因素有品种、储存条件、产地、加工方法、筛选分级的目数等。另外，还有其他一些因素影响魔芋胶的黏度。

(1)魔芋胶的分子量越大，其水溶液的表观黏度(指测定时的观测黏度)也越大。

(2)在一定浓度下，魔芋胶水溶液的黏度随温度的升高而降低，但不完全是直线关系。当温度上升时，黏度逐渐降低，冷却后又重新升高，但不能回升到加热前的水平。魔芋胶水溶液在 80 ℃以上不稳定，在 121 ℃下保温 0.5 h 后，黏度下降 50%。

(3)在恒温条件下，魔芋胶水溶液的黏度随魔芋胶浓度的升高而升高，但不是呈正比例升高。

(4)指定温度下的切变稀化。魔芋胶水溶液为假塑性流体，具有切变稀化的性质，符合方程

$$\sigma = KD^n$$

式中，σ 为剪切力；K 为黏度指数；n 为流动指数；D 为剪切速率。

在一定的温度和浓度下，魔芋胶水溶液的表观黏度与剪切速率成反比，其黏度随溶液外来切变力的升高而降低。由于切变力打乱了魔芋胶水溶液中各水化魔芋葡甘聚糖大分子间的统计相对位置，破坏了结构黏度，于是产生切变稀化现象，一旦去除切变力，结构黏度可恢复。

(5)pH 对魔芋胶水溶液的黏度及其他流变学特性有很大的影响，当 pH<3 或 pH>11.5 时，黏度迅速增大，而在 pH=3～11 时则保持相对的稳定，见图 3-9。

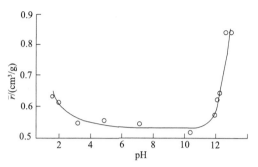

图 3-9　不同 pH 下魔芋葡甘聚糖微分比容

3. 魔芋葡甘聚糖的增稠性

魔芋葡甘聚糖分子量大、水合能力强和不带电荷等特性决定了它优良的黏结性，1%的魔芋葡甘聚糖溶胶其黏度可达 16 000 mPa·s，最高可达 200 000 mPa·s 以上，是自然界中黏度最大的多糖之一，见图 3-10。与黄原胶、瓜儿豆胶、刺槐豆胶等增稠剂相比，魔芋葡甘聚糖溶胶属非离子型胶，受中性盐影响小，常温下，可使 pH 降到 3.3 以下并能保持稳定。而且魔芋葡甘聚糖与其他多糖(黄原胶、淀粉等)有优良的协同作用，如在 1%的黄原胶中加入 0.02%~0.03%的魔芋葡甘聚糖并加热，可使其黏度增大 2~3 倍。另外，由于本身黏度很高，在体系中分散后，能使体系稠化，起到增稠剂的作用，从而达到稳定、均匀的效果。

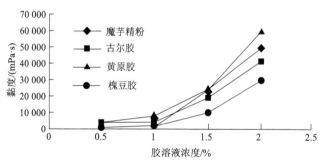

图 3-10　魔芋葡甘聚糖与其他食品胶的黏度比较

4. 魔芋葡甘聚糖的胶凝性

有关魔芋葡甘聚糖胶凝性质的研究比较复杂，但目前已发现其凝胶有两种类型，即热不可逆(热稳定性)凝胶和热可逆(热不稳定)凝胶。

热稳定性凝胶对热稳定，即使在 100 ℃下重复加热，其凝胶强度变化也不大，甚至加热到 200 ℃以上时，仍能保持稳定。Herranz 等(2012)的研究表明，关于这种凝胶，只能在一定的条件下(如一定量的胶凝剂和适宜的 pH)存在，否则魔芋胶水溶液会失去流动性，变成弹性固体或半固体。日本前梶健治通过淀粉黏焙力测量器测定黏度的变化,探明了以下事实:魔芋葡甘聚糖添加到水中,经搅拌而溶解,黏度逐渐上升;经过一段时间后,溶解达到平衡状态,黏度不再变化。这时添加胶凝剂(碱),则溶液结构杂乱,出现瞬间的黏度大幅度下降。如果立即用汤匙等工具剧烈搅拌溶液,则溶液重新变成均匀而又连续的组织,黏度也大致恢复到原来的值。这时可看到黏度有少许的降低,这是添加了胶凝剂溶液导致魔芋葡甘聚糖溶液浓度降低的缘故。在其后定时间内,黏度保持不变。此时,溶液的外表状态与添加胶凝剂前相比,几乎未出现差异。当过了这段时间,就可以观察到溶液的透明度逐渐降低及胶凝作用的发生。

上述结果表明,魔芋葡甘聚糖的胶凝,并不是在添加胶凝剂的同时或添加后的任意时间内开始的,而是经过一定时间(称为诱导期)后才开始的。无论是从流变学上,还是从直观上均可判断该诱导期的溶液状态和其后凝胶形成期间(称为凝胶形成期)溶液状态之间的差异。这种现象是魔芋葡甘聚糖所特有的,在其他高分子化合物的胶凝过程中是不可能观察到的。

魔芋葡甘聚糖之所以能在碱性加热条件下形成凝胶,是因为魔芋葡甘聚糖链上由乙酸与糖残基上羟基形成的酯键发生水解,即脱去乙酰基。这样,魔芋葡甘聚糖变为裸状,分子间则形成氢键而产生部分结构结晶作用,以这种结晶为结点形成了网状结构体,即凝胶。其依据如下:在加碱加热后,魔芋葡甘聚糖溶液的红外光谱中乙酰基吸收峰($1720 \ cm^{-1}$)明显减弱或消失;碱消耗量与 $1720 \ cm^{-1}$ 吸光度成正比;碱处理魔芋葡甘聚糖时,反应生成物中有相当量的乙酸。

5. 成膜性

由于魔芋胶具有 10 ℃以下呈液态、常温下呈固态的热可逆性特性,易溶于水,因而在低温时涂上一层魔芋胶水溶液,在常温下便可以生成一层薄膜。此外,该膜具有保水性好、热导性差的特点,不但可以防止食品脱水,使其与外界污染源隔绝,从而有效地延长货架期和存储期,兼有可食性。可食魔芋胶薄膜中还可以加入防腐剂,增强对食品的保护性能。

3.4　魔芋葡甘聚糖的改性

魔芋葡甘聚糖具有良好的保健功能和独特的流变学性质,在食品、医药、化工、环保、石油钻探等工业中有重要用途,但其存在溶胀时间长、稳定性差等缺陷,不能完全满足工业要求,仍需对其进行适当的改性处理,改善其部分应用性能。同时经过改性处理还可能使魔芋葡甘聚糖获得新的功能,以进一步扩大其应用领域,提高其应用价值(Zhu,2018)。

魔芋葡甘聚糖具有水溶、增稠、胶凝等特性,但因其溶胀时间长,短时间内

(5～10 min)不能充分溶解形成稳定胶体，且水溶胶稳定性差，在室温下 5 h 后黏度明显下降，24 h 完全变稀。这些特点阻碍了魔芋葡甘聚糖在很多领域的应用，因而有必要对其进行改性。改性即利用葡萄糖或甘露糖残基吡喃 2-、3-、6-位上的羟基与含有羧基、羰基或其他活性基团的有机物发生物理或化学反应，以获得酯化、醚化、交联或接枝共聚等改性魔芋葡甘聚糖。

目前国内外对魔芋葡甘聚糖及其改性物结构或结构与性能的关系研究很少，国外(主要是日本)只有对魔芋葡甘聚糖改性物的结构进行过研究，并对魔芋葡甘聚糖的甲基醚等衍生物的制备、组成、结构有过报道。国内是用物理、化学方法对魔芋葡甘聚糖进行改性，并对其改性后结构与性能的关系进行研究；同时也有少量关于生物改性方面的报道。其中一些改性产物的黏度得到提高，稳定性增强，成膜性能更好，并具有抗菌能力，已成为优良的增稠剂、稳定剂、成膜剂、保水剂、黏结剂及食品保鲜剂等。

3.4.1 物理改性

用物理方法对魔芋葡甘聚糖进行改性进而改善其性能，从结构上主要是利用两种不同分子之间的不同基团相互作用，但是改性物仍然存在溶解性差、持水性能下降等不足(马惠玲，1998)。目前，有关魔芋葡甘聚糖的物理改性的研究主要分为两类：其一是魔芋葡甘聚糖和其他天然植物共混，以增稠或提高胶凝强度为目的；其二是将魔芋葡甘聚糖和合成高分子共混，以获得功能性材料，但这也是近几年才开始的研究方向。

1. 乙醇纯化

所得的纯化物水溶性、黏度、成膜性、抗菌性等较未改性前的魔芋精粉有所提高，其性能提高是由于去除了魔芋精粉表面的非魔芋葡甘聚糖成分。但是，改性后其溶解性和抗菌性并未明显改善。

2. 甘油改性

所得改性魔芋的膜的抗张强度、耐破度和伸长率比未改性的魔芋精粉膜有所提高，且增塑性增强。但是，若增塑剂增加，则膜的抗湿性和抗张强度下降。从结构上分析，由于甘油分子的极性基团与聚合物分子的极性基团"相互作用"，破坏了魔芋葡甘聚糖分子间的极性连接，削弱了分子间的作用力，软化了分子的结构，进而改善了膜的物理性能，增强了膜的可塑性，但也会使膜结构变松、强度下降。另外，由于甘油具有强的吸湿性，而膜的致密性使得其不易挥发，膜的抗湿性下降。从电子显微镜上观察，改性膜的孔隙较大，膜不够致密，使得其持水性能下降。

3. 魔芋葡甘聚糖与多糖共混改性

1)魔芋葡甘聚糖与卡拉胶共混改性

魔芋精粉与卡拉胶具有很强的相互作用，将两者在一定的浓度下配置的水溶胶加热、冷却后可形成热可逆弹性凝胶。魔芋精粉与卡拉胶的增效作用远大于槐豆胶与卡拉胶，因此，可用魔芋精粉部分或全部代替"卡拉胶-槐豆胶"体系中的槐豆胶。研究表明：魔芋精粉：卡拉胶为 2∶3(质量比)时凝胶强度最大，通过调节魔芋精粉和卡拉胶的用量，可以配制成"卡拉胶-槐豆胶"同样性能的复配型胶凝剂，且其用量较低(何东保和彭学东，2001)。利用红外光谱研究了魔芋葡甘聚糖与卡拉胶的共混机理，结果表明：魔芋葡甘聚糖与卡拉胶凝胶是多糖分子间相互作用的结果，当多糖浓度为 1%，魔芋葡甘聚糖与卡拉胶的共混比为 40∶60(质量比)时，可得到协同相互作用的最大值。储备温度(T)和体系盐(KCl)离子浓度对凝胶化的影响也很大，当温度为 100 ℃、体系盐离子浓度为 0.2 mol/L 时，得到的凝胶强度最大。

2)魔芋葡甘聚糖与黄原胶共混改性

黄原胶在很低的浓度下具有较高的黏度，其溶胶同魔芋胶一样，也属假塑性流体，但不能形成弹性凝胶。同样 1%的魔芋葡甘聚糖也具有很高的表观黏度，在非碱条件下不显示凝胶特性。但若在保持总浓度为 1%的情况下，向魔芋葡甘聚糖溶液中加入黄原胶，随着黄原胶加入量的增大，魔芋葡甘聚糖-黄原胶复合凝胶的表观黏度会逐渐增大，魔芋精粉与黄原胶的物质的量之比为 3∶2 时达到最大值，随后又逐渐下降。　这说明魔芋葡甘聚糖与黄原胶在一定配比下，两者相互作用，不仅能增稠，而且具有凝胶性质。魔芋葡甘聚糖与黄原胶在非碱条件下形成的凝胶，当 pH=5 时，复合凝胶的强度最大。

魔芋葡甘聚糖与黄原胶形成的复合凝胶为热可塑性凝胶，在室温 40 ℃时为固态，50 ℃以上为半固态或液态，冷后又恢复固态。综上，魔芋葡甘聚糖与黄原胶产生很强的协同效应机理，主要是魔芋葡甘聚糖分子上平滑的没有子链的部分与黄原胶的双螺旋结构及次级键连接，形成三维网络结构，当复合胶的浓度达到一定值时，便形成有弹性的凝胶，凝胶的强度随浓度的增大而增大。

3)魔芋葡甘聚糖与淀粉共混改性

魔芋精粉能与许多种类的淀粉相互作用，魔芋葡甘聚糖和淀粉的复合凝胶其黏度比各自单一凝胶要大得多，而且这种复合凝胶在煮沸和冷却时都具有很大的黏性，如 4.5%改性蜡质玉米淀粉加 0.5%魔芋精粉溶胶的黏度与 5%改性蜡质玉米淀粉溶胶黏度相比，25 ℃时前者是后者的 8 倍，100 ℃时为 6 倍(Yoshimura et al.，1996)。魔芋精粉也可同许多种类的淀粉(如玉米淀粉、木薯淀粉等)相互作用，形成魔芋凝胶强度更高的凝胶。英国 FMC 公司(The Fin Machine Company)进行的魔芋胶体试验证明，随加热温度升高，其凝胶强度增大。

4. 魔芋葡甘聚糖与蛋白质共混改性

蛋白质和魔芋葡甘聚糖可以形成可溶性或不可溶性络合物，即导致大分子组合产生相容和不相容现象。利用蛋白质与多糖间的相互作用，可制成大豆蛋白和魔芋葡甘聚糖新型凝胶，这是由于蛋白质变性后的伸展使得许多的疏水基团暴露，增加了蛋白质和多糖间的相互作用位点所致(Tobin et al., 2012)。如果将魔芋葡甘聚糖添加到明胶中，随着魔芋葡甘聚糖用量的增加，产物的结晶性有所增强，热特性、保水性及机械性明显提高。

5. 魔芋葡甘聚糖与合成高分子共混改性

魔芋葡甘聚糖和合成高分子材料的共混近年来研究较多。如果将聚丙烯酰胺(PAM)加入魔芋葡甘聚糖的溶胶中，得到的共混产物无论是在热稳定性、吸水率，还是在机械性能上均有所提高，当魔芋葡甘聚糖含量为30%时，显示出最高的机械性能。红外光谱、X射线衍射、热分析和扫描电子显微镜的结果表明，此时两组分各自的链之间均存在分子内或分子间的氢键作用，两组分之间也存在相互作用。魔芋葡甘聚糖和PAM共混，当PAM含量达到10%以上，共混膜出现了明显的结晶区，其热稳定性远大于魔芋葡甘聚糖，膜的拉伸强度和断裂伸长率也均有显著提高。

在研究蓖麻油基PU和脱乙酰魔芋葡甘聚糖共混的产物和再生纤维膜之间的相互作用时，研究人员发现该膜具有极强的拉伸强度、抗水性能和突出的光学透明性。透射电镜、示差量热扫描、紫外光谱等均表明再生纤维素膜和共混产物之间存在强烈的相互作用(包括共价键和氢键的相互作用)。

此外，蓖麻油基PU和硝基魔芋葡甘聚糖的共混反应，生成水不溶性的硝基魔芋葡甘聚糖，两者之间存在极强的氢键作用，并由光谱及电镜分析的结果进一步得到了证实，且共混产物具有半互穿网络结构。少量聚乙烯醇的存在可以提高共混产物的某些特征，电镜分析表明二者之间容易发生相分离现象，分子间的相互作用较弱，但在分裂区可能存在一定程度的相互作用。

3.4.2 化学改性

魔芋葡甘聚糖的分子链中含有大量的乙酰基($—OCOCH_3$)和羟基($—OH$)，与其他多糖类化合物一样，葡甘聚糖分子上的羟基也可以发生氧化、酯化、醚化、接枝聚合和脱乙酰基反应。通过这些化学反应可在葡甘聚糖的分子链上引入或脱掉一些基团，使魔芋葡甘聚糖的分子结构发生改变，从而产生具有特殊工艺性能的魔芋葡甘聚糖衍生物，称此为魔芋葡甘聚糖的化学改性。通过化学改性，可改变魔芋葡甘聚糖溶解性和其水溶胶的黏度及稳定性，使其产生多种新功能，扩大其应用范围。

1. 醚化反应

醚化改性的多糖往往具有较好的稳定性、黏接性及较高的黏度，广泛应用于增稠、絮凝、保鲜等方面，如羧甲基纤维素钠、羧甲基淀粉等。醚化反应通常要求强酸介质参与，反应条件较强烈，容易造成链的降解。因此，常选择在碱性条件下进行醚化反应。目前，有关魔芋葡甘聚糖的醚化反应研究较多。

1) 魔芋葡甘聚糖与氯乙酸、氯乙醇的醚化反应

氯乙酸改性魔芋葡甘聚糖是魔芋葡甘聚糖与氯乙酸在氢氧化钠存在下发生的醚化反应，为双分子亲核取代反应，糖环中醇羟基被羧甲基取代，魔芋葡甘聚糖糖环单位具有 3 个游离醇羟基，C_2、C_3 原子为仲醇羟基，C_6 原子为伯醇羟基，羧甲基取代优先发生在 C_2 和 C_3 原子上，魔芋葡甘聚糖分子本身是一个电中性的化合物，醚化后的羧甲基魔芋葡甘聚糖是高分子电解质化合物。

氯乙醇改性魔芋葡甘聚糖则首先是氯乙醇与氢氧化钠作用脱去氯化氢而形成环氧乙烷，然后魔芋葡甘聚糖再与环氧乙烷反应，反应属于碱催化的开环反应。与环氧乙烷进行反应的所有试剂均是亲核活性高、亲核能力强、带有负电荷或电子对的试剂。

魔芋葡甘聚糖在碱性条件下易形成凝胶，其原因是分子间氢键增加。大量的氯乙醇与魔芋葡甘聚糖醚化易形成凝胶可能也是分子间形成氢键的结果。为了阻止魔芋葡甘聚糖分子与氯乙醇形成凝胶的进程，选用氯乙醇与氯乙酸混合的复合改性剂进行醚化改性，让部分魔芋葡甘聚糖与氯乙醇醚化，带部分电荷，减缓胶凝过程。红外光谱分析表明，氯乙酸与魔芋葡甘聚糖醚化产物的红外光谱图中 $1600 \ cm^{-1}$ 处有新的吸收峰存在，氯乙醇与魔芋葡甘聚糖醚化产物的红外光谱图中 $1456 \ cm^{-1}$ 处有新的吸收峰存在，氯乙酸与氯乙醇复合剂与魔芋葡甘聚糖醚化产物的红外光谱图中 $1600 \ cm^{-1}$、$1408 \ cm^{-1}$ 处出现新的吸收峰。这些新吸收峰表明产物分子中有改性基团存在，即有醚化产物生成。

改性产物分子上羧酸根中的氧原子与糖环上的氢原子形成了分子内氢键，而分子间氢键被大大削弱，相应地破坏了分子间的网状结构，而且这种破坏程度可能随着羧甲基化程度的增强而增强。因羧甲基化程度增强，消耗糖环上的羟基增多，所以能够形成分子间氢键的羟基减少，形成分子间氢键的能力减弱，改性产物分子间形成网状结构的能力随之减弱，表现为改性产物溶液的黏度降低。当然改性产物的黏度降低的另一个原因可能是在碱性条件下魔芋葡甘聚糖分子的降解。

氯乙醇与魔芋葡甘聚糖形成的羟乙基魔芋葡甘聚糖，增大了魔芋葡甘聚糖分子的羟基与另一分子形成氢键的可能性，使得分子间更易形成氢键。氢键的形成，使魔芋葡甘聚糖分子形成网状结构的可能大大增加。随着魔芋葡甘聚糖与氯乙醇混合比中氯乙醇含量的增大，分子间形成氢键的能力增强，改性产物分子间形成

网状结构的能力随之增强，表现为改性产物溶液的黏度增大。当氯乙醇的含量继续增多时，改性产物形成分子间氢键的概率进一步提高，大量分子间氢键的形成，最终使交联结点增加，且聚集起来，其在溶液中的溶解度下降，宏观上表现为黏度的降低。尽管氯乙醇与氯乙酸在相同的醚化条件下，分子有降解情况，但改性产物溶液的黏度仍然高于魔芋葡甘聚糖的黏度。

2) 魔芋葡甘聚糖与羟乙基的醚化反应

用环氧乙烷在碱性条件下与魔芋葡甘聚糖中羟基上的氢原子发生醚化反应，魔芋葡甘聚糖的羟乙基化属于亲核取代反应，氢氧根离子由魔芋葡甘聚糖的羟基吸引一个质子，具有负电荷的魔芋葡甘聚糖作用于环氧乙烷使环开裂，生成一个烷氧负离子，由水分子吸引一个质子生成羟乙基，游离的一个氢氧根离子则继续发生反应。在羟乙基化反应中，环氧乙烷能与脱水葡萄糖和甘露糖单位中的六个羟基的任何一个发生反应，还能与已取代的羟乙基发生反应生成多氧乙基侧链，用下式表示：

$$\text{魔芋葡甘聚糖—OCH}_2\text{CH}_2\text{OH} + n\text{H}_2\text{C}\overset{\displaystyle O}{\underset{}{—}}\text{CH}_2 \longrightarrow$$

$$\text{魔芋葡甘聚糖—O—(CH}_2\text{CH}_2\text{O)}_n\text{—CH}_2\text{CH}_2\text{OH}$$

羟乙基魔芋葡甘聚糖的颗粒形状与原魔芋葡甘聚糖的颗粒相同，但其性质发生很大变化。羟乙基的存在增大了亲水性，破坏了魔芋葡甘聚糖分子间氢键的结合。由于羟乙基的存在，羟乙基魔芋葡甘聚糖水溶胶中魔芋葡甘聚糖分子链间再经氢键重新结合的趋向被抑制。羟乙基醚键对于酸、碱、热和氧化剂作用的稳定性高，能在较宽 pH 范围内应用且仍保持优良品质。较高取代度羟乙基魔芋葡甘聚糖，具有冷水不溶解性，黏度稳定，对于 pH、剪切力、盐和酶影响的抵抗力强。随着取代度的增大，冻融稳定性提高，生物分解性降低。由羟乙基魔芋葡甘聚糖水溶胶经干燥形成的水不溶性膜，透明度高，柔软、光滑、均匀，油性物质难渗透，在较高温度不变黏，保水性好。此外，羟乙基魔芋葡甘聚糖不具离子性，因为羟乙基为非离子基，在应用中不会引起物料的凝聚。

3) 魔芋葡甘聚糖与一氯乙酸或其钠盐的醚化反应

魔芋葡甘聚糖在碱性条件下与一氯乙酸或其钠盐发生醚化反应生成羧甲基魔芋葡甘聚糖，其反应为双分子亲核取代反应，葡萄糖和甘露糖单体中醇羟基被羧甲基取代，所得产物是羧甲基钠盐，为羧甲基魔芋葡甘聚糖钠，但习惯上称为羧甲基魔芋葡甘聚糖。羧甲基魔芋葡甘聚糖为高分子电解质化合物，经酸洗能使钠离子全部被氢原子置换，羟甲基钠转变成羧甲基游离酸型，其因取代度不同而不同。

羧甲基魔芋葡甘聚糖具有阳离子交换性质，通过交联和醚化能得到不溶于水的颗粒产品，可用作阳离子交换剂。醚化后的魔芋葡甘聚糖分子内部结构主要是通过氢键连接而形成的空间网状结构。氢键是一种高能化学键，由于它的存在，醚化魔芋葡甘聚糖产生部分结晶作用，以这种结晶为结点而形成网状结构体是导致水溶性下降的原因，这可能是因为分子间形成的网状结构和分子的水溶性两个因素的综合作用，导致溶液黏度变化的结果。

此外，在魔芋葡甘聚糖醚化改性方面，还有关于魔芋葡甘聚糖与丙烯酰胺在碱性条件下反应生成氨基甲酰基乙醚及与苯甲基氯反应生成苄醚、用硫酸二甲酯处理魔芋葡甘聚糖得到部分甲基化产物的文献报道。总之，醚化改性物性能的改善，从结构上分析主要是由于引入亲水基团和减少改性物结构中活泼羟基，脱除部分乙酰基的结果。

2. 酯化反应

魔芋葡甘聚糖分子链上大量存在的羟基使其可被视为一种多元醇而能与多种无机酸或脂肪酸发生酯化反应，即进行酯化改性，从而可进一步改善和拓宽魔芋葡甘聚糖作为基质材料的应用范围。可用于魔芋葡甘聚糖的酯化改性酸有磷酸盐、苯甲酸、水杨酸钠、没食子酸、马来酸酐、乙酸和黄原酸等。国内外对魔芋葡甘聚糖的酯化反应研究较多。酯化反应后的魔芋葡甘聚糖的稳定性、成膜性和透明性均有显著提高。

1) 魔芋葡甘聚糖与磷酸盐的酯化反应

魔芋葡甘聚糖易与磷酸盐发生反应得到磷酸酯，很低程度地取代就能改变原魔芋葡甘聚糖的性质，磷酸为三价酸，能与魔芋葡甘聚糖分子中 123 个羟基发生酯化反应生成魔芋葡甘聚糖-磷酸一酯，简称为魔芋葡甘聚糖-磷酸酯。磷酸与来自不同的魔芋葡甘聚糖分子的三个羟基发生酯化反应生成的三酯属于交联魔芋葡甘聚糖，二酯的交联反应也同时有少量一酯和三酯反应并行发生。

魔芋葡甘聚糖能与多种水溶性磷酸盐发生酯化反应，如三聚磷酸盐、正磷酸盐等，不同磷酸盐的酯化反应存在差别。应用三聚磷酸钠($Na_5P_3O_{10}$)和正磷酸钠(NaH_2PO_4、Na_2HPO_4)酯化魔芋葡甘聚糖得魔芋葡甘聚糖-磷酸一酯的反应表示如下：

$$魔芋葡甘聚糖—OH+NaH_2PO_4/Na_2HPO_4 \longrightarrow 魔芋葡甘聚糖—O—PO(OH)ONa$$

魔芋葡甘聚糖-磷酸酯带有电荷，为阴离子高分子电解质，与原魔芋葡甘聚糖相比，黏度、透明度和稳定性都较高。很低酯化程度便能使其性质改变很大，原魔芋葡甘聚糖水溶胶为透明度不高的胶体，凝沉性强。经磷酸酯化，变为黏度高、稳定性高、透明度高、黏胶性强的水溶胶。魔芋葡甘聚糖-磷酸酯仍为颗粒状，其水溶性质因酯化程度和生产方法的不同而不同。颗粒遇冷水膨胀，大多数离子型魔芋葡甘聚糖衍生物也是如此，与其他高分子电解质性质相似，其黏度受 pH 影响，并能被钙、镁、铝、钛和锆离子沉淀。总之，磷酸盐酯化后的魔芋葡甘聚糖性质比原魔芋葡甘聚糖的性质都有了明显的改善和提高。

魔芋葡甘聚糖与磷酸二氢钠和磷酸氢二钠发生酯化反应，可用作煮茧废液的絮凝剂。采用干法和固液悬浮法研究魔芋葡甘聚糖与三聚磷酸钠、磷酸二氢钠和磷酸氢二钠的酯化反应，以红外光谱、X 射线衍射和扫描电镜分析酯化产物的结构。得出产物放置 24 h 后的黏度是原魔芋精粉的 4 倍，且放置较长时间后仍不发霉，改性产物具有一定的抗菌能力。用磷酸二氢钠和磷酸氢二钠水溶液对魔芋葡甘聚糖进行固液悬浮处理，得到的魔芋葡甘聚糖改性产物成膜性很好。用六偏磷酸钠对魔芋葡甘聚糖进行干法改性，当 pH 为 1、温度为 55 ℃、六偏磷酸钠与魔芋葡甘聚糖的物质的量之比为 1∶8、时间为 1.5 h，可得到具有一定的耐酸、耐高温能力，且具有相当的抑菌效果的魔芋葡甘聚糖-磷酸酯水溶胶。

2) 魔芋葡甘聚糖与马来酸酐的酯化反应

魔芋葡甘聚糖与马来酸酐进行酯化反应，可得到酯化度为 0.28%～0.30% 的魔芋葡甘聚糖马来酸酐酯产品。酯化产物对热、pH 稳定性好，黏度为魔芋葡甘聚糖的 20～30 倍，稳定性提高约 4 倍。用 5% 的马来酸酐与魔芋葡甘聚糖进行酯化反应，在 pH 为 2、鼓风干燥箱中加热到 50 ℃ 反应 2 h 的条件下对魔芋葡甘聚糖进行改性，所得酯化产物的黏度、稳定性和成膜性均较未改性魔芋葡甘聚糖有所改善，高效液相色谱法(HPLC)和红外光谱分析均表明魔芋葡甘聚糖与马来酸酐发生了酯化反应，从 X 射线衍射分析可知其改性物的结晶结构略有改变。

此外，用马来酸单月桂酯(MLM)与魔芋精粉进行改性，所得改性物的黏度和持水性也有显著提高，并且改性产物是一种酸性多糖。这些是马来酸酐与魔芋葡甘聚糖发生交联和酯化的结果，使魔芋葡甘聚糖的亲水性提高，并导致改性魔芋葡甘聚糖在三维空间与水分子形成氢键网络结构的能力增强，但目前对其反应机理的研究还有待于进一步深入。

3) 魔芋葡甘聚糖与水杨酸钠的酯化反应

对魔芋葡甘聚糖和水杨酸钠的反应情况及其产物的性能进行了研究，得出：魔芋葡甘聚糖和水杨酸钠的反应可使魔芋葡甘聚糖的黏度、稳定性和透明性较未改性前均显著增强，且对青绿霉菌有明显的抑制效果。此反应是基于魔芋葡甘聚糖吡喃环 2-、3-、6-位上的—OH 与水杨酸的羧基可发生酯化反应。从红外光谱图和 HPLC 分析也可知：酯基相对含量增加，羟基含量相对减少。酯化物的黏度和透光率增强从结构上分析可能是因为改性物增加了亲水基团，同时改性后分子链延长。

4) 魔芋葡甘聚糖与棕榈酸的酯化反应

魔芋葡甘聚糖与棕榈酸发生酯化反应，反应产物的乳化性能发生改变。通过示差量热扫描分析得知，当取代度为 0.51 时，在高温下产生一个新的晶体峰，随着取代度的增大，原魔芋葡甘聚糖的吸收峰逐渐消失，仅出现棕榈酸酯的吸收峰，在取代度为 1.00～1.70 时为一种较好的水包油型乳化剂，而取代度低于 0.50 时可作为油包水型乳化剂。

5) 魔芋葡甘聚糖与苯甲酸的酯化反应

魔芋葡甘聚糖与苯甲酸在一定条件下发生酯化反应所得的酯化产物，其葡甘聚糖的长分子链相互交联成网状大分子结构，产物黏度增加，膨胀性增强，成为多功能胶体，具有悬浮、乳化、稳定、增加表面张力等作用。改性后的魔芋葡甘聚糖的水溶胶的黏度比未改性的高 2 倍多，稳定性也提高了 66% 以上，且具有抑菌能力。其水溶胶经脱水成膜，薄膜均匀、透明、弹性大、强度高，为魔芋葡甘聚糖在工、农业方面的应用开辟了广阔的前景。

6) 魔芋葡甘聚糖与没食子酸 (TNC) 的酯化反应

没食子酸与魔芋葡甘聚糖的酯化反应是在酸性条件下进行的，反应大致可以表示为

$$魔芋葡甘聚糖—OH + R—COOH \longrightarrow 魔芋葡甘聚糖—O—COR + H_2O$$

所得酯化产物的水溶胶的黏度可比原魔芋葡甘聚糖的黏度高 1～2 倍，稳定性可提高 79% 以上，且具有相当的抑菌能力。改性后的魔芋葡甘聚糖的水溶胶脱水成膜，其薄膜均匀、透明、弹性大、强度高。

据文献报道，用没食子酸对魔芋葡甘聚糖进行了干法和湿法的改性研究，取得了良好的改性效果。在探讨没食子酸、NaH_2PO_4、Na_2HPO_4、三聚磷酸钠分别对魔芋葡甘聚糖进行湿法和干法改性的研究中，结果表明没食子酸在黏度和稳定性方面均优于其他两种酯化剂，其酯化产物的黏度、稳定性和成膜性均比原魔芋葡甘聚糖的好，且有一定的抑菌能力。同时红外光谱和紫外-可见分光光度分析也均表明魔芋葡甘聚糖与没食子酸发生了酯化反应。

7) 魔芋葡甘聚糖与乙酸的酯化反应

制备魔芋葡甘聚糖-乙酸酯使用的酯化剂主要为乙酸酐、乙酸等，在碱性条件下进行。应用乙酸酐试剂的反应表示如下：

$$魔芋葡甘聚糖—OH + (CH_3CO)_2O \longrightarrow 魔芋葡甘聚糖—O—COCH_3 + H_2O$$

魔芋葡甘聚糖-乙酸酯化改性，其最高热黏度高于原魔芋葡甘聚糖，魔芋葡甘聚糖溶胶冷却后黏度上升程度低于原魔芋葡甘聚糖，凝胶性能降低，冷却稳定性提高。魔芋葡甘聚糖-乙酸酯薄膜在热水或蒸汽中进行拉伸试验，抗张强度增高，已用 X 射线衍射研究证实，是由无定形分子排列趋向规律性的"结晶"结构的缘故。膜在热水中拉伸 400%～600%，在甘油中 (160～170 ℃) 拉伸 800%，是其由

无定形结构图样向"结晶"图样转变的结果。拉伸膜中魔芋葡甘聚糖-乙酸酯分子排列具有较高规律性，所以抗张强度提高。

8) 魔芋葡甘聚糖与黄原酸酐的酯化反应

二硫化碳(CS_2)可以认为是黄原酸(HO—CS—SH)的酸酐，在碱性(常用氢氧化钠或氢氧化钾)条件下易与魔芋葡甘聚糖分子中的羟基发生酯化反应，得到魔芋葡甘聚糖-黄原酸酯，反应如下：

$$\text{魔芋葡甘聚糖—OH} + CS_2 \longrightarrow \text{魔芋葡甘聚糖—O—SC—S—Na} + H_2O$$

产物不是游离魔芋葡甘聚糖-黄原酸酯(魔芋葡甘聚糖—O—CS—SH)，而是以钠盐形式存在，为魔芋葡甘聚糖-黄原酸钠。

魔芋葡甘聚糖-黄原酸钠稳定性低，通过氧化反应能将魔芋葡甘聚糖-黄原酸钠转变成魔芋葡甘聚糖-黄原酸酯，魔芋葡甘聚糖-黄原酸酯不溶于水，稳定性大大提高，具有增稠、悬浮稳定性及防止脱液收缩等特性。氧化起到交联作用，将两分子魔芋葡甘聚糖-黄原酸钠交联起来，反应如下：

2 魔芋葡甘聚糖—O—SC—S—Na + $2H^+$ + H_2O_2 $\longrightarrow$ 魔芋葡甘聚糖—O—SC—S—S—SC—O—魔芋葡甘聚糖 + $2H_2O$ + $2Na^+$

120 个葡萄糖单位中有一个交联键，产品不溶于热水。

氧化可用过氧化氢、次氯酸钠、亚硝酸钠或碘等，但是过氧化氢较其他氧化剂的效果好，使用容易，副产品为水。

在黄原酸酯化反应中，葡萄糖单位 C_4 伯醇羟基被取代的活性最高，其次是 C_2 仲醇羟基，C_3 仲醇羟基最低。与魔芋葡甘聚糖的其他有机酯(如魔芋葡甘聚糖—乙酸酯)相比，魔芋葡甘聚糖-黄原酸酯的稳定性很低，其水溶液在储存过程中易发生氧化、水解、分解等反应，引起含硫量降低。这些反应机理很复杂，目前学者还未能充分了解。稳定性低，影响生产和应用，这是个缺点，但经喷雾干燥成粉末状，水分含量在2%以下时稳定性大大提高，在室温25 ℃能储存几个月，在0 ℃能长期储存。应用其他方法将魔芋葡甘聚糖-黄原酸酯溶液的碱性降低到 pH约为14以下，进行喷雾，所得粉末产品可重新溶于水后应用。

总之，用魔芋葡甘聚糖的酯化改性来提高其性能，从其结构上分析应该增长分子链和减少分子链上的羟基，增加亲水基团，还要有适量的疏水基团，并且改性物能与水形成氢键，之间存在偶极作用，晶体结构有所改变，改性膜要致密、光滑、平整、均匀。

3. 脱乙酰反应

魔芋葡甘聚糖主链上具有乙酰基，脱除乙酰基往往会对其性能产生重大的影响，如传统的魔芋凝胶食品就是脱乙酰反应的实际应用之一。但目前有关脱乙酰反应的研究报道较少，仅对魔芋葡甘聚糖凝胶食品的特性方面进行了研究，但未涉及脱乙酰反应。因而有必要在研究魔芋凝胶食品性能的基础上，系统地研究魔芋葡甘聚糖脱乙酰基反应速率、影响因素，以及产物的光学特性与流变学特性等。

现今各种脱乙酰改性方法中，主要是采用以 0.4%的 NaOH 溶液对经纯化的魔芋精粉进行改性，其反应为

$$R—OCOCH_3+NaOH \longrightarrow R—OH+CH_3COONa$$

红外光谱分析得出，魔芋葡甘聚糖经碱化后其分子链上脱去部分乙酰基，而脱去乙酰基的魔芋葡甘聚糖分子间能形成氢键，其分子排列更加有序而致密。

魔芋葡甘聚糖在温和的碱性条件下脱乙酰基后，魔芋葡甘聚糖分子及链段之间的空间位阻减小，有利于魔芋葡甘聚糖形成分子内和分子间氢键，增强分子链间的作用力，改善魔芋葡甘聚糖的胶凝特性；分子链也从半柔性的线状转化成为弹性的微球状，特性黏度大大降低，非对称性增加，形成了有序结构，因此可以赋予脱乙酰基后的魔芋葡甘聚糖材料较高的耐水性能及较好的拉伸性能。

此外，有报道以魔芋葡甘聚糖为原料，添加 5%～10%的增塑剂(甘油或山梨糖醇)、3%～5%的中和剂(海藻酸钠或明胶)，在微量碱存在下对魔芋葡甘聚糖进行脱乙酰反应，混炼制成黏稠状胶体并流延成膜。制成的可食性魔芋葡甘聚糖薄膜具有良好的耐水性、耐热性、可分解性，且拉伸强度、断裂伸长率、耐折度和透明度均有提高。对魔芋葡甘聚糖进行脱乙酰基改性，可使魔芋葡甘聚糖膜的力学性能、抗水性、耐热性、耐酸性、耐洗刷性能及膜表面均匀度等得到明显改善，且该改性膜具有可食用性和良好的保鲜作用，可用于制造食品包装膜，为可食性包装膜的开发提供了一种新思路。但直接用魔芋精粉在碱性条件下加热制成的膜阻湿性能较差，且在水中会收缩变形，因此对此改性方法还需要进行适当改进。研究发现，在魔芋精粉的碱改性过程中加入适量的增塑剂、乳化剂等可增强改性后魔芋精粉的成膜性和阻湿性。

总之，用碱对魔芋葡甘聚糖进行改性以提高其性能，从结构上看是脱去乙酰基，在魔芋葡甘聚糖分子上形成氢键。

4. 接枝共聚

魔芋葡甘聚糖分子链上含有大量的羟基，其中伯羟基、仲羟基等处都可以成为接枝点，通过化学引发体系使其产生自由基后可方便地与丙烯腈、丙烯酰胺、丙烯酸和甲基丙烯酸甲酯等单体进行接枝共聚反应，形成接枝共聚魔芋葡甘聚糖衍生物。不同的接枝单体、接枝率、接枝效率，可制得各种具有独特性能的产品。对天然产物进行接枝共聚往往使接枝共聚物兼有天然和合成高分子的特性。常用的方法为化学引发方法，该方法主要利用的是氧化还原反应。最常用的化学引发

剂是铈离子和锰离子。

接下来以铈离子为例说明反应进程，如使用硝酸铈铵$[Ce(NH_4)_2(NO_3)_6]$，铈离子与魔芋葡甘聚糖生成络合结构的中间体——魔芋葡甘聚糖—Ce(Ⅳ)，分解产生自由基，与单体发生接枝反应。反应过程如下：

魔芋葡甘聚糖自由基 + 单体──→接枝共聚产物

实例如下：

(1) 以适量浓度的硝酸铈铵作为引发剂，用一定量的魔芋葡甘聚糖与适量的丙烯腈在一定条件下进行接枝共聚反应，所得接枝物与未改性的相比，黏度提高了2～4倍，溶胶的稳定性提高了近4倍，成膜更均匀、细密，气泡明显减少。从结构上看，接枝物由于引入了具有亲水性的—CN，在三维空间与水分子形成氢键，从而能结合更多的水分。

(2) 以一定量的焦磷酸络锰的三价锰离子为引发剂，再用一定量魔芋葡甘聚糖与适量的丙烯酰胺在适当的条件下进行接枝共聚反应，所得改性物较未改性的黏度提高，稳定性增强，成膜性能良好。从其结构上分析，由于丙烯酰胺为亲水性单体，它的引入使得接枝物的亲水性增强，自由态的水更易进入接枝物。

此外，还有关于魔芋葡甘聚糖与丙烯酸丁酯的接枝共聚反应的报道，用铈离子引发得到魔芋葡甘聚糖与丙烯酸丁酯的接枝共聚物。与未改性的魔芋葡甘聚糖相比，接枝共聚物水溶胶的黏度和对热、酸碱的稳定性都有明显提高，用于脐橙保鲜，取得了较好的应用效果。

总之，用魔芋葡甘聚糖的接枝共聚反应来提高其性能，从其结构上分析应引入一种亲水性物质或一种基团，使其分子链增长，氢键的形成活泼羟基的减少更有利于改性物的性能提高，而魔芋精粉的颗粒结构基本保持不变。

姜发堂(2007)研究发现，通过用丙烯酸甲酯、乙酸乙烯酯等在一定条件下对可生物降解的魔芋葡甘聚糖进行接枝共聚改性，可以获得热塑性的魔芋葡甘聚糖衍生物。该衍生物的热塑性和疏水性与人工高分子材料相似，且具有可吹塑、注塑和挤塑等工艺特性，规模化生产、推广和应用前景良好。

5. 交联反应

魔芋葡甘聚糖分子中每一个葡萄糖或甘露糖单元中含有三个羟基，可与多种交联剂发生交联反应，使魔芋葡甘聚糖分子羟基间联结在一起，所得的衍生物称为交联魔芋葡甘聚糖。魔芋葡甘聚糖交联的形式有酰化交联、酯化交联和醚化交联等。

凡是有多个官能团，能与魔芋葡甘聚糖分子中多个羟基发生反应的化学试剂都能用作交联剂。目前文献中报道的种类很多，但是普遍应用的较少，主要有三氯化铬、三氯化铝、三氯化钛、三氯氧磷($POCl_3$)、有机钛(B-1)和硼砂等。

1)魔芋葡甘聚糖与硼砂的交联反应

硼砂与魔芋葡甘聚糖发生交联反应的产物是硼酸(盐)与魔芋葡甘聚糖颗粒表层的魔芋葡甘聚糖分子之间形成的一种复合物。这种复合物可能是天然硼酸盐的$[B_4O_5(OH)_4]_2^{2-}$之间通过氢键互相连接成一种链状结构,链与链间借 Na^+联系互相连接成一种网状结构,网状结构中可包含大量水分;也可能魔芋葡甘聚糖分子与$[B_4O_5(OH)_4]_2^{2-}$通过氢键、Na^+联系而成为凝胶。

利用魔芋葡甘聚糖与硼砂中四硼酸根离子产生络合,以及魔芋葡甘聚糖分子间通过硼原子与多羟基发生交联反应的这些特点,可使魔芋葡甘聚糖失去水溶性,抑制魔芋葡甘聚糖吸水溶化,可方便地对魔芋葡甘聚糖颗粒进行研磨、水洗以除去淀粉、生物碱、单宁及过量残留的四硼酸根离子,然后再经活化,恢复魔芋葡甘聚糖的水溶性。同时由于魔芋葡甘聚糖分子结构中—OH 的孤对电子可与高离解的 $B_4O_7^{2-}$中缺电子原子 B 进行络合,从而使魔芋葡甘聚糖分子失去水溶性,而活化后的 H_3BO_3对魔芋葡甘聚糖分子中—OH 的络合力要弱得多。因此,经硼砂改性后的交联魔芋葡甘聚糖,其应用范围也就更为广泛。

2)魔芋葡甘聚糖与 $POCl_3$的交联反应

用 $POCl_3$在一定条件下对魔芋精粉进行交联化学改性,改性后其黏度、稳定性、成膜性等均有所改善。

魔芋葡甘聚糖中含有多个羟基等自由基,可以与 $POCl_3$的三个官能团通过交联化学键进行交联反应,产生具有三维空间网状结构的交联魔芋葡甘聚糖。改性后的魔芋葡甘聚糖,其交联产物的颗粒结构与原来的魔芋葡甘聚糖颗粒相比,并未有较大的变化,但改性魔芋葡甘聚糖的性能却比原魔芋葡甘聚糖的性能有了显著改善,即提高了改性产物的黏度、稳定性、成膜性等性能。

改性后的交联魔芋葡甘聚糖的水溶胶稳定性比未改性魔芋葡甘聚糖的稳定性有了较大提高。例如,$POCl_3$改性后的魔芋葡甘聚糖放置 48 h 后,其溶胶析水量仅为 0.5 mL,而未改性魔芋葡甘聚糖放置 24 h 即已出现析水现象,放置 48 h 后溶胶析水量达 6.0 mL,为改性魔芋葡甘聚糖的 12 倍。由此可见,用 $POCl_3$改性后的魔芋葡甘聚糖,其水凝胶稳定性比未改性魔芋葡甘聚糖有了明显提高。这是由于交联后的魔芋葡甘聚糖具有三维空间网状结构,分子之间通过交联酯键而相互连接在一起,这种结构对水分子具有包容性。因此,经较长时间的放置,其析水现象就明显减少。而未改性的魔芋葡甘聚糖,其主要是通过 β-1,4-糖苷键将葡萄糖和甘露糖分子按一定的比例连接在一起,结构较为简单,没有形成复杂的网状结构,因此其水溶胶稳定性也就差。

3)魔芋葡甘聚糖与 B-1 的交联反应

魔芋葡甘聚糖由葡萄糖和甘露糖分子组成。葡萄糖和甘露糖是含有多个羟基的多元醇，因此，当魔芋葡甘聚糖与 B-1 发生交联反应时，魔芋葡甘聚糖与 B-1 之间主要是通过氢键或其他交联键连接起来，形成一种具有三维空间网状结构的高分子复合物。而这种网状结构的伸展程度取决于魔芋葡甘聚糖分子间以及魔芋葡甘聚糖与 B-1 之间氢键所形成的结点的聚集程度；当魔芋葡甘聚糖与 B-1 分子之间的氢键足够多时，交联产物之间的交联结点也相应增加很多，如果这些结点聚集起来，聚集过多则将形成不溶于水的"晶体"（肉眼可见的凝胶），导致交联产物的溶解度大大减小，溶液黏度降低；如果这些交联结点适度，将形成大量的网状结构，而又不至于形成"晶体"时，则溶液的黏度表现为最大。

据报道，目前国外 80% 以上的水基交联改性魔芋胶压裂液中使用的交联剂是 B-1，其结构式为 $(R_{10})(R_{10})Ti(O_3R)(O_4R)$。国内也进行了 B-1 与魔芋葡甘聚糖大量的交联反应研究，采用的有机化合物种类有十几种，并取得了可喜的成绩。B-1 交联剂无毒，耐温性好，使用简便，用量少。交联冻胶的黏度适中，悬砂能力强，耐热、耐剪切，对地层伤害小，磨阻低，交联速度可调，有良好的压裂效果和经济效益。同时交联所得的水溶胶的流变性、稳定性与悬砂性都较好，可用作 80 ℃ 左右的加砂压裂液，利于生产上使用且避免了硼砂-魔芋葡甘聚糖交联产物迅速形成冻胶、溶解性差、交联剂实际用量不足、压裂液交联效果不好等缺点。

总之，交联魔芋葡甘聚糖的颗粒形状虽与原魔芋葡甘聚糖相同，未发生变化，但其性质发生很大的变化。原魔芋葡甘聚糖颗粒分子间是由氢键结合成颗粒结构的，在热水中受热，氢键强度减弱，颗粒吸水溶胀，黏度上升，达到最高值，继续受热则氢键断裂，黏度下降。而交联化学键的强度远高于氢键，增强了颗粒结构的强度，可抑制颗粒溶胀、破裂和黏度下降；且随交联程度增高，魔芋葡甘聚糖分子间交联化学键的数量增多。因而交联魔芋葡甘聚糖对热、酸、冷冻和冻融等具有高稳定性。此外，由于不同交联反应可产生不同的性质变化，工业上还可根据需要采用不同的交联剂和工艺条件，生产各种交联变性魔芋葡甘聚糖。

6. 氧化反应

用过氧化氢在一定条件下对魔芋葡甘聚糖进行氧化改性，所得的改性物黏度稳定性好，对酸碱也很稳定，用氧化改性方法可提高魔芋葡甘聚糖的性能。从傅里叶变换红外光谱(FTIR)分析其结构可知，魔芋葡甘聚糖的主链一级结构仍为吡喃型葡萄糖和吡喃型甘露糖以 β-D-糖苷键连接而成，但魔芋葡甘聚糖分子上已有部分乙酰基脱除，并伴有—COOH 形成(吴波等，2008)。

选用不同的氧化体系对魔芋葡甘聚糖进行氧化处理，可得到氧化程度不同的氧化魔芋葡甘聚糖衍生物，即双醛基魔芋葡甘聚糖和羧基魔芋葡甘聚糖。此双羧基魔芋葡甘聚糖具有很好的水溶性，能被纤维素酶和葡萄糖苷酶生物降解，且降解速率是羧基含量的函数。双羧基魔芋葡甘聚糖的体外试验已证实它比其他的聚多糖衍生物具有更强的免疫激励作用，有望开发为一种新型的免疫剂。

与魔芋葡甘聚糖相比，氧化魔芋葡甘聚糖(OKGM)颜色洁白，糊液黏度低且稳定性、透明性和成膜性好。采用不同的氧化工艺、氧化剂可制得性能不同的OKGM，可采用的氧化剂有过氧乙酸、过氧化氢、次氯酸钠、高锰酸钾等。

综上所述，魔芋葡甘聚糖的化学改性研究主要涉及醚化、酯化、交联、接枝共聚等单一方法，其中研究最多的是醚化、酯化反应，这些改性均是从改变其理化性质出发，改善其性能，以拓宽其应用范围。从结构上看，主要是通过在魔芋葡甘聚糖分子链上引入亲水性物质或基团，或魔芋葡甘聚糖改性物与水分子或改性物质之间形成氢键，或结构中活泼羟基减少，或脱除乙酰基等作用来达到改善魔芋葡甘聚糖性能的效果。

7. 机械力化学改性

机械力化学改性就是采用强机械力作用使改性剂在被改性的物料表面分布包覆，并使被改性的物料与改性剂之间发生化学反应，以增加它们之间的结合力，从而改变被改性物料的表面结构状态，进而改变物料的理化性能。魔芋葡甘聚糖在不同超细粉碎方式及粉碎强度下的机械力化学效应不同，其理化性质呈不同的变化规律；魔芋葡甘聚糖在超细粉碎过程中分子量下降并有低聚糖产生，表明超细粉碎处理对魔芋葡甘聚糖存在着机械降解作用；特别是魔芋葡甘聚糖在超细粉碎过程中产生大量高能自由基，有很高的反应活性，为进行魔芋葡甘聚糖的机械力化学改性提供了可能，极具潜在研究价值。

3.4.3　生物改性

对魔芋葡甘聚糖进行生物改性，仅有少量关于酶法改性的报道。例如，用 R 酶对魔芋葡甘聚糖进行酶法改性，可得魔芋葡甘聚糖低聚糖。但是，改性物的重均分子量为 7160，数均分子量为 5100，其大分子断裂成小分子，黏度下降。近年来，也有关于利用基因调控技术来提高魔芋葡甘聚糖含量的报道(Tester and Al-Ghazzewi，2016)。例如，从魔芋球茎组织中克隆了腺苷二磷酸(ADP)-葡萄糖焦磷酸化酶(AGP)大亚基的 cDNA 片段。但目前不能克隆出魔芋 ADP-葡萄糖焦磷酸化酶小亚基的反义基因，也就不能用反义基因植入魔芋葡甘聚糖植株内控制其淀粉的含量进行繁殖改性，且目前的克隆技术并不很成熟，基因遗传是否稳定也不能确定，以及基因食品是否安全也不能明确。通过基因调控的方法来提高魔芋球茎中魔芋葡甘聚糖的含量，仍有待进一步研究。

综上所述，利用生物的方法对魔芋葡甘聚糖进行改性，迄今效果不明显；且存在着改性物黏度下降、生物技术不够成熟等问题。因而，如何用生物技术对魔芋葡甘聚糖进行改性还有待进一步研究。

3.5 魔芋葡甘聚糖生理功能及产品开发

3.5.1 魔芋葡甘聚糖的生理功能

1. 魔芋葡甘聚糖对脂质代谢的作用

魔芋葡甘聚糖具有明显的降血脂效果，可降低血清胆固醇，有效防止高血压、动脉硬化和其他心血管疾病，起调节脂质代谢、预防高脂血症的作用，其降血脂效果优于其他的膳食纤维。它在消化道内不仅与胆固醇等结合，阻碍中性脂肪和胆固醇的吸收，有效抑制回肠黏膜对胆酸的主动运转，还能吸附胆酸，使胆酸的肠肝循环被部分阻断，从而降低肝脂，增加类固醇的排出量，最终消耗体脂。它还能在结肠内被微生物分解，产生丙酸等短链脂肪酸。这些短链脂肪酸被人体吸收，从而起到降血脂作用。

王忠霞和杨莉莉(2002)研究魔芋葡甘聚糖降低胆固醇作用的机理的结果表明，精细提纯的魔芋葡甘聚糖与粗提的魔芋葡甘聚糖或魔芋粉具有同等甚至更强的降低胆固醇作用。若用真菌纤维素酶水解 30 min，则魔芋葡甘聚糖和魔芋粉降低胆固醇的活性完全消失。同时纤维素酶和魔芋葡甘聚糖制品不能降低由高胆固醇食物引起的血液胆固醇水平。高分子量、水溶性的魔芋葡甘聚糖是降低胆固醇的有效药用成分。魔芋葡甘聚糖在消化道内与胆固醇结合，阻碍其吸收，从而具有降低胆固醇的作用。

对魔芋葡甘聚糖对高血脂大鼠脂质水平的影响进行了研究，结果表明，5%或10%的魔芋葡甘聚糖具有明显的降低血清胆固醇、低密度脂蛋白胆固醇(LDL-C)和极低密度脂蛋白胆固醇(VLDL-C)的作用。同时 LDL-C 与总胆固醇(TC)比值、LDL-C 与高密度脂蛋白胆固醇(HDL-C)比值下降，与高血脂大鼠相比，其差异有极显著意义，而 HDL-C 与 TC 的比值明显上升。5%、10%魔芋葡甘聚糖组大鼠肝胆固醇含量明显低于高脂组大鼠，且具有使脂肪逆转的作用。

2. 魔芋葡甘聚糖对糖代谢的作用

魔芋葡甘聚糖作为一种食物纤维，具有低热量、低脂肪和高纤维的特点，可应用于糖尿病的治疗。临床医学研究表明，魔芋葡甘聚糖能够增加血液中胰岛素水平，有效降低血糖，对预防和辅助治疗糖尿病有很好的效果。黏度是降低餐后血糖、保持其总体稳定的最重要因素。不同亲水性胶体降低血糖的能力随亲水性胶体黏度的增加而增大，呈正相关关系。魔芋精粉降低血糖的作用机理在于其可降低肠道对糖的吸收能力。魔芋葡甘聚糖作为一种可溶性的膳食纤维，可在食物周围形成一层保护膜，从而阻止消化酶与食物发生作用，延缓食物的消化（刘红，2002）。

(1)魔芋葡甘聚糖分子量高，黏性大，可提高消化腔内食糜的黏度，延长其在胃腔内滞留时间，降低中部食物营养物质向肠壁扩散的速度，延缓食物消化过程。在较低水平上调节体内胰岛素平衡，致餐后血糖峰值明显下降和推迟，从而减轻胰岛的负担，促使糖尿病人处于良性循环状态，而不会像某些降糖药物使血糖骤然下降而使病人出现低血糖现象。

(2)控制饮食是治疗糖尿病的重要措施。魔芋葡甘聚糖作为一种高纤维食品，不被人体内消化酶所消化，本身含热量又极低，可以延长胃排空时间，增加饱腹感，降低肠道对葡萄糖吸收的速度。因此它既能控制糖尿病人摄入的总热量、降低血糖含量，又能减轻糖尿病人饥饿的痛苦。

(3)魔芋葡甘聚糖可在结肠内发酵，产生被人体吸收的丙酸盐，刺激肝细胞加速糖酵解，促进葡萄糖的利用。

(4)魔芋葡甘聚糖可影响胃肠道激素的释放。

(5)魔芋葡甘聚糖可降低血液中游离脂肪酸水平，提高胰岛素的敏感性，使糖耐量降低。

3. 魔芋葡甘聚糖对肥胖症的作用

魔芋葡甘聚糖本身含热量极低，100 g 的热量只有 37 kcal（1 cal = 4.1868 J），并且吸水性极强，具有高膨胀率，充分吸水溶胀后黏度极大，进入肠胃吸收食物水分后体积可膨胀 20～100 倍，产生极强的饱腹感。魔芋葡甘聚糖也不能被人体消化、吸收，不给人提供能量，同时还会减慢食物从胃到小肠的运送速度，延缓食物营养物质的消化和吸收，且有润肠通便的功效。因此，经常食用魔芋食品，无须刻意节食，便能达到均衡饮食，实现减肥的效果。美国人用双盲法肯定了它的减肥作用，其作用机理为：

(1)魔芋葡甘聚糖是以 β-1, 4-糖苷键结合的多糖，不能被人体及动物体内的唾液、胰液淀粉酶水解消化，故不提供营养。

(2)魔芋葡甘聚糖吸水性很强，吸水后体积膨胀，成为具有黏性的纤维素。黏性纤维可刺激肠壁，增强肠蠕动，减慢食物从胃到小肠的通过，延缓消化和吸收营养物质。由于降低了单糖的吸收，脂肪酸在体内的合成也下降，从而起到减肥的作用。

(3)魔芋葡甘聚糖在胃中吸水膨胀后使胃排空时间延长，产生饱腹感，从而在一定程度上达到控制饮食的作用。

(4)魔芋葡甘聚糖能有效抑制回肠黏膜对胆酸的主动运转，吸附胆酸，使胆酸的肠肝循环被部分阻断，从而降低了肝脂，增加了类固醇排出量，最终消耗了体脂。

(5)魔芋葡甘聚糖能润肠通便，使部分未被吸收的营养物质随粪便排出，起到通便减肥的作用。

4. 魔芋葡甘聚糖的抗氧化功能

机体内众多的生物化学反应有氧的参与，氧作为生物体内最主要的电子受体，在不同的还原反应中会获得电子，形成多种活性氧，如过氧化物、超氧阴离子自由基、羟自由基及脂质过氧化物等。这些自由基和活性氧有可能与脂类或细胞膜发生脂质过氧化物反应，生成有毒性的脂质过氧化物(LPO)。生物医学研究认为，自由基参与机体许多病理过程，自由基与由此引发的脂质过氧化与缺血再灌注损伤、炎症、衰老和高血压氧中毒的生化机理，以及肿瘤，心、脑血管病，自身免疫病等多种疾病的发生和发展有密切关系(Onishi et al.，2007)。丙二醛(MDA)就是体内脂质过氧化代谢的产物，会使细胞膜或使细胞内的酶或其他活性蛋白的功能丧失。

刘红(2002)以魔芋葡甘聚糖饲喂大鼠，观察其对 LPO 含量和抗氧自由基酶类活性的影响。结果表明，服用魔芋葡甘聚糖组大鼠的 LPO 含量显著低于对照组；而红细胞、肝和肌肉内的谷胱甘肽过氧化物酶(GSH-Px)活性，肝、胰腺和肌肉内的超氧化物歧化酶(SOD)活性明显高于对照组。分析认为，魔芋葡甘聚糖对自由基的损伤及脂质过氧化的损伤具有较强的抵御作用，因此饲喂魔芋葡甘聚糖可减轻大鼠运动所产生的内源性自由基伤害。

吕影等(2008)的试验结果也表明魔芋葡甘聚糖能增强受辐射小鼠血清的SOD、GSH-Px 和睾丸琥珀酸脱氢酶(SDH)、乳酸脱氢酶(LDH)活力，降低血清及肝脏中 MDA 含量，提高脾脏、胸腺系数，降低其肝脏系数。

5. 魔芋葡甘聚糖对肠道功能的作用

人体胃肠道内没有葡甘聚糖的水解酶系统，因此葡甘聚糖不被消化吸收而直接进入大肠。魔芋葡甘聚糖具有强吸水能力，大量吸收水分，可增大粪便容积，能促进肠道内有益微生物(如双歧杆菌)的生长，起到调节肠道菌群，刺激肠蠕动作用(姜靖等，2009)，有利于排便，而且魔芋葡甘聚糖能促进肠系酶类分泌，提高酶活性，消除肠壁上的沉积废物，因此魔芋被称为"胃肠清道夫"。魔芋精粉及其加工制品对于便秘的预防和治疗具有积极的作用。魔芋葡甘聚糖除能软化粪便，增加每日排便量外，还有助于结肠菌分解其他食物产生的短链脂肪酸，降低肠道内的 pH。食用魔芋精粉后，粪便中乙酸盐、丁酸盐和异丁酸盐含量上升，乳酸杆菌和双歧杆菌的繁殖明显增多，肠道致病菌受到明显抑制。其可能机理是：

(1)魔芋纤维的缚水能力很强，吸水后其体积可膨胀 80～100 倍，食用后能抑制小肠对水分的吸收及肠壁水分被吸收进肠道内，增大平均每日粪湿质量和粪便含水量，软化粪便被结肠菌丛分解利用时产生的短链脂肪酸，刺激肠蠕动，进而缩短肠道运转时间和平均一次排便时间。

（2）魔芋葡甘聚糖能刺激以双歧杆菌为代表的肠道微生物的生长，降低胆酸的羟化，产生短链脂肪酸等，促进肠壁的生理蠕动，使沉积于肠道壁的细菌的代谢产物以及致癌物脱氧胆酸、石胆酸，突变异原物质等废物随纤维素迅速排出体外，缩短癌原物质与肠壁膜的接触时间，降低直肠、结肠毒物致癌的概率，起到清道夫的作用。

6. 魔芋葡甘聚糖的抗肿瘤作用

功能性多糖具有增强免疫系统的作用。流行病学调查和部分试验研究表明，魔芋葡甘聚糖对预防结肠癌、乳腺癌、甲状腺癌、鼻咽癌、肺癌、食道癌等有一定作用（王志江等，2011）。这类功能性多糖是通过活化巨噬细胞，攻击肿瘤细胞（LAK 细胞）、自然杀伤细胞（NK 细胞）、T 淋巴细胞、B 淋巴细胞的活性，增强机体免疫功能，消除体内有毒有害因子，利用机体自身的免疫力战胜体内各种致病因子。其可能机理是：

（1）魔芋中富含的魔芋葡甘聚糖是一种多糖，多糖类一般可通过提高机体免疫功能发挥抗癌作用，而且魔芋葡甘聚糖是一种优良的食物纤维。据有关文献报道纤维素能刺激机体产生一种杀灭癌细胞的物质。

（2）膳食中胆固醇及其细菌降解产物可能是结肠癌发生的致癌剂或协同致癌剂，魔芋葡甘聚糖的摄入影响了中性类固醇的代谢，降低了大肠中致癌物浓度，肠内细菌的代谢产物以及致癌的脱氧胆酸和突变异源物质随纤维迅速排出体外，减少肠黏膜与致癌物的接触，减少因肠道分解代谢的有毒物质的重吸收，达到抗癌作用。

（3）魔芋葡甘聚糖能大量吸水，改变肠道菌群的生活环境，表现为以双歧杆菌为代表的肠厌氧菌增多，其活菌具有明显的增强免疫作用，其死菌有明显的抗肿瘤活性，即可加速可疑致癌物——胆酸的代谢产物的排泄（张茂玉和侯蕴华，1997）。而吸水后魔芋葡甘聚糖成为黏稠物质，增大了粪便容积，可吸附肠腔有害物质，降低肠道细菌的葡萄糖醛酸酶活性，促进肠蠕动，稀释肠道致癌物和前致癌物的浓度，并加快它们排出体外的速度，减少肠黏膜与致癌物的接触，减少因肠道分解代谢的有毒物质的重吸收，从而起到抗癌作用。魔芋葡甘聚糖还能被肠道微生物利用产生丁酸，而丁酸可抑制肿瘤细胞的增殖，诱导肿瘤细胞向正常细胞转化，并控制致癌基因的表达。

7. 魔芋葡甘聚糖对延缓细胞老化的作用

目前对魔芋葡甘聚糖延缓细胞老化的机理研究的报道不是很全面，延缓细胞老化的试验及临床研究的文献报道也较少。

采用自行制备的魔芋葡甘聚糖(从白魔芋精粉中得到的多糖经酶解、乙醇分级沉淀得到的一种溶解性很好的魔芋多糖)进行抗衰老试验研究。研究结果表明,魔芋葡甘聚糖表现出良好的抗衰老作用,其给药剂量仅为 GY 的四分之一,却能达到与 GY 相当的效果。同时 1%魔芋精粉长期喂伺大鼠的试验表明,长期服用魔芋精粉可延缓脑神经胶质细胞,心肌细胞和大、中动脉内膜内皮细胞的老化过程,预防动脉粥样硬化,改善心、脑和血管的功能(彭恕生和张茂玉,1994;古元冬和史建勋,1999)。

8. 魔芋葡甘聚糖对微量元素吸收的影响

有报道认为魔芋葡甘聚糖对大鼠钙、铁、锌、铜四种元素的粪便排出量及血清、股骨含量无影响。人体试验也未见对锌、铁、钙吸收的影响。也有报道认为,膳食组成可影响矿物质的吸收,其中膳食纤维抑制钙的吸收。但还有报道认为,在足够量蛋白质摄入情况下,膳食纤维对无机元素的吸收的影响可被抑制。同时,膳食纤维短期影响也许存在,若时间较长,钙的平衡由于适应可恢复正常。

在大鼠摄入魔芋精粉后对锌、铁、钙吸收率影响试验中,发现两周后 5%及 10%食用魔芋组的锌吸收率下降,其他均无变化。在观察魔芋葡甘聚糖对钙、磷代谢和骨骼影响试验中,血清钙磷含量,股骨质量和骨钙、磷含量及骨形态计量参数均无显著变化,魔芋葡甘聚糖对钙磷代谢及骨骼未见不良影响。

9. 魔芋葡甘聚糖对凝血时间和凝血酶原时间(PT)的影响

对魔芋葡甘聚糖进行了凝血试验,发现阳性对照组凝血时间明显延长,与阴性对照组相比具有非常显著性差异。低聚魔芋葡甘聚糖醛酸丙酯硫酸酯钠盐具有延长凝血时间的作用,剂量在 1.8 g/kg 以上时作用明显,与阴性对照组相比具有显著和非常显著性差异,随剂量的增大其凝血时间延长。

通过凝血试验还发现,低聚魔芋葡甘聚糖醛酸丙酯硫酸酯钠盐与溶栓胶囊一样具有明显延长凝血酶原时间的作用,但其作用低于溶栓胶囊。阳性对照溶胶剂量为 0.2 g/kg 时,对凝血时间、凝血酶原时间的影响最强,比用药前延迟了 3.09 s,与阴性对照组相比具有非常显著性差异。

10. 魔芋葡甘聚糖对抗血栓形成作用

在魔芋葡甘聚糖抗血栓的研究试验中,阳性对照组溶栓作用显著,与阴性对照组相比具有显著性差异。低聚魔芋葡甘聚糖醛酸丙酯硫酸酯钠盐剂量为 0.5 g/kg 时对大鼠抗血栓形成作用明显,与阴性对照组相比具有显著差异。低于此剂量或高于此剂量时,有一定的抗血栓作用,但与阴性组相比无显著差异。

11. 魔芋葡甘聚糖的医疗功效

魔芋葡甘聚糖具有良好的生物相容性、吸水性、亲水性。若在水和其他液体介质中，经冷冻干燥将它制成干态凝胶，然后用辐射或其他方法灭菌后，用于伤口包裹材料，可明显加快伤口愈合速度。利用魔芋葡甘聚糖的保水性，将其加入护眼液中，能够防止眼睛的干涩和隐形镜片的干燥，用其制成的眼科治疗液能有效地防止眼睛干涩。

此外，在医药工业中，利用魔芋葡甘聚糖的凝胶特性及在体内不易消化的特性，可制作栓剂基质和缓释药片，还可以通过不溶性骨架制作口服缓释系统。

3.5.2　魔芋葡甘聚糖的产品开发

1. 在食品工业中的应用

由于魔芋葡甘聚糖具有增稠、乳化、胶凝、黏结、保水等性能，在食品工业中被用作增稠剂、悬浮剂、乳化剂、稳定剂、品质改良剂等食品添加剂，广泛应用于粮食制品、肉制品、饮料、调味品等食品中（文泽富，1992）。

1）在粮食制品中的应用

魔芋葡甘聚糖具有良好的黏结性、吸水性、保水性，在挂面、方便面、粉皮、粉条、沙河粉、米粉、馒头、包子、饺子、面包、蛋糕、蛋奶酥、曲奇饼及其他糕点等粮食食品中均有重要用途（Nishinari，2000）。应用时，称取适量的魔芋精粉（用量一般为 0.1%～0.5%），加入其质量 50～80 倍的水，强力搅拌一定时间，至精粉颗粒充分溶胀，然后与原料充分混合，再按产品的一般生产工艺操作。

在面包制作过程中，添加占面粉质量 0.1%的魔芋精粉，其气孔率和膨胀率均较不添加的高，面包体积增大，质地细腻均匀，并更富弹性，口感柔软酥松，非常适口，但添加不能过量，否则会由于其过强的吸水能力而妨碍蛋白质颗粒在水中的充分溶胀，面包气孔大小不均匀，孔壁厚（师文添，2015）。在面粉中掺入魔芋粉制作出的馒头，个大，松软可口。

在蛋糕基料中加入适量的魔芋精粉，可使制品具有良好的保湿性，蓬松柔软，吃时不掉渣、不黏牙，口感松软细腻，货架期延长 1 倍左右。

在焙烤制品中添加适量的魔芋精粉，能够减慢糊化淀粉分子间的重新有序排列，延缓淀粉的回生，并防止水分的快速散失，从而延迟了焙烤制品的老化。

在面条中添加 0.5%的魔芋精粉，可使储藏期延长，韧性增加，耐煮性提高，不浑汤，断条率明显减少，口感滑爽、绵软，表面光洁度明显改善。在各类粉质原料中添加魔芋精粉的比例（干重比）：米粉、豆粉为 0.1%～0.5%，玉米粉、马铃薯粉、甘薯粉为 0.5%～1.0%。湖南农业大学吴永尧教授团队与湖南大湘西魔芋有限公司合作，共同开发了魔芋米、面套装（图 3-11）。

2)在乳制品中的应用

在果奶、发酵酸奶、勾兑酸奶、炼乳、摇摇奶、AD 钙奶、直酸凝乳型酸奶以及豆制品(如特种豆腐、豆花、豆奶、果味豆奶、果蔬汁豆奶等产品)中，魔芋葡甘聚糖可起到稳定剂作用。特别是直酸凝乳型酸奶的制成，彻底冲破蛋白质饮料不能直接酸化的禁区，已进入工业化生产，还延长了保质期，在室温下瓶装能保存 3 个月，易拉罐装 12 个月不凝聚、不澄清、不分层，添加量 0.30%～0.35%，酸度控制在＜0.35%时口感最佳。使用方法是将魔芋胶粉末和 10 倍质量的砂糖混匀，在水温不高于 40 ℃的搅拌条件下徐徐加入化糖锅内，升温至 80 ℃，待其全溶后即可加入奶粉、糖、品质改良剂和调味剂。接着，升温至沸腾，降温，过滤，高压均质。在豆制品中，魔芋葡甘聚糖用量为 0.15%～0.25%。pH 为 6.8～7.0 时，其口感最佳，豆香味更突出，使用方法与在乳制品中的相同，都须注意蛋白质在受热过程中必须有魔芋胶稳定剂参与。包装时必须充分抽气，严防发生褐变。

3)在肉制品中的应用

传统的肉制品属于高脂肪、高胆固醇类食品。近年来，随着人们生活水平的提高和饮食观念的改变，低脂肉制品日益得到广大消费者的青睐。在香肠、火腿肠、午餐肉、鱼丸等肉制品中添加适量的魔芋精粉，可起到黏结、爽口和增加体积的作用。当魔芋胶与水混合加于肉糜中时，可以增加肉糜的吸水量，改善肉糜的质构，使其富有弹性。用魔芋胶代替肉制品中的部分脂肪，可改善水相的结构特性，产生奶油状滑润的黏稠度，特别是当魔芋胶与卡拉胶复配后添加于低脂肉糜中，可显著改善制品的质构，提高持水性，从而赋予低脂肉糜制品多汁、滑润的口感，达到模拟高脂肉制品的要求。

将魔芋凝胶加入火腿和香肠制品中，作为增量剂和调节这类制品口感的改良剂，可明显提高这类制品的成品得率和品质。用魔芋粉替代部分脂肪生产香肠，肠体弹性强，切片性好，香肠持水性增强，而脂肪和能量则下降，即使替代脂肪达 20%，产品的质地和风味仍很好，且有较长的货架期。西式火腿要求肉块间结合紧密、无孔洞、裂缝、组织切片性能好和有良好的保水性，常规方法是通过添加大豆蛋白、变性淀粉等，而添加占肉重 2%的魔芋精粉，既可达到上述目的，又比大豆蛋白、变性淀粉成本低。

4) 在饮料中的应用

魔芋葡甘聚糖具有增稠、悬浮、乳化、稳定等性能，将其添加于饮料中，可改良品质。在蛋白饮料中添加 0.2%～0.4%的魔芋精粉，可使产品不析出油、不凝聚沉淀，品质更加稳定，质感厚重。

在带果肉的饮料中，加入少量魔芋葡甘聚糖及复合胶，能形成凝胶立体网络结构，可大大改善其悬浮效果、外观质量和调节其口感。利用魔芋葡甘聚糖的热不可逆胶凝性，制成凝胶颗粒，与不同的果汁、蔬菜汁等调配，可以制成不同风味的魔芋珍珠饮料。将魔芋凝胶颗粒与草莓汁配合，可制得魔芋草莓复合颗粒果汁饮料。以刺梨汁为主要原料，配以魔芋凝胶颗粒，并以魔芋精粉与其他增稠剂复配作增稠稳定剂，可制成营养丰富、风味独特的刺梨果汁颗粒饮料。

5) 魔芋茶饮料

近年来，茶饮料在中国的饮料市场上异军突起，成为增速最快的饮料之一。将魔芋精粉加水膨润，茶叶经热水抽提、过滤、浓缩，然后混合调配均质，可制成低热值、富含营养保健成分、口感良好、风味独特的魔芋红茶和魔芋花茶饮料。利用魔芋胶对茶叶进行假塑外形，既赋予茶叶良好的形态，又可使茶汤滋味的厚感增强（付沁璇和刘欣，2016）。西南农业大学龚加顺等（2004）成功研究出魔芋茶饮料，解决了冷饮茶的"冷后浑"问题，使冷饮茶能用透明容器包装，提高其商品性。

6) 在冷饮中的应用

魔芋精粉应用于冰激凌、雪糕、刨冰等中，可减少脂肪用量，提高料液黏度，增强吸水率，提高膨胀率，改善制品的组织状态，阻止粗糙冰晶形成，防止砂糖结晶析出，使制品口感细腻滑润，形态稳定，提高出品率和储藏稳定性。例如，用 0.5%魔芋精粉作为乳化稳定剂比用 0.5%羧甲基纤维素钠作为乳化稳定剂对冰激凌有更好的改良作用。加羧甲基纤维素钠的冰激凌易溶化，口感有微小冰晶；而加魔芋精粉的冰激凌则口感细腻滑润，且不易溶化，其膨胀率也较高。将魔芋精粉与黄原胶、瓜尔胶等复配作为冰激凌的乳化稳定剂，与单一胶相比，性能更优良，能缩短老化时间，并且用量少（0.2%～0.4%），使用方便，降低成本。

7) 在调味酱和果蔬酱中的应用

魔芋葡甘聚糖溶胶的高黏度及切变稀化特性在调味酱、果酱、胡萝卜沙司、番茄沙司中获得广泛的应用。在外力作用下，葡甘聚糖切变稀化，使加有魔芋葡甘聚糖的酱及沙司制品易于流动和有利于涂抹。当外力停止后，所涂抹的酱及沙司流动性减小，黏附性增强。

魔芋果酱是以魔芋、果肉、甜味剂、酸味剂、香料等为原料，经加工而成的西餐涂抹食品，目前已开发的有魔芋苹果酱、魔芋西瓜酱、魔芋果子酱等。在果酱中添加魔芋精粉，既能提高汁液及浆体的黏度，又可作为增量剂和品质改良剂，调节制品的风味和口感，改变外观质量，起到果胶无法起到的作用。

8) 在豆腐中的应用

在制作传统黄豆豆腐时，将占原料重 0.1%的魔芋精粉用温水糊化后，在熬浆前加入豆浆中，充分搅拌均匀，加热煮沸，用石膏定浆，即可得到魔芋黄豆豆腐。它比传统豆腐韧性强，保水性好，耐储存，不易破碎，外观洁白嫩滑，细腻爽口，烹调时吸味性强。用它制作的豆干、豆丝等食品，则比传统制品风味更佳，并增添了对人体有益的膳食纤维。

9) 在食品保鲜中的应用

魔芋葡甘聚糖是一种经济效益很高的天然食品保鲜剂，能有效地防止食品腐败变质、发霉和虫蛀。目前，魔芋葡甘聚糖已用于许多食品的储藏保鲜，如水果、蔬菜、豆制品、肉类制品、蛋类及鱼类水产品等(Zhang et al., 2013)。但迄今最主要的应用还是在果蔬类的储藏保鲜方面，特别是水果的储藏保鲜。

用魔芋葡甘聚糖 0.2%、卵磷脂 0.1%、2,4-二氯苯氧乙酸(2,4-D) 0.02%配制的温州蜜橘保鲜液，并与甲基托布津保鲜液进行比较，在温州蜜橘储藏 90 天或 120 天后，前者的保鲜效果皆好于后者，烂果率低，损耗率低，且外观色泽及饱满度也非常好。用 0.1%的魔芋葡甘聚糖对砀山梨果实进行浸果处理，储藏 150 天，好果率达 91.8%，优于山梨酸和多菌灵防腐剂。用魔芋葡甘聚糖与柠檬酸、山梨酸等复配成草莓保鲜液，可以使草莓保鲜至第 6 天时其好果率仍达 80%以上，第 7天则为 69.21%，还可以延缓维生素 C 含量降低、还原糖含量增加和糖酸比增大；而对照组在第 3 天已开始出现霉点，好果率下降为 50%，至第 5 天已完全腐烂。

经过改性的魔芋葡甘聚糖对苹果的保鲜效果优于未经过改性的。用改性魔芋葡甘聚糖在柑橘、葡萄、猕猴桃等水果的保鲜试验中也取得了明显的效果。例如，由改性魔芋葡甘聚糖 0.3%、羧甲基纤维素钠(CMC-Na) 0.2%、大蒜提取液 1%配制的柑橘保鲜液处理柑橘，室温储藏 60 天，比国光牌 SE-02 保鲜液对柑橘的保鲜效果好，腐烂率与失重率降低，并可较好地保持柑橘品质。

魔芋葡甘聚糖对果蔬的保鲜作用，是由于它在果蔬表面形成的薄膜，可有效地阻止水分的蒸发，并将果蔬内部细微的代谢活动与外界阻隔，使空气中的氧气不能直接与果蔬接触，由于果蔬的褐变大部分是多酚氧化酶引起的，而氧、酶、底物(酚类物质)是产生酶促褐变的三个条件，因此，涂膜可以有效地抑制果蔬褐变，从而降低果蔬的呼吸强度、减少水分蒸发和营养物质消耗，保持果实的硬度。

此外，该膜还可隔离外界污染物，抑制病菌及各种霉菌的侵入和蔓延，起到防腐的作用，延长储藏期。这种处理方法不仅能减少病原菌对果品的直接侵染，还可以增加果实表面光感，改善外观。

对于低温储藏或使用包装袋等保鲜方法，当果蔬脱离低温或者防腐剂时，果蔬的货架期都很短，特别是低温储藏的果蔬，其货架期甚至只有几个小时。而魔芋葡甘聚糖涂膜始终覆盖在果蔬的表面上，其保鲜效果可以持续到果蔬被消费，并且魔芋葡甘聚糖涂膜是一种天然的可食性涂膜，不会对果蔬造成污染，且涂膜后果蔬表层的涂膜容易清洗，这就减少了消费者对防腐剂的忧虑。同时，魔芋葡甘聚糖是一种优良的膳食纤维（简称 DF），基本上不被人体所消化，能有效地促进肠道蠕动，清除消化道的有害物质，并且还具有降低血压的作用，对人体健康有益。因此魔芋葡甘聚糖涂膜不仅可以避免化学防腐剂带来的污染，还有益于消费者。

魔芋葡甘聚糖涂膜使用的质量浓度范围一般为 1～10 g/L，浸泡时间为 1～10 min，浓度与浸泡时间将根据不同的水果品种而变化。魔芋葡甘聚糖涂膜在果蔬保鲜上采用的方法主要是浸泡，也有采用刷涂等方式。为了增强保鲜效果，在使用时常结合其他保鲜剂、乳化剂、植物生长调节剂等一起使用。

魔芋葡甘聚糖涂膜在试验中已经取得比较好的保鲜效果，但还存在着上述的一些缺点。针对以上的缺点，可以采用一些措施及研究方法。

（1）目前，魔芋葡甘聚糖涂膜在果蔬保鲜上的应用研究还停留在经验上，一般的报道都是由保鲜效果得出几个配方中最佳涂膜的浓度，而不能建立数学模型来确定不同果蔬的表皮结构、水分含量与魔芋葡甘聚糖浓度和浸泡时间的具体关系。因此，现在报道的魔芋葡甘聚糖最佳浓度差别很大，更谈不上准确确定某一特定果蔬最佳的魔芋葡甘聚糖涂膜浓度与浸泡时间。所以，必须加强对魔芋葡甘聚糖流变学特性等相关学科的研究，用具体的数学模型确定不同果蔬所需要的涂膜浓度与浸泡时间。

（2）魔芋葡甘聚糖涂膜可以在果蔬表面形成一层膜，起到隔氧和抑制呼吸作用的保鲜效果，但是其原理却没有得到充分阐述。魔芋葡甘聚糖多糖分子的微观结构，如魔芋葡甘聚糖多糖分子间的空隙大小、与水分子间的相互作用，对果蔬储藏时 H_2O 和 O_2 的渗透的影响并不清楚。而魔芋葡甘聚糖涂膜的浓度对魔芋葡甘聚糖涂膜分子的微观结构影响很大。魔芋葡甘聚糖浓度越大，魔芋葡甘聚糖分子间的间隙越小，H_2O 和 O_2 越不容易渗透。但是，魔芋葡甘聚糖分子间隙大小在什么数量级时才能取到最佳的半渗透膜，使果蔬在适宜的高 CO_2 和低 O_2 的条件下保持最低的生理作用的问题，还有待于进一步研究。

（3）加强魔芋葡甘聚糖与壳聚糖等其他涂膜保鲜剂协调作用的研究，以得到更有保鲜作用的复合膜。由于魔芋葡甘聚糖的黏度太高，涂膜后果蔬不容易干燥，从而影响了魔芋葡甘聚糖涂膜在果蔬保鲜生产上的可行性，又由于魔芋葡甘聚糖本身不具有杀菌功能，果蔬涂膜后储藏一段时间，由于果蔬的生理作用，细胞膜破裂，在果蔬本身微生物的作用下，容易产生腐败。因此，可以通过研究魔芋葡甘聚糖涂膜与其他大分子多糖的相互作用，得到适宜于保鲜的复合涂膜。加强研究如何将魔芋葡甘聚糖涂膜与其他天然的防腐剂及其他保鲜方法相结合使用，如生物技术保鲜方法等，以便得到一种无色、无味，具有较好保鲜效果的天然可食性的保鲜膜。

(4)在有些产品中，魔芋精粉上清液的保鲜效果比魔芋葡苷聚糖液的效果好。在禽蛋的保鲜试验中较为明显，主要因为魔芋精粉的水溶性好，其上清液均匀澄清，食品浸渍后易风干。而葡苷聚糖结晶水溶性较差，溶液中有小颗粒，浸渍食品后不易风干，在局部形成霉斑，影响禽蛋质量。因此，在禽蛋保鲜中应优先使用魔芋精粉上清液。

此外，在实际应用魔芋葡甘聚糖涂膜试剂时，要注意各个环节，如浸渍时间、处理工具及处理后的干燥成膜。若时间过长、干燥不快，易引起果蔬腐败。尤其要注意的是，水果采收后应及时保鲜储藏，这样可大大减少果实损耗，增加果品供应，延长供应时间，提高经济效益和社会效益。

10)制作可食性膜及包装材料

魔芋葡甘聚糖为优质膳食纤维，可作为保健食品原料。利用其良好的成膜性，可制作出可食性膜和无公害食品包装材料及可食性水溶性膜、耐水耐高温膜和热水溶性膜，以满足不同的食品包装要求。魔芋葡甘聚糖经过改性处理后，还可制成性能更好的食用膜和包装材料(罗学刚，2000)。

11)在仿生食品中的应用

仿生海洋食品是以价格低廉的原料，经过系统加工处理，从形状、风味、营养上模仿天然海洋食品而制成的一种新型食品。这种制品首先在日本试制成功，随后世界上许多国家也开始竞相研制仿生海洋食品。目前已生产出来的产品主要有仿生鱼翅、仿生蟹腿肉、人造虾仁、人造海胆、人造鱼子等。这些产品大多采用一些低脂鱼类、虾类为主要原料，辅以调味品、色素、黏合剂等配制而成。

近年来，随着人们对于低脂、低热、低胆固醇等健康食品的要求越来越高，新一代以卡拉胶、甘露聚糖为代表的膳食纤维被开发出来，它们的功能和疗效也逐渐被人们所认可。膳食纤维，特别是魔芋葡甘聚糖的开发，也为仿生海洋食品的发展开辟了新的途径。魔芋葡甘聚糖是一种优良的水溶性膳食纤维，属天然的低热量物质，它不仅具有独特的胶凝、增稠、稳定等性能，而且可以防治肥胖、便秘、糖尿病等症。所以由魔芋葡甘聚糖及天然海产品提取物制成的仿生海洋食品不仅味道鲜美、有光泽、咀嚼性好、弹性强，还具有医疗保健作用，是一种理想的食品。

我国是在20世纪80年代才开始着手研究和试制仿生食品的，目前已取得显著成绩，一些产品(如人造牛肉、仿生鲍鱼等)已上市，因物美价廉而受到了广大消费者的欢迎。由此可见，仿生海洋食品在我国还有极大的市场可开发，进一步开发研制仿生海洋食品有着十分重要的经济意义。

2. 在功能材料中的应用

1)生物相容材料

由于魔芋葡甘聚糖具有良好的生物相容性、吸湿性、亲水性和生物降解性，在医学领域有着很好的应用前景。例如，在水和其他液体介质中，经冷冻干燥魔芋葡甘聚糖制成干态凝胶，然后用辐射或其他方法杀菌后，用作伤口包裹材料，有明显加快伤口愈合速度的作用。将魔芋葡甘聚糖同半乳甘露糖共混制备的凝胶材料可用于药物控制释放。此外，魔芋葡甘聚糖凝胶还可用作片剂药物包衣，以提高硬度和药物与包衣分离性能的效果。

魔芋葡甘聚糖能和四价硼离子形成络合物，生成具有一定强度且透明性很好的凝胶。将魔芋葡甘聚糖与四价硼酸盐反应，可制成人工晶体。这种人工晶体含水分 95%～99.5%，并具有良好的透光性、弹性、强度和生物相容性，可用于制作隐形眼镜和医疗光学制品。其制备方法如下：2.58 g 魔芋葡甘聚糖加入 247.5 mL 超纯水中，溶胀 1 h，黏度需达 110 000 cP($1cP = 10^{-3}Pa·s$)，浊度为 3。然后在 20 000 r/min 下超高速离心 1 h，移去上清液，浊度降为 1。在上清液中加入 0.2 g 20% 的四硼酸钠水溶液，就立即形成玻璃状凝胶，含水量 96%，透光率 94.3%。随后由魔芋葡甘聚糖、三价硼酸盐和水同样制备的人造生物相容性胶状玻璃，可用于接触眼镜和医用光学设施。

护眼液 Tsuneo 中加入 0.05%～1%的魔芋葡甘聚糖，利用魔芋葡甘聚糖的保水性能，能够防止眼睛的干涩和隐形镜片的干燥。其制备方法如下：1%魔芋葡甘聚糖水溶胶 30 mL，加水稀释至 100 mL，同时加入 0.75 g NaCl、0.015 g KCl、0.15 g $CaCl_2$ 和 0.03 g 硼砂，即配成护眼液，用魔芋葡甘聚糖、NaCl、$CaCl_2$、硼砂等制成的眼科治疗液能有效地防止眼睛干涩。

2)缓释材料

在医药工业中，利用魔芋葡甘聚糖的凝胶特性及在体内不易消化的特性，可制作栓剂基质和缓释药片。例如，盐酸狄布卡因(dibucaine hydrochloride)栓，是由 15%的盐酸狄布卡因、4%的魔芋葡甘聚糖、0.03 mol/L 的硼砂溶液于 60 ℃加热，制成直径 0.3 cm、长 1 cm 的微型栓剂，不仅具有与甘油明栓相似的弹性，而且有更佳的缓释效果，其药物的释放符合 Hignchi 方程。

魔芋葡甘聚糖还可以通过不溶性骨架制作口服缓释系统，将魔芋葡甘聚糖溶液与硼砂溶液或饱和氢氧化钙溶液混合加热，使其成为不可逆凝胶，将该凝胶浸入药液中达到平衡后干燥，待与水接触时药物缓慢释放。以此作为茶碱缓释制剂，而且释放过程中不受 pH 的影响，药物释放不仅持续、完全，通过改变凝胶的表面积、厚度和凝胶的理化性质还能达到控制药物释放速率的目的。

魔芋葡甘聚糖的亲水凝胶骨架片，作为亲水性的药物缓释体系，与水接触时表面形成黏稠的伪凝胶层，从而控制药物的释放。以魔芋葡甘聚糖与其他辅料制成的消炎痛缓释片和控释片，通过人体口服给药进行药物动力学评价，结果表明有良好的效果。

日本利用魔芋葡甘聚糖与其他高分子材料混合，制成的骨架片能够更好地控制药物释放，以氯丙烯酸树脂、魔芋葡甘聚糖、氯霉素和其他辅料制成的骨架片在人工胃液中进行溶出试验，4 h 释放 44%。魔芋葡甘聚糖与普鲁士蓝混合，其缓释效果优于单独的普鲁士蓝，药物释放速率接近零级。

魔芋葡甘聚糖还被用于化学农药及化肥的缓释和水果蔬菜的保鲜等。

3）保水材料

魔芋葡甘聚糖也是一种良好的化妆品基质，基于它的吸水性及膨润性，可改善皮肤对化妆品的感触，对头发又有柔软化的效果，同时还可使头发有光泽。应用魔芋葡甘聚糖水溶液，加入甘油、Moisture C（一种具有润湿作用的助剂）、柠檬酸、防腐剂等制成洗液，该洗液对皮肤具有很好的润滑和保湿作用。

魔芋精粉还可制作成高吸水材料，如日常生活中的尿不湿、餐巾纸等以及与园艺、农业有关的吸水材料，不仅制作方便，对人体无害，也不造成环境污染。以魔芋葡甘聚糖制作胶体炸药，该炸药在空气中非常稳定且对碰撞不敏感，存放较长时间也不失效，不仅可用于一般爆破，还能用于水下，其应用范围较为广泛。

4）环境友好材料

在建筑物和道路的拆修过程中会产生大量灰尘，污染环境。将 0.1%～0.5%的魔芋葡甘聚糖、0.1%～10%的碱和 0.2%～1%表面活性剂混合后，喷洒在将要拆修的建筑物和道路表面，就可防止在施工中产生灰尘。而利用魔芋葡甘聚糖凝胶的缓释作用，将包埋在其中的杀菌剂缓慢释放出来，用以处理城市废水，效果显著，能有效防止藻类的生长。

5）分离支撑材料

魔芋葡甘聚糖经酯化、成型、皂化和交联后，可制成色谱填料，这种填料的特点是能耐受高的流速和减少水洗再生的时间。首先将魔芋葡甘聚糖加水溶胀后，以乙醇沉淀，待沉淀干燥后用甲酰胺溶胀，在吡啶催化下，加乙酸酐酯化魔芋葡甘聚糖，使酯化度大于 85%。然后将纯化后的魔芋葡甘聚糖酯溶于低沸点有机溶剂（如氯仿）中，使之浓度为 0.5%～2%，并加稀释剂（如苯）调整魔芋葡甘聚糖的溶胀度，以便产生微孔。随后将上述有机溶剂悬浮于保护剂聚乙烯醇（PVA）水溶液中，并不断搅拌使之均匀分散成 1～50 μm 的液滴。挥发去除有机溶剂，冷却即得到类似浮石的多孔球状物。为恢复水溶性需要进行皂化，并注意稀释剂浓度，以便形成多孔微球,接着环氧氯丙烷与丙醇/二甲亚砜溶液进行交联。交联结束后,分别用丙酮、中性表面活性剂和水洗涤,得到强度很高,不溶于水、酸和碱的离子交换色谱填料。

魔芋葡甘聚糖通过不同的活化处理,可用于多种酶的固定化,例如,通过铁活化后可用于固定化葡萄糖水解酶,或对微生物细胞进行固定化;魔芋葡甘聚糖经不溶性处理制备成固定化载体,用环氧氯丙烷-己二胺-戊二醛活化,用于固定化环糊精葡糖基转移酶。

魔芋葡甘聚糖因其高分子量和特殊的空间结构,还可用作凝胶渗透色谱(GPC)填充材料,达到分离排除大分子的目的,平均大小为 1～50 μm 的交联魔芋葡甘聚糖颗粒,可排除分子量为 105 万～200 万的大分子。此外,交联魔芋葡甘聚糖还可用作色谱固定相以分离蛋白质和 DNA,并且 DEAE-魔芋葡甘聚糖凝胶能有效吸附,同时还能初步分离羊红细胞中的超氧化物歧化酶,吸附效率为92%～95%。

6)膜材料

利用魔芋葡甘聚糖与其他高分子材料共混可以得到性能良好的复合膜材料。将魔芋葡甘聚糖和蓖麻油基聚氨酯、羧甲基纤维素钠共混,使之在特定条件下反应可得到半互穿网络结构,从而赋予共混材料很好的强度和透明性及光学特性与生物降解性;壳聚糖与魔芋葡甘聚糖有很强的共混作用,共混膜的稳定性、保水性明显比单独的壳聚糖或魔芋葡甘聚糖高,机械性能大幅度改善。以聚氨酯和脱乙酰魔芋葡甘聚糖制成的抗水性物质具有极强的拉伸强度及抗水性能和突出的光学透明性。将聚丙烯酰胺加入魔芋葡甘聚糖的溶胶中,得到的共混膜无论是在热稳定性、吸水率还是在机械性能上均有显著提高。将魔芋葡甘聚糖和聚乙烯吡咯烷酮共混,由于新的结晶区的形成,膜的热稳定性和拉伸强度、断裂伸长率均有明显提高,可制作血液相容性材料。当将魔芋葡甘聚糖添加到纤维素中,随着其添加量的增加,共混膜的结晶性有所增强,随之热特性、保水性及机械性能均有所提高。可将魔芋加工成厚为 1 mm 或 2 mm 的生物膜用于烧伤创面的治疗,魔芋葡甘聚糖对治疗创面感染、促进早期创面微循环、减小需植皮的面积、缩短创面愈合时间有明显的效果(彭世军和张升辉,1999)。

此外,采取不同的化学改性和成膜方法,得到了效果较好的保鲜膜材料,可用于柑橘、龙眼等的保鲜,并可以阻止农药向果肉迁移。将魔芋葡甘聚糖与海藻酸钠共混膜保鲜荔枝,也取得了良好的应用效果。

3. 在环境保护中的应用

1)安全保鲜剂

魔芋保鲜剂是利用魔芋葡甘聚糖的多羟基,经适当的改性后,再加入适量添加剂制备而成的一种新型安全无毒保鲜剂，其性能和效果优于魔芋精粉和纯的魔芋葡甘聚糖制成的保鲜剂。经生产性试验证明，该保鲜剂适用于多种水果、蔬菜、净菜、干果、禽蛋保鲜，常温下可维持 7～10 天，而保鲜皮蛋在常温下可储存一年仍可保持其特殊的营养价值(李波和谢笔钧，2000)。该保鲜剂的特点是生产成本低、易工业化生产、工艺路线先进合理、无污染，并可防止农药或防腐剂向果皮果肉迁移，且安全无毒，保鲜效果优于英国进口的 Samperfresh 保鲜剂。

2) 魔芋可食性包装薄膜

以魔芋精粉为原料，经化学和酶学方法改性后形成制膜胶液，再经流涎凝固法成膜工艺成膜，最后通过表面处理技术处理，得到魔芋可溶可食薄膜。研制的薄膜在冷水中不溶解，而在 60 ℃以上的热水中迅速溶解，且各项技术指标已达到国家包装材料标准，可广泛应用于药品冲剂、食品、方便面调味料及固形饮品的包装，具有广阔的应用前景(黄艳等，2016)。

3) 魔芋葡甘聚糖共混膜

共混是提高高分子材料性能的有效方法。以溶液共混法成功制备出壳聚糖与羧甲基魔芋葡甘聚糖共混膜，FTIR、XRD、SEM 及透光率测试表征了其结构，并测试了其吸水率和力学性能。结果表明：壳聚糖与羧甲基魔芋葡甘聚糖在共混膜中存在强烈的相互作用及良好的相容性；共混膜的力学性能随羧甲基魔芋葡甘聚糖含量的增大而得到明显提高。当壳聚糖与羧甲基魔芋葡甘聚糖质量比为 7∶3 时，共混膜的抗张强度最大，其干、湿态抗张强度分别达 89 MPa、49 MPa，比纯壳聚糖膜的干、湿态抗张强度分别提高了 97.8%、147.5%。该共混膜作为一种潜在的生物医用材料，具有广阔的应用前景。

4) 魔芋农用薄膜

以聚乙烯和聚氯乙烯为基料的塑料薄膜的广泛应用，在给农业带来丰收和人们的日常生活带来方便的同时，废弃的塑料堆积也在环境和农田中造成严重的污染，影响农业的可持续发展。以魔芋精粉为主要原料研制的薄膜在机械强度、透明度和柔韧度等方面均与聚乙烯薄膜相当，生产成本略高于聚乙烯薄膜。整个生产过程不产生任何对环境污染的废水、废气和废渣。该薄膜除了能被生物完全降解之外，还有其他优良特性，例如，此种膜有空气调节作用和防滴功能，因此用此种膜搭盖的温室不需要人工通风换气，也不会产生露滴危害，而且此种膜能够反射土壤发散的波长为 17 μm 的热波，有利于保持地温。

5) 化肥、农药缓释剂

化肥、农药一般多为小分子化合物，因此有吸收快、见效快的优点，但是由于它们的分子量小、水溶性好，因此在喷施后遇雨就大量流失，效果降低且污染环境。缓释化肥也称长效肥料，是指人为地控制速效氮肥的溶出速率，提高肥效，减除污染，因此当前世界各国都在竞相研发缓释化肥新品种，可利用魔芋葡甘聚糖在适当的交联剂作用下成膜，包裹化肥，使化肥缓慢释放，延长作用时间，避免雨后流失。由于魔芋葡甘聚糖是亲水性的，因此包膜能吸水溶胀，使根系周围土壤保持一定的水分，增强肥效，有利于植物生长。缓释农药喷洒后，它与叶面有亲和黏附性，可避免在叶面成滴滚落，并在叶面形成薄膜，不仅药效增强，而且减少叶面蒸腾，使肥效增大。我国是化肥、农药使用量最大的国家之一，市场需求极大，该研制已基本定型。

6）魔芋种子包衣剂

包衣试验表明由改性魔芋精粉与渗透剂、分散剂等辅料组成的液状种衣成膜剂，包被于植物种子上，不仅干燥快、包膜均匀，而且其包衣合格率和种衣牢固度均符合国家对种衣剂包衣种子的标准。包衣种子吸水只溶胀而不溶解，与常用农药、植物生长调节剂有良好的兼容性、分散性和悬浮性，还可与其他有效成分复配成供不同作物使用的、具有不同用途的种衣剂，起到保水、保湿及有效成分的缓释作用，可保证种子包膜质量。

7）魔芋表面活性剂

应用现代酶化工新技术，将魔芋精粉中的魔芋葡甘聚糖开发成一种"绿色"的阴离子型表面活性剂，产品具有保湿、成型、成膜、发泡、乳化及稳定等多种界面活性性能。在混合料与空气界面上产生活性，影响起泡性和膨胀率，在高温喷雾或低温冷冻中，能够起到脂肪粒附聚的破乳作用，促进各种有机成分凝聚，形成三维网络结构，构成产品中的骨架，稳定保持了魔芋葡甘聚糖良好的膨胀系数及保水性，形成保形性和口感性较好的组织结构。在水相的 W/O 型乳化系统中，发挥了魔芋葡甘聚糖优良的黏稠性及胶凝性，增加了气泡表面黏度，稳定了乳化系统，且具有防止脂肪类物质合并的作用。在系列轻化产品配方中，可替代部分乳化剂、稳定剂，避免缺乏稳定性的缺点，改善口感及组织结构，防止过量添加某些添加剂产生的不良风味。

8）魔芋涂料系列

环保型建筑涂料是当今涂料业发展最为迅速的一类涂料，每年以超过 10%的速度增长。通过实验室反复试验和扩大试验及规模为 10 t 的中试试验，利用化学双改性与物理共混相结合，对魔芋精粉进行处理，成功解决了其附着力差，成膜不连续，耐水、耐洗擦性差，抗霉变能力差及胶液不稳定等关键问题。研制出的六种内墙涂料和一种外墙涂料，分别达到内墙乳胶漆（GB/T 9756—1995）和外墙涂料（GB 9755—1995）的国家标准。耐洗擦性可达 3500 次以上，附着力强，达到完全不掉粉，具有优良的耐水、耐碱性。气相色谱检测表明，无任何挥发性物质。产品干涂层在高湿环境下，两星期未见霉变，50 ℃储存两个月，无分层、霉变、变色，另外该系列涂料还有流平性好、耐寒性好、涂层硬度高、低温成膜性好等突出优点。中试产品经三个月储藏后，性能与储藏前一致。而经过长达十四个月的规模化生产，该产品显示了极强的生命力和工艺适应性，产品销售势头良好。此外，魔芋精粉及飞粉还可用于建筑黏接或助剂。在此基础上，研究的纳米改性魔芋涂料也取得了很好的进展，有望得到性能更佳的环保涂料。

9) 魔芋建筑胶黏剂

采用了魔芋中的天然魔芋葡甘聚糖，辅以无毒的优质多功能助剂，经聚合反应而得魔芋建筑胶黏剂，用量少，黏度高，成膜快，性能稳定，使用简单，性能优异。可配制成水性涂料以替代耐性差的 106 内墙涂料及各种干粉涂料，涂层硬度高，光泽好，耐水洗，不龟裂。

10) 魔芋防雾涂层

防雾涂层试验表明，魔芋基防雾涂层多项防雾效果优于明胶基的防雾涂层，且其黏附力、强度、透光率都有了很大的提高，防雾时间达到了明胶基防雾涂层的 3 倍，无任何环境污染，且可以生物降解(Xiao et al.，2001)。

11) 纺织印染工业

用改性的魔芋葡甘聚糖制成的活性染料印花，经试验证明，改性的魔芋葡甘聚糖的成糊率、流变性、保水性均优于目前的印花糊料——海藻酸钠。它的印制效果良好，印花轮廓清晰，着色均匀，给色量高，无痕，无脱色、堵网等疵病，糊料洗脱性能好。用改性的魔芋葡甘聚糖代替海藻酸钠无疑具有可观的经济效益和社会效益。在魔芋糊涂料印花应用中，利用魔芋粉成膜率高和含固量较低的特点，用魔芋糊来代替乳化糊，以此来提高印染加工和产品的生态质量，并降低生产成本。

12) 絮凝剂

目前在给水和排水的水处理过程中，都采用了凝胶絮凝工艺，其中絮凝剂一般为金属铝盐，近年来又多采用聚合铝为絮凝剂，但无论是普通铝盐或聚合铝都易造成铝的二次污染，因此寻找高效无害的絮凝剂已成为环保中一个急需解决的课题。魔芋葡甘聚糖分子中除了葡萄糖与甘露糖的残基存在，还有乙酰基存在，这些基团经化学改性，可制备离子化的魔芋葡甘聚糖，从而使魔芋葡甘聚糖成为水溶性好、电荷量大的新型高分子絮凝剂。与聚合铝相比，魔芋葡甘聚糖絮凝剂分子量大，分子结构成网状，更利于包裹吸附悬浮粒子，且絮凝效力强，形成的絮凝体大，沉降速度快。最重要的是克服了铝的二次污染，完全符合保护水资源、维护生态环境和人类健康以及可持续发展的大趋势，研究的关键还是降低成本。

13) 魔芋葡甘聚糖/纳米 SiO_2 杂化材料

由魔芋葡甘聚糖、干燥的纳米 SiO_2、Hydropalat 436、丙二醇、六偏磷酸钠、SN-Disperant 5040 制得的纳米杂化材料，达到了实际的分散水平，大部分颗粒的粒径在 100 nm 以下，没有团聚现象。魔芋葡甘聚糖与 SiO_2 共混材料中，除简单的分散作用外，可能还存在其他化学作用，可望用于涂层、保鲜等方面。

14）固定化载体

Perols 等（1997）利用魔芋葡甘聚糖冷熔水凝胶制备干酪产品，在凝结过程中形成小珠，并包裹蛋白水解酶来促进蛋白质水解，然后随着小珠液化而熟化释放出酶。利用改性魔芋葡甘聚糖可制成无固相冲洗液，该液具有失水量低，黏度可调，抗盐、抗钙性能强及理化性能好等特点，可制成色谱填料，通过不同的活化处理，可用于多种酶的固定化，还可用作 GPC 填充材料。

15）化妆品

在化妆品生产中，利用魔芋葡甘聚糖有很好的亲水性能和成膜特性，对头发、皮肤等有很好的保护作用，能防止头发、皮肤失水，避免阳光直射。目前已开发成功魔芋系列香波、发乳、润肤霜和防晒霜等。利用魔芋葡甘聚糖良好的保湿、乳化、分散、增黏增稠、成膜黏附等性质研制了魔芋天然系列化妆品，如保湿润肤霜、晚霜、润肤乳液、美白霜、抗皱霜、洁面胶、按摩霜等。现已证明，开发出的魔芋润肤霜、润肤乳液有很好的效果。

16）全天然魔芋消毒纸巾（液）

全天然魔芋消毒纸巾（液）是在湿纸巾应用逐渐普及，而实际应用效果不佳的市场背景下提出的一项研究课题，目前研究已经基本完成。该纸巾全部采用天然材料，在绿色改性的要求下完成整个工艺过程，产品显示了极好的保水性能，远优于市售的湿纸巾，柔软舒适，对皮肤无任何刺激，且在 10 min 内对金黄色葡萄球菌和大肠杆菌的杀灭率可达 99% 以上。

参 考 文 献

付沁璇, 刘欣. 2016. 玫瑰花茶果冻研制及生产工艺. 农产品质量安全, (10): 22-23

龚加顺, 刘佩瑛, 刘勤晋. 2004. 魔芋多糖在茶饮料中的稳定作用机理研究. 茶叶科学, 24(2): 141-146

古元冬, 史建勋. 1999. 魔芋多糖的抗衰老作用. 中草药, 30(2): 22-23

郭际, 邱杰. 1996. 魔芋资源研究与开发利用综述. 农业工程学报, 10(3): 25-28

何东保, 彭学东. 2001. 卡拉胶与魔芋葡甘聚糖协同相互作用及其凝胶化的研究. 高分子材料科学与工程, 17(2): 28-30

黄艳, 张姨, 徐小青, 等. 2016. 魔芋葡甘聚糖可食膜配方优化. 食品工业科技, 37(4): 330-336

姜发堂. 2007. 高吸水性魔芋葡甘聚糖接枝共聚物的制备及其性能研究. 华中农业大学硕士学位论文

姜靖, 钟进义, 林建维. 2009. 魔芋多糖对小鼠胃肠组织胃动素与生长抑素的影响. 营养学报, 31(5): 475-477

李波, 谢笔钧. 1999. 国外魔芋葡甘聚糖的开发研究现状. 农牧产品开发, (8): 6-7

李波, 谢笔钧. 2000. 魔芋葡甘聚糖可食性膜材料研究(I). 食品科学, 21(1): 19-20

刘红. 2002. 魔芋葡甘聚糖对四氧嘧啶糖尿病小鼠高血糖的防治作用. 中国药理学通报, 18(1):

54-55

罗学刚. 2000. 高强度可食性麾芋葡甘聚糖薄膜研究. 中国包装, 20(1): 89-91

吕影, 黄训端, 夏晨, 等. 2008. 魔芋提取物对受辐射小鼠抗氧化及生精能力的影响. 环境与健
　康杂志, 25(2): 164-166

马惠玲. 1998. 魔芋精粉物理改性研究. 食品工业科技, (5): 27-31

莫湘涛, 张梅芬, 李敏艳. 1998. 生物法提取魔芋中葡甘露聚糖. 湖南师范大学自然科学学报,
　21(1): 85-88

彭世军, 张升辉. 1999. 魔芋生物膜敷料治疗烧伤的临床研究. 湖北民族学院学报(医学版),
　16(3): 8-10

彭恕生, 张茂玉. 1994. 魔芋精粉对大鼠脑、肝、心血管细胞老化的影响. 营养学报, 16(3):
　280-284

师文添. 2015. 魔芋燕麦面包的研制. 食品研究与开发, 36(19): 102-105

孙天玮, 周海燕, 詹逸舒, 等. 2008. 不同种魔芋主要成分及加工方法对产品的影响. 湖南农业
　大学学报(自然科学版), 34(4): 413-415

王志江, 李致瑜, 黄水华, 等. 2011. 不同魔芋葡甘聚糖降解物抑制肿瘤活性的比较研究. 食品
　与机械, 27(5): 72-74

王忠霞, 杨莉莉. 2002. 魔芋精粉对高脂伺料喂养大鼠的脂质代谢及血液黏度的影响. 卫生研究,
　31(2): 120-122

尉芹, 马希汉. 1998. 魔芋开发利用研究综述. 西北林学院学报, 13(3): 62-67

文泽富. 1992. 魔芋葡甘聚糖在食品中的应用. 食品工业, (3): 36-37

吴波, 陈运中, 徐凯. 2008. 魔芋葡甘聚糖的氧化改性及其性质研究. 粮食与饲料工业, (5):
　15-16

许时婴, 钱和. 1991. 魔芋葡甘聚糖的化学结构与流变性质. 无锡轻工业学院学报, 10(1): 1-12

张茂玉, 侯蕴华. 1997. 魔芋精粉抗肠道肿瘤和免疫作用的研究. 华西医科大学学报, 28(3): 324

张焱, 杨光钰. 1996. 丙烯酰胺与魔芋粉接枝反应规律的研究. 华中师范大学学报(自然科学版),
　30(3): 309-313

Herranz B, Borderiasa A J, Solo-de-Zaldivar B, et al. 2012. Thermostability analyses of glucomannan
　gels. Concentration Influence Food Hydrocoll, 29(1): 85-92

Katsuraya K, Okuyama K, Hatanaka K, et al. 2003. Constitution of konjac glucomannan: chemical
　analysis and ^{13}C NMR spectroscopy. Carbohydr Polym, 53(2): 183-189

Li B, Xie B J, Kennedy J F. 2006. Studies on the molecular chain morphology of konjac
　glucomannan. Carbohydr Polym, 64(4): 510-515

Nishinari K. 2000. Konjac glucomannan. Dev Food Sci, 41: 309-330

Onishi N, Kawamoto S, Suzuki H, et al. 2007. Dietary pulverized konjac glucomannan suppresses
　scratching behavior and skin inflammatory immuneresponses in NC/Nga mice. Int Arch Allergy
　Immunol, 144(2): 95-104

Pérols C, Piffaut B, Scher J, et al. 1997. The potential of enzyme entrapment in konjac cold-melting
　gel beads. Enzyme Microb Technol, 20(1): 57-60

Tester R F, Al-Ghazzewi F H. 2016. Beneficial health characteristics of native and hydrolysed konjac
　(*Amorphophallus konjac*) glucomannan. J Sci Food Agric, 96(10): 3283-3291

Tobin J T, Fitzsimons S M, Chaurin V, et al. 2012. Thermodynamic incompatibility between denatured whey protein and konjac glucomannan. Food Hydrocoll, 27(1): 201-207

Xiao C B, Lu Y S, Zhang L N. 2001. Preparation and physical properties of konjac glucomannan-polyacrylamide blend films. J Appl Polym Sci, 81(4): 882-888

Yoshimura M, Takaya T, Nishinari K. 1996. Effects of konjac-glucomannan on the gelatinization and retrogradation of corn starch as determined by rheology and differential scanning calorimetry. J Agric Food Chem, 44(10): 2970-2976

Zhang L, Wu Y L, Wang L, et al. 2013. Effects of oxidized konjac glucomannan(OKGM) on growth and immune function of *Schizothorax prenanti*.. Fish Shellfish Immunol, 35(4): 1105-1110

Zhu F. 2018. Modifications of konjac glucomannan for diverse applications. Food Chem, 256: 419-426

第 4 章　魔芋低聚糖

低聚糖(oligosaccharide, oligose)是指由 2～10 个单糖残基通过糖苷键连接而成的低度聚合糖，又称寡糖。低聚糖按功能特性大致可分为两大类：普通低聚糖和功能性低聚糖。普通低聚糖主要是指蔗糖、麦芽糖、乳糖等可以被人体消化利用的低聚糖，而功能性低聚糖则是指难以被人体消化吸收，甜度低，热量低，基本不增加血糖和血脂，但对人体具有重要生理功能的低聚糖(郭际等，1996)。功能性低聚糖广泛应用于食品、保健品、饮料、医药、饲料添加剂等领域。

魔芋低聚糖即魔芋葡甘低聚糖(konjac oligo-glucomannan)，是魔芋葡甘聚糖的降解产物，是以葡萄糖和甘露糖残基为基本单位，通过 β-1,4 或 β-1,3 糖苷键连接而成，聚合度在 2～10 的，具有直链或支链的低聚糖。魔芋低聚糖是一种由多种成分构成的混合物，且因降解方法不同，有着不同的聚合度和化学组成。Shimahara 等用从魔芋球茎中提取的片甘露聚糖粗酶液对魔芋葡甘聚糖水解后，得到 M-M、G-M、G-G、M-M-M、G-M-M、M-G-M、G-G-M、M-M-M-M、G-M-M-M、G-M-M-G、G-G-M-M、M-M-M-M-M、G-M-M-M-M-G(G 代表葡萄糖，M 代表甘露糖)等一系列葡甘低聚糖的产物。

魔芋低聚糖为非还原糖，其味微甜，口感清爽纯正，易溶于水及极性有机溶剂，但不溶于乙醇、乙醚、丙酮等有机溶剂。目前魔芋低聚糖产品主要包括糖浆和糖粉两种，其中魔芋低聚糖糖浆为无色或者淡黄色液体，而魔芋低聚糖糖粉通常为白色或者淡黄色粉末。由魔芋低聚糖的分子结构可知，魔芋低聚糖分子链中含有乙酰基团和大量的羟基，且其分子中 C_2、C_3、C_6 位上的—OH 均具有较强的反应活性，可方便地对其进行脱乙酰基或酯化、螯合离子化等化学改性处理，依此可制备成具有各种特异功能的衍生物。

4.1　魔芋低聚糖降解技术

4.1.1　魔芋葡甘聚糖物理法降解

1. 机械力降解

超微粉碎技术指采用物理的方法，克服颗粒的内聚力，使物料破碎后粒度达到 10 μm 以下，从而引起物料性质的巨大变化。近 20 年来，该技术快速发展，已渗透到电子、材料、航天、医药、食品等领域。相关研究表明，超微粉碎可以导致魔芋葡甘聚糖发生部分降解（机械降解），且粉碎程度越大，魔芋精粉粒度越小，对魔芋葡甘聚糖分子的降解程度也越大，甚至可生成一定量的魔芋低聚糖。丁金龙等（2008）对魔芋精粉进行超微粉碎处理，并对处理后魔芋精粉比表面积、表观密度、流动性、色度、溶胀速度及溶胶粒度等物理性质进行研究，结果发现超微粉碎处理的魔芋精粉，随黏度的减小，粉粒的比表面积增大，色度有所改善，而其表观密度、流动性、溶胀时间及溶胶的表观黏度却呈下降趋势。与未处理的魔芋精粉（80 目）相比，用 BFM-6 型贝利微粉机处理后的魔芋精粉（600 目）黏度下降 93.06%，分子量下降 68.45%，葡甘聚糖含量下降 9.02%，魔芋低聚糖的含量为7.56%。对魔芋精粉的超微粉碎还有可能产生大量的自由基，且在一定范围内，随着粉碎时间的延长，产生的自由基浓度增大，但在这种情况下产生的自由基很不稳定，具有减速淬灭的趋势。此外，粉碎过程中产生的机械力化学激活效应，会在魔芋精粉颗粒表面形成诸多高活性点。基于此机理，在大量高能自由基和高活性点存在的情况下，如果能结合特定的物理场和化学改性剂处理，则可实现对魔芋葡甘聚糖进行机械力化学改性。至于超细粉碎处理过程中高活性自由基的产生，是否会给生物功能性物质带来负面的影响，甚至是消费安全性问题，值得进一步研究。

2. 超声波降解

超声波是物质介质中的一种弹性机械波，在液体中的波长为 10～0.015 cm（相应的频率为 15kHz～10 MHz），远大于分子的尺寸，在液体中产生微小的空化气泡（空泡）。"声空化作用"就是在声场作用下液体中的空泡振动、生长和崩溃闭合的动力学过程。超声波法被认为是高聚物降解中比较理想的一种物理方法，借助超声波的空化作用和机械效应（传声媒质的质点振动、加速度及声压等力学量）及热效应，使大分子链发生断裂，降低其分子量，且使分子量分布变窄。有研究表明，采用适当频率或功率的超声波处理，能有效地打断魔芋葡甘聚糖大分子链，降解魔芋葡甘聚糖分子的聚合度，甚至形成魔芋低聚糖。

与化学法等多糖降解方法相比，超声处理降解魔芋葡甘聚糖具有过程简单、处理速度快、副产物少、运行成本低的特点，是一种具有工业发展前途的魔芋葡甘聚糖降解方法。近年来，超声处理作为一门新的工业技术，已在多糖的降解中得到了应用。

党娅等（2015）研究了超声功率、时间、料液比、pH 等因素对魔芋葡甘聚糖降解的影响。用乌氏黏度计（直径 0.6～0.7 mm）在 25℃条件下测定其降解产物的黏度变化情况。将浓度为 10.0 g/L 魔芋精粉胶液用功率为 100 W 的超声波处理10 min、30 min、50 min、70 min、90 min、110 min，其黏度随着超声处理时间的延长，溶液黏度逐渐降低，但在 70 min 后，黏度降低速度明显减缓。体系黏度的大小反映了魔芋葡甘聚糖的降解程度，即黏度越小，魔芋葡甘聚糖降解程度越大。分析认为，降解开始时，体系中魔芋葡甘聚糖具有较大的平均分子量，存在较多的可被降解的糖苷键，因而降解效果比较明显，但是当魔芋精粉胶液降解到一定程度后，体系中魔芋葡甘聚糖的平均分子链变短，可被降解的糖苷键"浓度"变小，降解速率减慢，表现出体系黏度变化趋缓。另外，超声作用对聚合物的降解存在"极限聚合度"，即高分子链降解到一定程度后就不再降解了。因此，延长超声降解时间，体系黏度会不断下降，但是降幅会越来越小，表明降解产物的平均分子量下降越来越慢。虽然试验没进一步延长降解时间，但从降解趋势来看，得到了采用一定功率的超声波降解，其产物具有一个底线这样的结论，这一点和 Isono 等（1994）、黄永春等（2006）报道的一致。

将 10.0 g/L 魔芋精粉纯净水胶液，在超声功率分别为 40 W、60 W、80 W、90 W、100 W 下处理 100 min，超声功率越大，胶液黏度越低，且黏度随超声功率增大几乎呈线性下降。分析认为，超声波对魔芋葡甘聚糖的降解是由"超声空化"作用引起的，即随着超声功率的增加并达到特定的临界值时，声压幅值就可以克服液体内聚力，使液体被撕开形成空化泡；此外，在超声波作用下，液体内局部出现拉应力而形成负压，压强的降低使溶于液体中的气体过饱和，并从液体逸出，成为小气泡。液体中的微小气泡在超声波作用下产生振动，当声压达到一定值时，气泡将迅速膨胀，然后突然破灭闭合，在气泡破灭闭合时周围液体突然冲入气泡而产生高温、高压（可高达几十兆帕至上百兆帕），使魔芋葡甘聚糖发生机械降解。

分别将浓度为 5.0 g/L、7.5 g/L、10.0 g/L、12.5 g/L、15.0 g/L 的魔芋精粉纯净水溶胶，用 100 W 功率超声波处理 100 min，结果表明，在魔芋精粉溶胶浓度小于 10.0 g/L 时，随魔芋精粉溶胶浓度的不断增大，其黏度逐渐减小；而当魔芋精粉溶胶浓度大于 10.0 g/L 时，随魔芋精粉溶胶浓度的增大，魔芋精粉溶胶黏度又迅速增大。"空穴效应"造成的魔芋葡甘聚糖分子之间的碰撞对降解有一定的贡献。在料液比相对较小时，体系黏度相对较小，分子或基团振动强度大，剪切碰撞力度大，且在一定的浓度范围内，随料液比的增大，可降解的葡甘聚糖分子数增多，"空穴效应"显著，葡甘聚糖降解明显；但当料液比增大到一定程度时，体系浓度过高，分子排列过于紧密，体系黏度过大，分子或基团运动阻力增大，振动强度减弱，剪切碰撞力度减小，"空穴效应"减弱，从而导致降解作用也减弱，降解物黏度增大。

将料液比为 10.0 g/L、pH 分别为 0.5、1、2、3、5 的魔芋精粉纯净水溶胶，用 100 W 功率超声波处理 100 min 进行降解，降解产物的特性黏度随 pH 的增大呈上升趋势，说明酸性越强，降解效果越好。分析认为，酸对葡甘聚糖也具有较强的酸解作用，因此，在 pH 较小时，酸解和超声波降解作用同时进行，故降解效果显著，体系黏度较小，而随着 pH 的增大，酸解作用减弱，因而总的降解效果减弱，体系黏度增大。

陈峰和钱和(2008)对超声波降解魔芋葡甘聚糖的工艺条件进行了研究。结果表明：在超声功率为 300 W，魔芋葡甘聚糖浓度为 4 g/L，降解时间为 10.35 min 条件下对魔芋葡甘聚糖进行处理后，得到的降解产物的特性黏度为 158.6 mL/g、分子量为 43 831、分散度为 1.59。

Lin 和 Huang(2008)利用超声波降解魔芋葡甘聚糖制备不同分子量的魔芋低聚糖，并将其作为脂肪替代品用于中式香肠生产，结果表明对香肠的质地和口感无不良影响。汪超等(2010)对魔芋葡甘聚糖溶胶进行超声波处理，考察了其对魔芋葡甘聚糖分子构象的影响，结果发现：超声波能使魔芋葡甘聚糖分子的旋光度变小，且数值变化趋势符合线性函数规律；随超声波处理时间的延长，魔芋葡甘聚糖分子量逐渐减小，且魔芋葡甘聚糖水溶胶浓度越小，影响程度越大；在分子量变化的同时也产生了分子构象的规律变化。

3. 辐照降解

γ 射线为放射性同位素核衰变过程中释放的，具有高能量、长射程及强穿透力等特点的光子流。用 ^{60}Co-γ 射线辐照多糖类物质，如壳聚糖、魔芋葡甘聚糖、淀粉及纤维素等，会使其分子发生断裂而降解，结果导致其黏度和结晶度下降、水溶性增强及对酶敏感性增强等。Xu 等(2007)用 ^{60}Co-γ 射线对魔芋葡甘聚糖粉末进行辐照处理，发现处理后的魔芋葡甘聚糖样品的重均分子量显著下降，表观黏度也随之显著下降；亮度(L)和红度(a)降低，黄度(b)显著增加；溶胶的黏度稳定性提高，并产生了部分魔芋低聚糖。研究发现高剂量的 γ 射线辐照处理会导致晶体的结构受到不同程度破坏，导致热稳定性下降，但 γ 射线辐照不会对魔芋精粉颗粒的形貌造成明显破坏。日本学者 Prawitwong 等(2007)采用辐照处理魔芋精粉，魔芋葡甘聚糖的结构随 γ 辐照吸收剂量增加，自由基产量增加，辐照导致链断裂，但除了增加少量羧基，没有引入新的重要的化学基团；当剂量增加到 10 kGy，固有黏度、摩尔质量、旋转半径迅速下降，然后下降速度变缓。徐振林等(2006)研究了 ^{60}Co-γ 射线对魔芋葡甘聚糖的辐照降解作用，通过凝胶渗透色谱、热重法等分析手段对魔芋葡甘聚糖降解产物进行了性能表征。结果表明，魔芋葡甘聚糖的分子量随辐照剂量的增大而减小，将魔芋精粉分别用 5.0 kGy 和 100.0 kGy 辐照处理后，魔芋葡甘聚糖的平均分子量从辐照前的 4.81×10^5 下降至 $3.70 \times 10^5 \sim 3.98 \times 10^4$；辐照处理还可提高魔芋葡甘聚糖对葡甘聚糖酶的敏感程度，同时魔芋精粉经辐照处理后的热稳定性较好，这一性质使魔芋精粉可以作为薄膜基底材料，应用于高温稳定光电子高新技术材料的开发。

　　徐振林等(2008)对魔芋葡甘聚糖的辐照降解进行了系列研究，主要探讨了不同剂量 ^{60}Co-γ 射线辐照对魔芋葡甘聚糖黏度的影响，并用自行筛选的 β-甘露聚糖酶水解辐照过的魔芋葡甘聚糖，然后用活性炭对糖液进行初步脱色，再用离子交换树脂进一步脱色及脱盐，经冷冻干燥，获得了纯度较高、色泽良好的魔芋低聚糖。他们将魔芋精粉样品用聚乙烯塑料袋密封，每包 100 g，室温下辐照，点源为 ^{60}Co，源活度为 3.7×10^5 Bq，辐照剂量分别为 0 kGy、5 kGy、10 kGy、20 kGy。对辐照样品的分析表明，随着辐照剂量的增加，魔芋精粉的黏度不断下降。质量分数为 1.8%的魔芋葡甘聚糖水溶胶未经辐照处理时黏度为 578.2 Pa·s，当用 20 kGy 剂量辐照处理后，质量分数为 5.0%的魔芋葡甘聚糖水溶胶的黏度仅为 66.38 Pa·s，说明 ^{60}Co-γ 射线辐照处理可以降低魔芋精粉的黏度。进一步研究还表明，辐照处理还会在一定程度上提高魔芋葡甘聚糖的酶解效率。经辐照过的魔芋精粉在 50℃、pH 6.0 和酶活力 60 U/g 的条件下酶解 24 h 后，所得产物的聚合度为 8。

4.1.2　魔芋葡甘聚糖化学法降解

1. 氧化降解法

　　臭氧的氧化能力在自然界仅次于氟，对有机物和无机物具有较强的氧化能力，它的强氧化能力可以导致不饱和有机分子的破裂。

　　娄广庆等(2009)研究了臭氧对葡甘聚糖的氧化降解情况。结果表明：臭氧对魔芋葡甘聚糖有较明显的降解作用，溶液的 pH 随臭氧处理降低，且溶液的黏度降低百分比(VDP)与 pH 的变化具有较强的相关性。分析认为，臭氧的强氧化作用会导致葡甘聚糖分子链裂解，产生低聚糖，同时将裂解后的糖苷键氧化成羧基(—COOH)；此外，臭氧使糖残基上活跃的羟基(—OH)被氧化成羧基(—COOH)导致溶液 pH 降低。但臭氧氧化降解产物的红外光谱分析表明，葡甘聚糖被臭氧降解前后红外光谱图基本上保持一致的吸收峰，只是在某些波数处红外光谱峰的强度有较明显的增强，如在波数为 1733 cm^{-1} 处的羰基吸收峰增强。这说明臭氧处理并没有给降解的葡甘聚糖分子造成明显的基团变化，仅是使某些基团的数量增多。

　　分析认为，在反应初期，溶液中臭氧浓度逐渐增大，且此时葡甘聚糖的活性点较多，因而溶液的 pH 和 VDP 随反应时间的延长变化较大，而在 60 min 后，一方面溶液的臭氧浓度已趋于饱和，另一方面葡甘聚糖的活性点逐渐减少，因而反应速率逐渐减小。当臭氧处于低产量时，溶液中溶解的臭氧比较少，因此，随着臭氧产量的增大，葡甘聚糖的降解效果也逐渐增强，而当臭氧产量达到 6 g/h 时，溶液中臭氧的浓度已足够大，葡甘聚糖的降解速率也达到了最大。随料液比的增大，溶液的黏度增大，流动性减小，且臭氧在溶液中的溶解性减弱及扩散系数减小，致使氧化、降解反应仅在溶液的局部发生，且反应速率相对较慢，从而导致溶液的 VDP 随料液比的增大而降低，pH 降低的幅度减小(注：溶液的初 pH

较高)。随反应温度的升高,溶液黏度降低,臭氧在溶液中的扩散系数增大,明显促进了臭氧与葡甘聚糖分子的作用,使葡甘聚糖降解和氧化,导致 VDP 增大,pH 减小。当温度大于 55℃时,葡甘聚糖分子之间的相互作用增大,臭氧与葡甘聚糖的相互作用减小,葡甘聚糖的凝胶性会随反应温度的提高而增大。研究表明,溶液体系的 pH 和反应温度都会影响溶液体系臭氧的稳定性,造成臭氧本身的部分分解,从而导致溶液体系 VDP 降低,同时—OH 的氧化使得 pH 减小变缓。

2. 酸解法

罗清楠等(2012)研究了酸解法制备魔芋葡甘低聚糖的工艺,结果表明随着 HCl(6 mol/L)与 95%乙醇体积配比的增大、温度(60~100℃)的升高和时间(20~100 min)的延长,魔芋葡甘聚糖的降解程度增大。响应面法研究结果表明,魔芋葡甘聚糖最佳酸解条件为:6 mol/L HCl 溶液与 95%乙醇体积配比 3.8:96.2、反应时间 50 min、反应温度 82℃。在此条件下特性黏度为 55.613 cm^3/g,根据公式:$[\eta]=3.55\times10^{-2}M_v^{0.69}$,得到平均分子量大约为 24×10^4。

党娅等(2015)以柠檬酸为酸化剂,研究了酸解时间(20 min、40 min、60 min、80 min、100 min)、酸解温度(30℃、40℃、50℃、60℃、70℃)、pH(1.0、2.0、3.0、4.0、5.0)、料液比(0.50 g/L、0.75 g/L、1.00 g/L、1.25 g/L、1.50 g/L)等因素对魔芋葡甘聚糖降解的影响。用乌氏黏度计(直径 0.6~0.7 mm)在 25℃条件下测定其降解产物的黏度变化情况。对魔芋精粉的预处理是:取纯化后的魔芋精粉 1 g,溶解于 1 L 的纯净水中,在 30℃的恒温水浴锅中不断搅拌直至魔芋精粉充分溶解。

将魔芋精粉液在 50℃、pH 3 的条件下,酸解 20 min、40 min、60 min、80 min、100 min,结果显示,降解初始阶段,魔芋精粉溶液黏度会随酸解时间的延长而急剧减小,当酸解时间达到 80 min 以后,其特性黏度基本稳定。

将魔芋精粉液在 pH 3,酸解温度分别为 30℃、40℃、50℃、60℃、70℃的条件下酸解 80 min,结果可以看出,随着酸解温度的升高特性黏度减小,而当达到 60℃以后,特性黏度已基本上达到稳定。

将料液比为 0.50 g/L、0.75 g/L、1.00 g/L、1.25 g/L、1.50 g/L 的魔芋精粉液在 pH 3、60℃条件下酸解 80 min,结果表明,当浓度小于 1.00 g/L 情况下,其特性黏度随着魔芋精粉浓度的增大而减小;当魔芋精粉的浓度大于 1.00 g/L 情况下,其特性黏度随浓度的增大而增大。

将料液比为 10.0 g/L 魔芋精粉液在 pH 为 1、2、3、4、5,温度 60℃下酸解 80 min,结果显示,当 pH<3 时,魔芋精粉液降解产物的特性黏度随体系 pH 的增大而增加,且降解产物的特性黏度在 pH=2~3 的增加趋势明显高 pH=1~2 的情况。当 pH>3 时,pH 的增大并不会显著影响其特性黏度,说明在一定范围内,酸性越强，pH 越小，越有利于魔芋葡甘聚糖的降解。

根据单因素试验结果，以酸解时间、酸解温度、pH、料液比等为考察因素，以降解产物的特性黏度为评价依据，设计四因素三水平的正交试验，选出柠檬酸法降解的最佳条件。试验结果说明影响魔芋葡甘聚糖酸降解因素大小的顺序是酸解时间 > pH > 料液比 > 酸解温度，其中酸解时间、pH 和料液比的影响较大且相近，故在生产中应特别控制好酸解时间、pH 和料液比。最佳因素水平组合是酸解时间 100 min，酸解温度 70℃，pH 1，料液比 1 g/L。验证试验所得酸解产物特性黏度为 222 mL/g。

3. 氧化-酸解法

李涛等（2009）研究了过氧化氢氧化酸解法降解魔芋葡甘聚糖，方法是将 25 g 魔芋精粉（蓝光白度为 72.5，黏度为 62.3 Pa·s）用 5 倍体积的 40%的乙醇溶液悬浮，用质量分数 10%HCl 溶液调节 pH，稳定后在 30 min 内分三次加入一定液体总量的 H_2O_2，在一定的温度下，以 180 r/min 的恒温摇床振荡反应一定时间，加入一定量的 Na_2SO_3 溶液终止反应，用 10% NaOH 溶液调节至中性，离心分离，然后用 50%、70%、95%的乙醇溶液浸洗 3 次，离心脱水，最后在 90℃条件下干燥，过 100 目筛即得产品。结果表明，反应时间、H_2O_2 加入量、pH 和反应温度对魔芋葡甘聚糖降解影响显著，其最适反应条件是：恒温摇床 180 r/min，反应时间 3 h，H_2O_2 加入量 3.5%，pH 1，反应温度 35℃。所得产品的水解率为 51.1%，产品的得率为 86.7%，蓝光白度为 80.1。此产物 NaCl 含量较高，需进行脱盐处理。根据样品上清液薄层层析分析，样品上清液中含有单糖、双糖和三糖，且部分糖转化为果糖。此产物干燥后可用于面点、糕点等食品的生产，提高此类食品的保健功能。

4.1.3 魔芋葡甘聚糖酶法降解

目前魔芋葡甘聚糖酶法降解的研究重点主要是两个方面，一是酶的选择与制备，二是酶法降解技术。

1. 魔芋葡甘聚糖降解酶

目前研究较多的降解魔芋葡甘聚糖的酶有甘露聚糖酶和纤维素酶。

1）甘露聚糖酶

国外对葡甘聚糖酶的研究与开发最积极也最有成效的首推日本，不过大部分的研究报道是关于葡甘聚糖酶的类似酶——甘露聚糖酶（mannanase），对葡甘聚糖酶的报道相对较少，虽然这两种酶作用的位点不同，但是均可以把魔芋葡甘聚糖降解为低聚糖，研究结果可以为魔芋葡甘聚糖酶的研究提供一定参考。

甘露聚糖酶即 β-1,4-D-甘露聚糖水解酶（β-1,4-D-mannan mannohydrolase，EC 3.2.1.78），简称 β-甘露聚糖酶（β-mannanase），是一类从甘露聚糖、葡甘聚糖、

半乳甘露聚糖和半乳葡甘露聚糖的主链内部随机切割 β-1,4-D-甘露糖苷键的水解酶。刘佩瑛(2004)首次从魔芋球茎组织中分离和纯化了直接分解魔芋葡甘聚糖的甘露聚糖酶，该酶在萌发的魔芋球茎组织中具有较高的酶活性，在 pH 4.0～8.0 下非常稳定，pH 4.7 时酶活性最高，最适反应温度为 40℃，超过 50℃后，酶活性迅速下降。

　　甘露聚糖酶广泛存在于动植物和微生物中。因此，目前所研究的甘露聚糖酶的获取途径有两个：一是通过微生物发酵，二是从魔芋中分离，其中主要是通过微生物发酵获取甘露聚糖酶。如地衣芽孢(*Bacillus licheniformis*)、枯草芽孢杆菌(*Bacillus subtilis*)、黑曲霉(*Aspergillus niger*)、卡塞尔黄肠球菌(*Enterococcus casseliflavus*)及产紫青霉(*Penicillium purpurogenum*)等均可产生甘露聚糖酶(周海燕等，2008b)。Araki 和 Kitamikado(1982)从嗜水气单胞菌 sp. F-25 中获得一种甘露聚糖酶，酶蛋白的平均分子质量为 64 ku，等电点 pI 5.9，最适作用 pH 6.0，作用温度在 45℃以下。Maltsuura(1998)发现人体消化道内的厌氧菌可以产生水解魔芋葡甘聚糖的酶，并从人体中将产酶菌分离出来对酶进行了研究，结果表明该酶是一种由单肽链构成的蛋白，分子质量为 50～53 ku，最适作用 pH 7～8。Kataoka 和 Tokiwa(1998)从土壤中分离出的梭状芽孢杆菌 KT-SA 可以产生活性较高的甘露聚糖酶。中国科学院微生物研究所从枯草芽孢杆菌 BM9602 中提取出了一种中性的甘露聚糖酶(马建华等，1999)，平均分子质量为 35 ku，pI 4.5，最适 pH 5.8，最适作用温度 50℃。香红星(2000)从土壤中分离筛选得到的 *Bacillus* sp. M$_{50}$ 高产菌株，产生的甘露聚糖酶是一种液化型内切酶，酶解最适温度 40℃，作用 pH 5.0～7.0。

　　周海燕等(2004)筛选出一种产甘露聚糖酶 Man23 的耐热芽孢杆菌(*Bacillus subtilis*)B23，该菌产酶的最适培养基为蛋白胨 1%、牛肉膏粉 0.3%、魔芋精粉 2%、NaCl 0.5%、K$_2$HPO$_4$ 0.2%；最适培养条件为温度 40℃，pH 7.2，振荡速度 120 r/min，培养时间 24 h。该条件下培养获得的粗酶液平均比活力为 3859 U/mg。

　　以摇瓶培养条件为基础，周海燕等(2005)还对 5 L 发酵罐中的培养条件进行了优化。在 5 L 发酵培养过程中，设置不同的培养温度，分别为 10℃、20℃、…、70℃，菌株 B23 发酵过程中的生物量积累与产酶情况见图 4-1。当温度低于 30℃时，生物量、产酶量及活力都很低。30℃以上生物量大幅提高，同时酶的产量和活力也显著上升，40℃时生物量和蛋白质浓度达到最高值，分别为 1.72×10^{10}cells /mL 和 1.65 mg/mL，酶的比活力和总活力分别达到 1897.66 U/mg 和 3131.144 U/mL，50℃时酶的活力为最高，比活力 4203.7 U/mg，总活力 5213 U/mL，生物量则降低近 7%。种子液为获得最高生物量选择培养温度为 40℃，发酵过程以获得最高酶活为目的可考虑选择变温培养的方法。

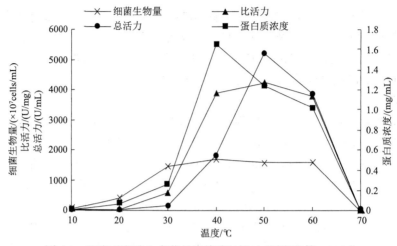

图 4-1　温度对发酵生产葡甘聚糖酶的影响(周海燕等，2005)

调培养基的初始 pH 分别为 5.0，5.5，…，9.5，10.0，pH 变化对发酵过程的影响如图 4-2 所示。细菌 B23 生长喜中性或略为偏碱性条件(pH 7.0～7.5)，蛋白质产量随着细菌生物量的增减而波动，酶表达最高活力的 pH 范围为 5.5～6.0，最高酶比活达到 4303 U/mg，但酶的总活力在 pH 7.0 时为最高值 5058.9 U/mL。试验证明酶解作用的最适 pH 为 5.8～6.0，且此酸性条件下酶活力的保存时间可达 72 h，图 4-2 所示酶比活力虽在 pH 7.0 时降低 25%，但因蛋白产量增加一倍以上，获得的总活力仍然很高。据此种子液 pH 选择 7.0～7.2，发酵罐中则可通过改变 pH 培养得到尽可能高的酶活力。

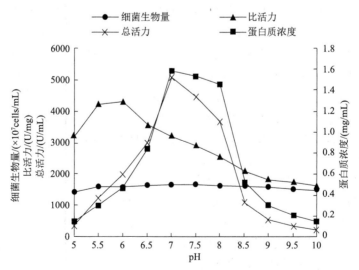

图 4-2　pH 对发酵生产葡甘聚糖酶的影响(周海燕等，2005)

以温度和 pH 为定量(50℃，pH 6.0)，接种量为变量，每隔 2 h 取样测定生物量，蛋白质浓度和酶活，图 4-3 表示的是在不同接种量下得到的最高生物量，最高蛋白质浓度和最高酶活。

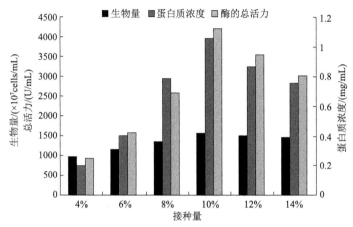

图 4-3　不同接种量下 B23 的最高生物量、酶的总活力和蛋白质浓度(周海燕等，2005)

接种量为 4%时菌体量不足，生物量与酶的总活力均较低。接种量为 10%时生物量、蛋白质产量及总活力都达到最高(分别为 1.542×10^{10} cells/mL，1.054 mg/mL，4231 U/mL)。但接种量继续上升，细菌生物量和蛋白质产量都未增长，原因可能是细菌的大量繁殖，导致了菌体间的营养和需氧竞争，抑制了 B23 生物量的进一步扩大。因此较为适宜的接种量为 10%。

利用五因素四水平的正交试验在 5 L 发酵罐上摸索温度、pH、搅拌速度、通气量和接种量的最佳配比，经 16 组试验(每组三次平行)，对数据进行统计分析可知，温度是影响细菌生长和产酶活性的最主要因素。为了兼顾酶蛋白的产量和酶的活性，发酵条件的优化结果是：接种量 10%，通气量 20 L/h，发酵的前 16 h 温度 40℃，搅拌速度 200 r/min，pH 7.0 左右，之后温度调至 50℃，搅拌速度 100 r/min，pH 调至 6.0 左右。另外，当搅拌速度大于 100 r/min，通气量大于 20 L/h 时发酵罐中产生大量泡沫，影响细菌的生长，经试验在发酵过程的 10 h 向罐内添加 0.25% 的豆油具有明显的消泡作用，同时加入豆油后发酵液中多糖含量减少，削弱了降解物遏制作用，使葡甘聚糖酶产量有所增加，而且豆油的溶解氧能力比水大得多，使反应体系中的溶氧量(DO)一直高于 10%，而未添加豆油时在 9～16 h 的发酵关键时期 DO 值为 0。经过改进后发酵获得的酶比活力可达 5009 U/mg，总活力达到了 10 819 U/mL，大大提高了产酶量和活力。

从 *B. Subtilis* B23 中克隆出甘露聚糖酶 Man23 基因，并与表达载体 pHY-p43 连接后转入芽孢杆菌 WB600，获得了良好的表达(周海燕等，2008a；Zhou et al.，

2013)，建立了优良的 Man23 基因表达体系(图 4-4)。利用生物学软件和数据库对甘露聚糖酶 Man23 的结构进行了预测，得到 Man23 的结构模型(图 4-5)。通过化学修饰法和丙氨酸扫描法相结合，摸索出甘露聚糖酶 Man23 的活性必需基团，并在这些活性相关位点上进行饱和突变，获得理想突变体为 H129W、H190W 和 W198V，酶活力分别提高了 3.5 倍、2.2 倍和 3.8 倍。同时在 PdbViewer 软件的 Compute H-bonds、Electrostatic potential 和 Ramachandran Plot 模块给予的信息及 Insight Ⅱ 软件中模块 BIOPOLYMER 的模拟分析辅助下，预测了甘露聚糖酶 Man23 的 α 螺旋和 β 折叠结构中可提高分子稳定性的可能位点，并在该结构区域引入突变，获得多位点串联突变体酶 Man1312(周海燕，2008；Zhou et al., 2011, 2016a)。与原始酶相比，Man1312 的催化活力提高了近 3 倍，催化效率提高了 10.8 倍，80℃时酶的半衰期提高了近 7 倍，同时酶可在更为宽泛的酸碱范围内保持活力。另外，对该甘露聚糖酶的 N 末端也进行了优化(图 4-6)，将 V3、N7 和 Q11 三个位点上的残基去除，缺失突变体 MandVNQ 的分子稳定性明显提高，最适作用温度比原始出发酶提高了 10℃，T_m 值提高了 8℃，$t_{1/2}$ 值增加了 10 min(Zhou et al., 2016b)。

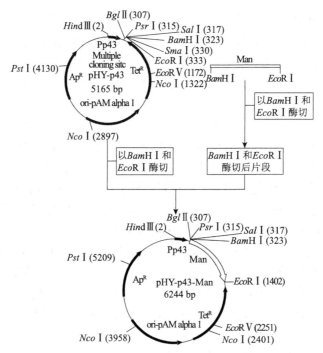

图 4-4　重组质粒 pHY-p43-man23 的构建图(周海燕，2008)

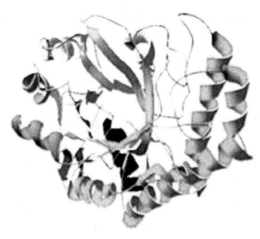

图 4-5　甘露聚糖酶 Man23 的三维结构(周海燕，2008)

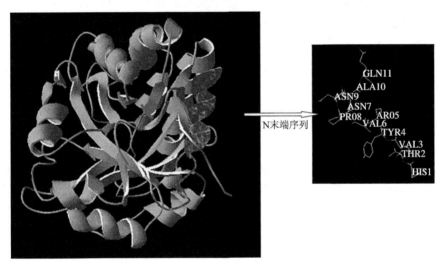

图 4-6　甘露聚糖酶 Man23 的 N 末端结构(N 末端的氨基酸序列为 HTVYPVNPNAQ)

(Zhou et al., 2016b)

　　李剑芳等(2007)将黑曲霉(*Aspergillus niger*)LW-1 酸性 β-甘露聚糖酶高产菌株，于麸皮、豆饼粉、魔芋胶和无机盐等组成的培养基中，在 32℃培养 84 h，发酵酶活力在 20 000 U/g(干曲)以上；用此酶对魔芋胶进行水解，利用酵母发酵法去除其中的还原性单糖，最终产物为 100%的(魔芋)葡甘低聚糖；其酶解的工艺条件为魔芋胶浓度 150 g/L，加酶量 50 U/g(魔芋胶)，酶解温度 50 ℃，酶解时间 6 h。杨文博等(1996)分离出由地衣芽孢杆菌菌株产生的胞外甘露聚糖酶，该酶在 40℃，pH 6.5～7.0，酶浓终浓度 1 U/g 的条件下，酶解 1%魔芋精粉和瓜儿豆胶溶液 1 h 后，所获得的酶解产物为低聚糖和少量单糖。杜先锋和李平(2000)从萌发的四川白魔芋球茎中分离纯化 β-甘露聚糖酶，该酶的最适 pH 为 5.1，最适温度为 50℃，有较好的热稳定性和较宽的 pH 适宜范围(5.0~9.0)，其米氏常数 $K_m=5.49\times10^{-2}$。该酶可将球茎中所含的甘露聚糖降解成二糖、三糖、四糖和五糖等水溶性的甘露低聚糖。

徐春梅等(2008)将黑曲霉 β-甘露聚糖酶高产菌株 *Aspergillus niger* E256 在优化的固态发酵工艺条件下，于 32℃培养 84 h，β-甘露聚糖酶发酵酶活力高达每克干曲 42 000 U。用去离子水浸提成熟麸曲，可以获含 β-甘露聚糖酶的粗酶液，所得甘露聚糖酶活力可达 12 000 U/mL 以上。此酶最适的反应温度和 pH 分别为 70℃和 3.5，当温度小于 70℃、pH 在 2.5~8.0 时性质稳定，金属离子 Al^{3+}、Ca^{2+}等对其有激活作用，而 Ag^+对该酶具有抑制作用。杨伟东(2010)在研究固定化 β-甘露聚糖酶水解魔芋精粉制备甘露低聚糖的工艺时，所采用的固定化 β-甘露聚糖酶的制备方法是用 0.5%的乙酸溶液配制 1.5%的壳聚糖溶胶，并将其涂抹在 60~100目的层析硅胶上。然后用戊二醛溶液对硅胶-壳聚糖颗粒体系进行化学修饰，交联处理 3 h 后水洗至洗脱液中没有戊二醛残留，然后再加入一定量的 β-甘露聚糖酶于冰浴中继续搅拌 1 h，反应完成后放入冰箱中，于 4℃条件下吸附过夜。次日用蒸馏水彻底水洗，过滤干燥，即得到固定化 β-甘露聚糖酶。

祁黎等(2003)测定了 β-甘露聚糖酶在不同条件(温度、pH、介质)下的活性，发现 β-甘露聚糖酶在 50℃左右，pH 9.4 附近，乙醇含量低于 5%的水介质中具有较高的活力；而在 pH 7.0 以下，或温度低于 30℃，或加入 20%乙醇的条件下均基本上失活。同时探讨了 β-甘露聚糖酶催化魔芋葡甘聚糖降解反应的规律，在降解反应初期(10 min)，魔芋葡甘聚糖的特性黏度快速下降，随后趋于平缓(图 4-7)。分

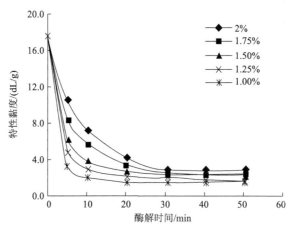

图 4-7　不同浓度 KGM 特性黏度与酶解时间的关系(祁黎等，2003)

β-甘露聚糖酶：8.0 mg；酶解温度：30℃

析认为，虽然各种糖均含有 β-1,4 糖苷键，但是连接不同糖构成单元的 β-1,4 糖苷键的类型不同。例如，葡甘聚糖就有四种 β-1,4 糖苷键：甘露糖苷键（M-M）、葡萄糖苷键（G-G）、甘露糖-葡萄糖糖苷键（M-G）和葡萄糖-甘露糖糖苷键（G-M）。日本学者 Kato 和 Matsuda（1972）对 β-1,4 糖苷键连接的二糖类的酸降解进行了研究，结果表明，不同种类的 β-1,4 糖苷键的"强度"不同。反应初期，连接 M-G 和 M-M 的弱的 β-1,4 糖苷键被迅速切断，而连接 G-M 和 G-G 的强的 β-1,4 糖苷键被保留下来，所以降解反应的速率会随反应时间延长而降低。由此推测，在酶催化降解反应过程中同样存在这种现象，即尽管甘露聚糖酶可以使 β-1,4 糖苷键断裂，但不同种类 β-1,4 糖苷键发生断裂的难易程度差别较大。在最初反应阶段，β-甘露聚糖酶迅速切断较弱的 β-1,4 糖苷键，降解反应速率很快；但是随降解反应的进行，较易断裂的 β-糖苷键减少，反应后期分子量的降低会趋于平缓。

2）纤维素酶

目前，纤维素酶被公认为是由 3 种酶共同组成的一个复合体。内切 β-1,4-葡聚糖酶（C_x），此酶的底物为结晶纤维素或羧甲基纤维素（CMC），其最适 pH 为 5.0。外切 β-1,4-葡聚糖酶，此酶存在两种形式：一种是 β-1,4-葡聚糖葡萄糖水解酶，可将纤维素的非还原性末端的 D-葡萄糖残基逐个切下；另一种是 β-1,4-葡聚糖纤维二糖水解酶（C_1），可将纤维素的非还原性末端的纤维二糖残基逐个切下。葡萄糖苷酶可以水解纤维二糖中的 β-1,4 糖苷键，水解产物为 2 个分子的 D-葡萄糖。

以往认为，纤维素酶是先由 C_1 起催化作用，然后 C_x 再发挥作用的。但近年来的相关研究表明，在天然纤维素酶的酶解过程中，C_x 的作用位点采取随机反应的方式，首先作用于天然结晶纤维素分子中的特定 β-1,4 糖苷键，将纤维素切割变成短链；然后在 C_1 的催化作用下，逐个切下短链中具有非还原性末端纤维二糖残基；最后在葡萄糖苷酶和纤维二糖酶共同作用下，将纤维二糖分解为 D-葡萄糖。

魔芋葡甘聚糖具有与纤维素类似的结构，是按照 1：1.6 的比例将 D-葡萄糖和 D-甘露糖通过 β-1,4 糖苷键连接组成杂多糖，同时分子中含有少量以 β-1,3 糖苷键连接的支链。纤维素酶对魔芋葡甘聚糖的降解主要是利用纤维素酶中的 C_x 对 β-1,4 葡萄糖苷键破坏作用，将魔芋葡甘聚糖降解为魔芋低聚糖。纤维素酶中的 C_x 对葡甘聚糖的作用机理主要基于糖苷酶对底物的专一性，包括对糖基一侧的专一性、糖苷键的 α-、β-异头碳专一性和糖苷配基一侧的专一性。糖苷酶对糖基一侧的专一性和糖苷键的 α-、β-异头碳专一性要求较严格，而对糖苷配基一侧的专一性要求不严。魔芋葡甘聚糖中糖苷键连接方式主要有 β-1,4 葡萄糖苷键连接和 β-1,4 甘露糖苷键连接两种，C_x 只能裂解破坏魔芋葡甘聚糖分子中的 β-1,4 葡萄糖苷键，而对魔芋葡甘聚糖分子中的 β-1,4 甘露糖苷键不起作用。由此可推测，纤维素酶能降解魔芋葡甘聚糖，但作用并不均一。

2. 魔芋葡甘聚糖酶法降解技术

目前由酶法制备魔芋低聚糖所用的 β-甘露聚糖酶酶活力较低，且酶的生产和使用成本高，以及魔芋精粉酶解工艺未能取得实质性突破，导致魔芋低聚糖产品仅有日本少量生产，在国内仍处于实验室或中试阶段。

魔芋精粉溶于水后，魔芋葡甘聚糖分子链伸展，黏度非常大，40 g/L 的魔芋精粉已呈凝胶状态，再增加浓度则形成"包胶块"，阻止酶对魔芋葡甘聚糖的水解作用。因此，目前文献报道的大多魔芋精粉降解工艺的体系浓度在 10～30 g/L，存在酶解产物的后处理成本较高、生产效率低，影响其工业化生产。

1) 魔芋葡甘聚糖甘露聚糖酶降解技术

魔芋葡甘聚糖甘露聚糖酶降解工艺流程为

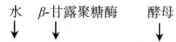

水　　β-甘露聚糖酶　　酵母

魔芋精粉→溶胀→酶解→灭酶→酵母同化糖反应→离心分离→糖液→后处理(脱味、脱色、脱盐)→浓缩→喷雾干燥→魔芋葡甘低聚糖→检验→包装。

目前国内有关魔芋葡甘聚糖甘露聚糖酶降解工艺的研究较多，其酶降解工艺条件因所用酶的来源及制备方法的不同有较大差异，但各因素对降解的影响具有明显的规律性。

在一定的范围内，随着酶用量的增加，酶解程度增大，酶解物的平均聚合度随酶用量(40～80 U/DP，其中 DP 为聚合度的简写)的增大而减小，魔芋低聚糖的得率也提高。但当酶量增大到一定程度后，过量酶的作用，使魔芋葡甘聚糖的降解程度过大，产生单糖，导致低聚糖的得率降低，而且增大了酶解成本。

在酶解反应初期，随酶解时间的延长酶解物的平均聚合度快速降低，低聚糖的得率也快速增大，但当酶解时间过长时，可能是所产生的低聚糖也被降解，致使低聚糖的得率降低，而酶解物的平均聚合度下降减缓。在一定的范围内，随着魔芋葡甘聚糖浓度的增大，魔芋低聚糖的得率提高，但当浓度增大到一定程度时，由于酶量的相对不足，以及体系黏度增大，传质速率减慢，对魔芋葡甘聚糖的降解程度降低，低聚糖的得率也降低，见图 4-8。

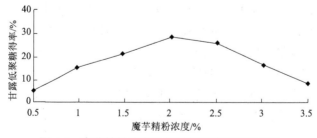

图 4-8　魔芋精粉浓度对甘露低聚糖得率的影响

由于酶具有适宜的作用温度和 pH,在酶解温度相对较低时,随着温度的升高,低聚糖的得率增大,但当温度超过一定值后,酶的部分失活,导致低聚糖的得率反而降低;在微酸性(pH 3～6)环境下,魔芋低聚糖的得率一般较高,而过酸或过碱,酶蛋白的变性会导致活力降低,低聚糖的得率下降。

周海燕等(2004)利用甘露聚糖酶 Man23 进行魔芋低聚糖的小规模生产,主要工艺为用 0.05%(g/100 mL)氯化钙和 0.1%(g/100 mL)磷酸氢二钠处理培养 24 h 的发酵液,去除菌体和固体颗粒后在低温下进行 40%～80%浓度的盐析,得到葡甘聚糖粗酶,脱盐后直接与魔芋精粉以 1:300 的质量比混合,50℃下保温 10 h,充分水解后在 4000 r/min 下离心,去除未降解的魔芋精粉,得到葡甘低聚糖浆,最后由喷雾干燥得到低聚糖粉。结果表明葡甘聚糖的转化率为 66.6%,产品中总糖含量 90.11%,还原糖含量 13.09%。小试生产的魔芋低聚糖产品有很好的复溶性,液体透明、无异味,不需对产品进行脱色和去除单糖等其他处理,生产工艺简单,成本也较低。

李剑芳等(2007)采用黑曲霉 Aspergillus niger LW-1 生产的 β-甘露聚糖酶,酶活力 6000 U/mL,选择魔芋葡甘聚糖水解率在 50%～60%。最佳酶解条件为魔芋胶(水溶液)浓度 150 g/L,加酶量 50 U/g 魔芋胶,50℃水解 6 h。酶解产物主要是聚合度在 2～10,以 β-1,4 或 β-1,3 糖苷键连接的葡甘低聚糖。

徐春梅等(2008)采用黑曲霉 β-甘露聚糖酶高产菌株 Aspergillus niger E256 所产的甘露聚糖酶对魔芋低聚糖的制备工艺进行试验研究。正交试验表明,在加酶量为 120 U/g,魔芋胶质量浓度 240 g/L 及 50℃水解 8 h,可将平均聚合度 DP 控制在 1.8～1.9。平均聚合度 DP 定义为魔芋胶总糖量与酶解液还原糖量的比值,其数值越接近 1,表示酶解反应越彻底。

杨伟东(2010)研究了固定化黑曲霉 β-甘露聚糖酶对魔芋葡甘聚糖的降解效果。方法是配制一定 pH 范围的磷酸缓冲液,将其置于 150 mL 的带塞锥形瓶中,向锥形瓶内加入一定量魔芋精粉,预热处理后加入固定化 β-甘露聚糖酶,在特定温度的恒温摇床中反应一段时间后,称取样品,用薄层色谱测定各糖组分含量。通过正交试验得到各因素的最优水平组合为:魔芋精粉浓度 2%、固定化酶量 6400 U、反应温度 70℃、反应时间 17 h。在此试验条件下魔芋低聚糖的平均得率为 30.8%。

吴长菲等(2010)针对加样顺序对魔芋葡甘聚糖酶解效果的影响进行了研究(表 4-1),发现与其他方法相比,现配魔芋胶后加酶液的方法所产的还原糖及其转化率更高。正交试验结果表明,影响酶解效果的因素顺序为:酶解 pH > 酶解时间 > 酶添加量 > 酶解温度;酶解的最佳条件为酶添加量 100 U/g,pH 5.5,45℃,酶解时间 1.5 h,在此条件下还原糖转化率可达到 51.65%。

表 4-1　加样顺序对还原糖转化率的影响

加样顺序	还原糖含量/(mg/mL)	还原糖转化率/%
魔芋胶溶胀 1 h 后+酶液	4.889±0.059	48.89±0.59
现配魔芋胶+酶液	5.03±0.067	50.3±0.67
酶液+魔芋精粉	4.382±0.027	43.82±0.27
酶粉+魔芋精粉+缓冲液	4.526±0.055	45.26±0.55

祁黎等(2003)研究了酶的用量对魔芋葡甘聚糖降解反应的影响。图 4-9 给出了底物(魔芋精粉)浓度为 2%，反应温度为 30℃，介质 pH 为 9.0，降解时间为 20 min 条件下，降解产物的特性黏度随酶用量的变化规律。结果表明，酶浓度越高，相同条件下魔芋葡甘聚糖降解产物的特性黏度也越低。当酶浓度达到 48 mg/dL (1dL=0.1L)时，这种下降趋势明显地变缓。

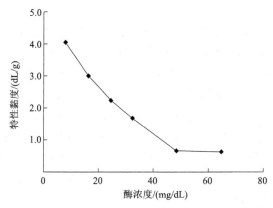

图 4-9　魔芋精粉酶解液特性黏度与酶浓度的关系(祁黎等，2003)

用 GPC 测定未降解魔芋精粉样品以及一组酶催化降解的魔芋精粉样品的魔芋葡甘聚糖重均分子量，用 $\lg M_w$ 对 $\lg[\eta]$ 作图，得出魔芋葡甘聚糖的重均分子量与特性黏度之间的关系为：$[\eta]=5.06 \times 10^4 M_w^{0.754}$。

葡甘聚糖酶用量(50 U、60 U、70 U、80 U、90 U、100 U)、酶解时间(1 h、2 h、3 h、4 h、5 h)和酶解温度(30℃、40℃、50℃、60℃、70℃、80℃)，对料水比 10 g/L 的魔芋精粉的降解情况，用 DNS 法测定酶解液还原糖含量，以魔芋精粉水解率为评价指标。正交试验结果表明最佳酶解条件为加酶量为 80 U、酶解温度为 55℃、酶解时间为 2.5 h，在此条件下魔芋精粉的水解率为 61.68%。对其进行薄板层析表明，酶解液中基本上不含单糖。

2)魔芋葡甘聚糖纤维素酶降解技术

张迎庆等(2003)研究了不同活力纤维素酶对魔芋葡甘聚糖的降解情况。纤维素酶在 40℃条件下的 0.2 mol/L 乙酸-乙酸钠的缓冲溶液(pH 为 5.0)中对魔芋精粉处理数小时，其黏度变化情况与所选用的酶活力密切相关，选用酶活力越大，黏度下降越快。当酶用量为 500 U 时，黏度下降至 1000 mPa·s 需 120～135 min；当酶用量为 1000 U 时，黏度下降至 1000 mPa·s 需 75～80 min；而当酶用量为 1500 U 时，黏度下降至 1000 mPa·s 仅需 60～65 min。

同时酶活力也直接影响酶解产生的还原糖的量。选用的酶活力越大，还原糖浓度升高越快。综合考虑黏度和还原糖量的变化情况，采用较低的酶活力 (500 U) 处理 10 g 魔芋精粉，反应时间为 2 h，既可降低魔芋精粉的黏度，又不致使产生的还原糖量太高，从而达到获得期望分子量大小的低聚糖的理想酶解效果。另外，纤维素酶的最适温度是 40～50℃，在 60℃下加热 3 min，纤维素酶酶活性即会显著下降；加热到 65℃时，酶活性会基本丧失；在 70℃下加热 3 min，酶活性全部丧失。同时，考虑对魔芋葡甘聚糖酶解主要利用纤维素酶中内切 β-1,4 葡聚糖酶，其最适 pH 为 5.0，因此选定酶解的温度为 40℃，pH 为 5.0。

将魔芋精粉 10 g 和酶活力 500 U 的纤维素酶，加入 40℃下的 0.2 mol/L 乙酸-乙酸钠溶液 (pH 为 5.0) 100 mL 中反应 2 h，所得魔芋低聚糖的分子量主要分布在数均分子量 51 000，重均分子量 7160 处；另有少量分布在数均分子量 2625，重均分子量 3544 处，见图 4-10。

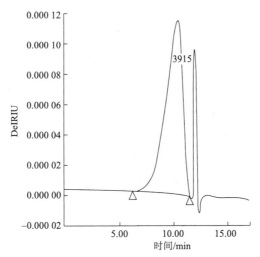

图 4-10　魔芋低聚糖凝胶色谱图 (张迎庆等，2003)

高金等 (2010) 将 0.4 g 魔芋精粉用 0.02 mol/L 乙酸-乙酸钠溶解定容至 100 mL 后转移于圆底烧瓶中，加入一定量的纤维素酶，充分搅拌下酶解一定时间后，将酶解液放入沸水中煮沸 5 min，使酶失去活性，冷却至室温，用 DNS 法测定酶解液中还原糖的浓度，利用乌氏黏度计测定黏度。

纤维素酶能较好地降解魔芋葡甘聚糖，且酶解液的黏度与还原糖含量的变化呈负相关，即酶解液黏度降低，还原糖含量则增加。当魔芋精粉浓度为 0.4%时，纤维素酶用量为 50 U，反应温度为 40℃，体系 pH 为 5，降解时间为 100 min 条件下降解效果最好。

党娅等(2015)试验研究了纤维素酶酶用量(0.05 g、0.15 g、0.25 g、0.35 g、0.50 g)、酶解温度(30℃、40℃、50℃、60℃)、酶解时间(20 min、40 min、60 min、80 min、100 min)、料液比(5.0 g/L、7.5 g/L、10.0 g/L、12.5 g/L、15.0 g/L)等对魔芋葡甘聚糖的降解情况的影响。用乌氏黏度计(直径 0.6~0.7 mm)在 25℃条件下测定其降解产物的黏度变化情况。对魔芋精粉的预处理方法是：取纯化后的魔芋精粉 1 g，溶解于 1 L 的纯水中，在 30℃的恒温水浴锅中不断搅拌直至魔芋精粉充分溶解。将魔芋精粉液用盐酸调至 pH 5，在加酶量分别为 0.05 g/L、0.15 g/L、0.25 g/L、0.35 g/L、0.50 g/L，50℃下酶解 60 min，结果表明，当加酶量处于 0.05~0.25 g/L 时，其特性黏度会随着加酶量增加而降低，当加酶量增大到 0.25 g/L 以后，其特性黏度基本保持不变。因此，加酶量最佳条件为 0.25 g/L。

将魔芋精粉液加 0.25 g/L 纤维素酶，在 pH 5，温度 50℃的条件下，酶解 20 min、40 min、60 min、80 min、100 min，结果显示，随着酶解时间的延长特性黏度随之降低，当时间达到 80 min 时，特性黏度的变化趋于缓慢。因此，酶解时间以 80 min 为宜。

在料液比分别为 5.0 g/L、7.5 g/L、10.0 g/L、12.5 g/L、15.0 g/L 的魔芋葡甘聚糖液中加 0.25 g/L 纤维素酶，在 pH 5、温度 50℃的条件下酶解 80 min，结果显示，在料液比较小时，随料液比的增大，酶解液特性黏度降低，而当料液比大于 1 g/L 时，特性黏度开始增大，这可能是因为在料液比过小时，酶与底物接触不充分，影响了黏度降低的发生，而当料液比过大时，会使体系黏度过大，影响酶的运动和与底物的接触，也影响酶解效果。因此，料液比以 10.0 g/L 为宜。

在加有 0.25 g/L 纤维素酶、料液比为 10.0 g/L、pH 为 5、温度分别为 30℃、40℃、50℃、60℃的条件下酶解 80 min，结果如图 4-11 所示。结果表明，温度为

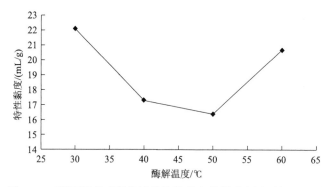

图 4-11　酶解温度对魔芋精粉特性黏度的影响(党娅等，2015)

50℃时物料体系的特性黏度最小，说明此条件下降解处理效果最好，而温度过高或过低都不利于酶解反应的进行。原因可能是反应温度过低，低温会抑制酶的活性，而反应温度过高时会使酶失活，因此试验条件下最适酶解反应温度为50℃。

以单因素试验结果为依据，考察加酶量、酶解温度、酶解时间、料液比四个因素，以降解产物的特性黏度为评价依据，设计四因素三水平的正交试验，试验结果显示，影响纤维素酶降解因素大小的顺序是料液比 > 加酶量 > 酶解温度 > 酶解时间，其中因素料液比相比其他因素影响较大，故在酶解试验中应控制好料液比；最佳的因素水平组合是酶解时间 100 min，酶解温度 50℃，加酶量 0.25 g/L，料液比 10.0 g/L。验证特性黏度为 12.50 mL/g。

3）魔芋葡甘聚糖双酶降解技术

以体系黏度为评价指标，在精粉：水=10（g）：200（mL），酶解温度 55℃条件下，比较葡甘聚糖酶、纤维素酶和葡甘聚糖酶与纤维素酶混合酶对魔芋精粉的降解效果，其中，葡甘聚糖酶的酶解效果优于纤维素酶；双酶配合的酶解效果优于单酶，特别是在酶解前期，这可能是由于葡甘聚糖酶和纤维素酶可作用的糖苷键结构不同，而这些糖苷键在葡甘聚糖分子中都存在，从而同时使用两种酶可起到互补作用，提供葡甘聚糖的降解效果。

4.1.4　魔芋葡甘聚糖综合法降解

在制备魔芋低聚糖的过程中，通过多种方式结合使用，能够取得更好的效果。

1. 魔芋葡甘聚糖辐射辅助酶法降解

徐振林等（2006）研究发现，^{60}Co-γ 射线辐照会使 β-甘露聚糖酶对魔芋葡甘聚糖酶解效率提高，即质量分数为 1.0%魔芋精粉溶胶辐照后，加 β-甘露聚糖酶水解 2 h，酶解液中还原糖含量随着辐照剂量的增加而增大。分析认为，魔芋精粉经辐照处理后发生降解，使甘露聚糖酶的作用位点增多，从而提高了酶解效率。此外，随着酶用量的增大，酶解液中还原糖含量提高。当酶用量在 10～60 U/g 时，酶解液中还原糖的含量大幅增加，但当酶用量达到 60 U/g 后，酶解液中的还原糖含量增幅减缓。

辐照处理后魔芋精粉经酶解 24 h 后，酶解产物的分子量分布情况如图 4-12 所示。其中酶解产物的重均分子量（M_w）为 1399，数均分子量（M_n）为 777，平均聚合度为 4.3。可见，所得酶解产物的聚合度在 10 以内。

辐照过的魔芋精粉酶解 24 h 后，产物的一级质谱图中出现分子量为 203.1 的分子、离子峰为葡萄糖或甘露糖带上一个 Na$^+$后的质量数，之后每隔 162（一个葡萄糖或甘露糖脱水后的分子量）都会出现相应的分子、离子峰。分子量为 1337.4 表明是由 8 个葡萄糖或甘露糖连接而成的低聚糖。再结合所得酶解产物的分子量分布情况,进而推断所得酶解产物是由 8 个葡萄糖或甘露糖聚合而形成的低聚糖。

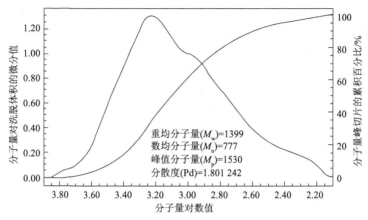

重均分子量(M_w)=1399
数均分子量(M_n)=777
峰值分子量(M_p)=1530
分散度(Pd)=1.801 242

图 4-12　魔芋葡甘低聚糖的分子量分布曲线(徐振林等，2006)

2. 魔芋葡甘聚糖超声波辅助酶法降解

超声波不仅可以降解魔芋葡甘聚糖，有研究表明在适宜的频率或强度下，超声波还具有提高酶活的作用。吴葛洋等(2011)研究超声处理对固定化木瓜蛋白酶的影响时发现，在 135 kHz、0.45 W/cm^2 条件下超声 50 min 时，该固定化酶的酶活力提高最为显著。Ateqad 和 Iqbal(1985)在使用超声波处理木瓜蛋白酶的反应时得到相似的结果，即酶活力得以提高。王文宗等(2010)的研究发现，多酚氧化酶的酶活力随着超声时间的增加而降低，随着超声功率的增大先略升高然后呈现下降的趋势。因此认为，超声会影响酶的活性，但影响程度因酶种类、超声功率的不同而异。分析认为，超声处理对于酶活力的影响，主要是因为超声的空化效应，导致液体内部产生了较大的冲击力，使酶与底物的接触更为充分，进而增加其反应效率。也有人认为，超声处理可能改变酶的构象，使底物与酶更易结合，从而增大了酶的活性。因此，在制备魔芋低聚糖时，可以采用超声耦合酶处理的方法，如果条件设置合适，即可增大酶的活性，减少酶的用量，缩短酶反应时间，降低生产成本，提高魔芋低聚糖的得率。

张琳(2013)对超声波辅助魔芋葡甘聚糖酶解进行了研究。结果表明，在酶用量一定的情况下，魔芋胶的水解率随魔芋胶浓度的增加而逐渐下降。分析认为，随着魔芋胶浓度的增大，其特性黏度也逐渐增大，从而阻碍了酶和魔芋葡甘聚糖分子的相对移动，降低酶与魔芋葡甘聚糖分子的接触概率，进而导致魔芋葡甘聚糖的水解率下降。试验结果表明，当魔芋胶浓度在 40～80 g/L 时，随着魔芋胶浓度的增大，魔芋低聚糖的得率也增大，而当魔芋胶浓度在 80～120 g/L 时，随着魔芋胶浓度的增大，魔芋低聚糖得率反而降低，可见魔芋胶酶解的最适浓度为 80 g/L。

　　在其他条件给定，且底物浓度足够的情况下，随着酶用量的增大，低聚糖的得率也逐渐增大，但当酶用量增到 0.15%后，低聚糖的得率增大变缓。分析认为，在酶用量相对较低的情况下，增大酶用量，增大了魔芋葡甘聚糖分子与酶接触、作用的机会，从而加大了对魔芋葡甘聚糖的水解率，并提高了低聚糖的得率。当酶用量超过 0.15%后，虽然也提高了魔芋葡甘聚糖的水解率，但同时提高了对低聚糖的水解率，即所产生的部分低聚糖被水解成单糖，从而影响了低聚糖的得率。因此在魔芋低聚糖制备时，应适量用酶，并控制好魔芋葡甘聚糖的水解率，以保证有较高的低聚糖得率，减少单糖生成量。

　　在其他条件给定的情况下，超声处理较未采用超声处理的对照组，魔芋胶的水解率和低聚糖的得率都较高。魔芋胶的水解率随着超声功率的增大逐渐增大，但当超声功率超过 90 W 后，魔芋胶的水解率下降。试验还发现，低聚糖得率的变化趋势与魔芋胶水解率变化趋势相似，即在超声功率 90 W 时低聚糖的得率最大。分析认为，当超声功率在一定范围内增大时，超声处理促进酶对底物的作用，增大魔芋胶的水解率。但当超声功率超过一定程度后，超声波可能会导致酶的活性降低，从而降低了魔芋胶的水解程度，可见超声波的最适功率为 90 W。

　　在其他条件给定的情况下，魔芋胶水解率随着超声时间的延长也会逐渐增大，当超声时间达 20 min 后，魔芋胶的水解率变化趋缓，但低聚糖的得率在超声时间为 15 min 时达到最高。这也可能是时间过长时，会导致所产生的部分低聚糖被进一步水解，影响了低聚糖得率的提高。因此，超声处理的适宜时间为 15 min。

　　在上述单因素试验的基础上，经响应面法优化试验结果表明，超声辅助酶法制备魔芋低聚糖的最佳工艺条件是：魔芋胶(葡甘聚糖含量为88.2%)浓度为 80 g/L、加酶(β-甘露聚糖酶)量为 0.168%、pH 为自然 pH、温度为 55℃、超声功率为 76.08 W、超声时间为 14 min，低聚糖得率理论值为 47.82%，试验验证得率为 47.14%，回归方程为

$$Y = 46.75 + 2.29A - 1.91B - 1.91C - 2.03AB - 234AC + 0.27BC - 5.15A^2 - 2.95B^2 - 7.28C^2$$

式中，A 为加酶量；B 为超声功率；C 为超声时间；Y 为低聚糖得率。

3. 魔芋葡甘聚糖微波辅助过氧化氢法降解

　　微波是指频率在 300 MHz～300 GHz 范围的电磁波，已广泛应用于化学、食品等领域。Kok 等(2009)发现微波处理过的魔芋葡甘聚糖分散于 0.1 mol/L, pH 6.8 的磷酸缓冲液中时呈半柔性卷曲，且微波处理对魔芋葡甘聚糖溶液性质(如特性黏度、旋光度等)及其凝胶性能(如胶液收缩率、凝固点等)有一定的影响。

　　黄永春等(2005)研究了微波辅助 H_2O_2 降解魔芋葡甘聚糖的作用，发现微波能有效促进 H_2O_2 对魔芋葡甘聚糖的降解，试验结果如图 4-13 所示。可以看出，

微波辅助 H_2O_2 降解魔芋葡甘聚糖的作用不只是 H_2O_2 氧化降解和微波降解两方面作用的简单加和，而是微波与 H_2O_2 之间存在一定的协同作用，加速了魔芋葡甘聚糖的降解。分析认为，由于魔芋葡甘聚糖分子上带有羟基等极性基团，使分子内电荷的分布不均匀，从而使魔芋葡甘聚糖分子在微波场中可以迅速吸收电磁波能量，并通过分子偶极作用及分子的高速振动产生热效应，从而使魔芋葡甘聚糖分子上的糖苷键迅速获得足够能量，而发生水解或降解。试验结果表明，在魔芋葡甘聚糖浓度为 2% 的情况下，魔芋葡甘聚糖降解的最适条件为：pH 3.6，H_2O_2 浓度 1.8%，微波功率 540 W，降解时间 3 min。

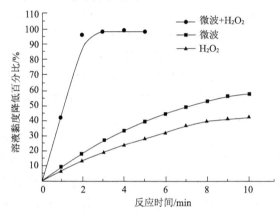

图 4-13　魔芋葡甘聚糖微波辅助 H_2O_2 降解曲线（黄永春等，2005）

　　微波辐射降解魔芋葡甘聚糖具有操作简便、反应时间短、能源使用率高等优点，但是，微波使体系升温过快，导致单体容易挥发、反应不充分等缺点。

4. 魔芋葡甘聚糖酸酶法降解

　　陶兴无（2005）研究了酸酶结合的方法制备魔芋低聚糖的工艺，发现先进行酸解后酶解，可以避免因酸解过程不易控制而造成的魔芋葡甘聚糖水解过度，同时也能减少酶的消耗，降低魔芋低聚糖的制备成本。

　　许牡丹等（2008）通过采用先酸解再酶解的方法，对魔芋精粉进行处理，以提高酶解效率，增大产量。试验结果表明，最佳工艺条件为：底物浓度 80 g/L，酸解温度 85℃，酸解时间 1.5 h，HCl 浓度 0.07 mol/L，加酶量 6000 U/g，酶解温度 55℃。

4.2　魔芋低聚糖纯化方法

　　经魔芋精粉降解得到的是魔芋低聚糖尚属于粗制品，其中除了低聚糖外还含有单糖、多糖、色素物质及其他杂质，影响了魔芋低聚糖的生理功能的发挥。例如，低聚糖具有热量低及可抗龋齿的性质，而单糖在低聚糖中的大量存在，必然会降低低聚糖的这些性质，也会降低低聚糖降血糖的功效。因此对所制备的魔芋低聚糖粗制品必须进行纯化处理，提高其纯度，使其更适合于食品加工及保健食品的研发。目前的纯化方法主要有吸附法、膜分离法、发酵法等。

4.2.1　柱层析法

柱层析法是吸附法的一种，该方法是利用混合物中各组分在固定相(即吸附剂)和流动相之间的分配系数不同，从而使各组分得以分离。常用的吸附剂有硅胶、活性炭、离子交换树脂、葡聚糖凝胶等。Takahashi 等(1984)采用活性炭柱层析法分离魔芋低聚糖得到了四种单一组分的葡甘露寡糖。王绍云(2009)比较了活性炭柱层析法与硅胶柱层析法对魔芋低聚糖的分离效果，发现硅胶柱层析法对魔芋低聚糖的分离效果更好，同样得到了四种单一组分的葡甘露寡糖。柱层析的分离效果较好，但是分离纯化成本较高。

徐春梅(2008)研究了活性炭对魔芋低聚糖的脱色工艺，通过最优的脱色工艺，糖液的脱色率达到 90.98%。徐振林等(2008)对辐照过的魔芋精粉酶解液用活性炭脱色的效果研究表明：脱色率越高，可溶性固形物损失率也越大，两者互相矛盾。以脱色率为指标，确定的最佳脱色工艺为活性炭用量 2.5%，pH 4.5，脱色时间 40 min，脱色温度 30℃。在此条件下，葡甘低聚糖液的脱色率为 50.1%，可溶性固形物损失率为 3.87%。

将活性炭脱色后的葡甘低聚糖液再用离子交换柱(732 型阳离子交换树脂及717 型阴离子交换树脂)处理，结果表明：离子交换柱对葡甘低聚糖液有良好的脱色及脱盐效果，但是，其对葡甘低聚糖也有较强的吸附作用。经离子交换柱纯化后，葡甘低聚糖液的电导率在 150 μS/cm 以下，脱色率为 79.39%，脱盐率为82.69%，可溶性固形物损失率为 11.76%。

许牡丹等(2008)利用硅胶柱层析法和离子交换柱层析法对甘露低聚糖进行纯化。硅胶柱层析法纯化，采用湿法装柱，洗脱剂为正丙醇：水=85：15，按照 10 mL每管收集洗脱液，用苯胺-二苯胺显色剂显色，在进样量 10 mL、柱高 600 mm、洗脱流速 1 mL/min、温度 60℃条件下制得的魔芋低聚糖纯度为 71.34%。魔芋低聚糖纯化也可以利用离子交换柱层析法，采用 001×7 型聚苯乙烯阳离子交换树脂，用脱气蒸馏水进行洗脱，苯胺-二苯胺显色剂显色，在进样量 10 mL、柱高 600 mm、洗脱流速 2 mL/min、温度 60℃的条件下制得的魔芋低聚糖纯度为 68.4%。

4.2.2　膜分离法

膜分离是利用天然或人工合成的高分子半透膜，通过膜两侧的压力差或电位差或浓度差等某种推动力，使溶液中的组分透过半透膜或被半透膜截留下来，以获得或去除溶液中某些组分，达到分离、浓缩或纯化的目的。膜分离按照分离处理的粒子或分子的大小及机理不同，可分为超滤、微滤、纳滤、反渗透、透析、电渗析 6 种类型。在低聚糖的纯化过程中，主要使用超滤和纳滤方法。膜分离的优点在于不会引入外来的化学物质污染，分离纯化效果较好。但在膜分离过程中，可能会产生膜污染，堵塞膜孔，进而影响膜分离效果和速度。

史劲松等(2009)对甘露聚糖的水解液进行超滤(截留分子量 3000)和纳滤(截留分子量 300)处理，获得的精制滤液中，甘露低聚糖的平均聚合度为 2.13。HPLC分析结果表明，甘露低聚糖中单糖组分占 13.6%，二糖组分约占 52.0%，三糖以上组分约占 34.4%。可见，联合使用超滤和纳滤纯化甘露聚糖的水解液具有良好的效果，这应该归功于两种膜滤所具有的不同功能被综合运用，从而对水解物同时起到精制、脱盐和浓缩作用，这既提高了分离纯化效果和效率，也简化了纯化操作，缩短了纯化时间。

4.2.3　发酵法

魔芋葡甘聚糖降解产物中的还原性单糖可利用酵母发酵法除去。即利用葡甘低聚糖的难发酵性，选择合适的微生物(如酿酒酵母)将降解产物中的葡萄糖、甘露糖等还原性单糖除去，从而提高葡甘低聚糖的纯度。但是微生物发酵法可能会带来异味，因此在低聚糖后续的处理过程中，还需要脱味处理。

李剑芳等(2007)在魔芋胶浓度 150 g/L，加酶量 50 U/g 魔芋胶，酶解温度 50℃条件下分别于酶解时间 4 h、6 h 和 8 h 所得的魔芋胶酶解液中添加酵母膏 2.0 g/L、蛋白胨 4.0 g/L、NaCl 0.2 g/L、MgSO₄·7H₂O 0.2 g/L、KH₂PO₄ 0.5 g/L，在自然 pH，115℃下灭菌 20 min，冷却后接种 1.0 g/L 的高活性干酵母，置于旋转式摇床上 220 r/min、32℃培养 24 h，结果显示，酶解液经酵母发酵后的还原糖含量降低，且酶解时间越长、酶解液中还原性单糖含量越多，经酵母发酵后还原糖相对降低幅度越大。

吴长菲等(2010)选取酶添加量为 100 U/g，pH 5.5，45℃条件下，酶解时间 1.5 h后的酶解液样品，并利用酵母发酵法去除酶解液中的还原性单糖，结果发现，酵母发酵可使酶解液中还原糖含量相对降低 5.69%。分别取葡萄糖，D-甘露糖，糊精标准液及酶解液(酵母发酵前和发酵后)，进行硅胶板薄层层析检测。结果表明，酵母发酵后单糖斑点消失，说明酵母发酵能有效地去除酶解液中的还原性单糖。单糖斑点和二糖斑点都会消失，说明酵母能利用还原性的二糖进行发酵，得到100%魔芋葡甘低聚糖的最终酶解产物。

张琳等(2013)选用截留分子量 500、5000 的聚醚砜膜,在室温、压力为 1.0 MPa下，对魔芋葡甘聚糖酶解液进行超滤和用酵母发酵法去除单糖试验研究。结果表明，超滤方法得到分子量大于 500、小于 5000 的组分，单糖去除率为 70.05%(其中包括使用该方法损失的单糖含量)，总糖回收率为 60.46%；酵母发酵法单糖去除率为 56.28%，总糖回收率为 79.35%。可以看出，超滤处理对单糖的去除率高于酵母发酵法,但超滤的总糖回收率低于酵母发酵法,说明超滤造成的糖损失大于酵母发酵法,因此认为酵母发酵法优于超滤法。进一步试验结果表明,酵母发酵法去除单糖的最优工艺条件是魔芋葡甘聚糖酶解液浓度为 10%,酵母(安琪酵母股份有限公司)用量为 2%,发酵时间为 12 h。在此条件下单糖去除率为 59.87%。

4.3 魔芋低聚糖制备技术

目前研究的魔芋低聚糖制备方法有多种,按降解机理,大致可分为物理法、化学法和生物法。物理法中研究最多的是超声波降解,超声波降解具有作用速度快、基本无副产物、对环境污染小的特点,是一种比较理想的降解方法。此外,机械处理也可使魔芋葡甘聚糖产生一定程度的降解。化学法相对较多,如酸降解、臭氧降解、过氧化氢降解等。化学法降解高聚物反应时间虽短,但水解后的低聚糖容易受酸和热的影响而进一步分解,操作难控制,导致产品均一性差,同时也有副产物生成,影响产品质量,废水处理量也大。生物法则主要是生物酶降解,生物酶降解方法因酶特异性强,无副反应,且降解条件温和、副产物少,酶解产物纯度高,但生物酶易失活,降解时间较长。此外,还有多种不同技术综合运用形成的复合法,如酸-酶降解、酸-超声波降解、辐射-酶降解等。

任元元等(2013)对酶法降解魔芋低聚糖的喷雾干燥技术进行了研究。其魔芋低聚糖的制备方法是:在 pH 5、魔芋精粉添加量为 15%体系中,按 100 U/g 添加 β-甘露聚糖酶酶量,在温度为 50℃的条件下酶解4 h;加入 2%的蛋白胨,1%的酵母粉,并接种 3%的酿酒酵母,在 30℃、摇床 160 r/min 条件下培养 10 h 去除单糖;在 5000 r/min 条件下离心 15 min 除去固体杂质;分别用 D315 型阴离子交换树脂、732 型阳离子交换树脂和 717 型阴离子交换树脂进行脱盐、脱色、脱味处理;用孔径为截留分子量 10 000 的超滤膜进行膜分离处理;然后在真空度 0.1 MPa、温度 55℃下进行真空浓缩,至总固形物为 20%左右;再经喷雾干燥得到魔芋低聚糖产品(图 4-14)。

图 4-14 魔芋低聚糖产品

纯魔芋葡甘低聚糖液的喷雾干燥效果受喷雾液浓度、进出风温度及载体等的影响。试验结果表明,在喷雾液固形物浓度为 35%,其中载体物质变性淀粉添加量为 10%,干燥进风温度为 180℃、出风温度为 80℃时出粉率最高,产品含水量稳定,分散性和溶解性良好,可溶于冷水,并能保持流畅的状态和品质(低聚糖含量大于 50%),干燥过程无挂壁、焦糊现象。

　　试验发现，当喷雾液浓度低于 35% 时，易出现挂壁，影响出粉，且所得干燥品易吸潮；而当喷雾液浓度大于 35% 后，出粉率反而降低；当进风温度为 150～160℃ 时，魔芋葡甘低聚糖具有较高含水量，产品黏壁严重，导致出粉率低；当进风温度大于 180℃ 时，出粉率随温度增高而降低，甚至现象焦糊现象；出风温度低会延长干燥时间，且产品干燥不完全；而出风温度过高，虽可缩短干燥时间，但因粉体过度受热，产品质量降低，甚至出现产品焦糊现象。

4.4　魔芋低聚糖生理功能及产品开发

4.4.1　魔芋低聚糖的生理功能

　　生理功能试验表明，魔芋低聚糖除了具有低热量、稳定、安全无毒等良好的理化特性外，还具有促进以双歧杆菌为代表的有益菌群的增殖，改善肠道内菌群结构；减慢肠道黏膜分泌的 β-糖苷酶的扩散速度，不升高血糖；有清除自由基、增强机体抗氧化性的能力；降低糖尿病小鼠血糖和改善血液成分；降低血清总胆固醇和甘油三酯水平；减少肠内氨的生成和吸收，减轻肝脏对血氨的解毒负担等功能；且由于魔芋低聚糖是微生物细胞壁的主要组分，它还有一个极具特色的生物学功能——吸附病原菌（表 4-2）。

表 4-2　葡甘低聚糖截取病原菌的效果

细菌	试验菌株数	截取菌株数	截取率/%
大肠杆菌（Escherichia coli）	118	54	45.8
沙门氏肠炎杆菌	4	4	100
沙门氏伤寒杆菌（Salmonella typhi）	6	4	66.7
沙门氏鼠伤寒杆菌（Salmonella typhimurium）	13	4	30.8
摩干氏变形菌	11	11	100
肺炎杆菌（Pneumobacillus）	16	15	93.8
柠檬酸转化杆菌属（Citrobacter）	63	63	100
沙雷氏菌属	12	12	100
假单胞菌属	17	5	29.4

　　1. 对有益微生物的促生长作用

　　动物体内分泌的消化酶（如淀粉酶）只对 α-1,4 糖苷键起作用，而魔芋低聚糖的

主链是由 β-1,4 糖苷键连接,侧链是由 β-1,3 糖苷键连接,因而魔芋低聚糖几乎不能被动物本身所利用。但某些有益微生物,如嗜酸乳杆菌、长双歧杆菌、德氏乳杆菌、干酪乳杆菌等能选择性利用魔芋低聚糖。因此,魔芋低聚糖可以促进有益微生物的生长发育和繁殖,从而抑制大肠杆菌、伤寒沙门氏菌、肉毒梭状芽孢杆菌和产芽孢梭状芽孢杆菌等病原微生物的生长和繁殖。Chen 等(2005)研究发现,酸水解魔芋葡甘聚糖能调节小鼠肠内微生物菌群,促进有益微生物生长。熊德鑫等(2002)研究了魔芋低聚糖(由 4～8 个分子的葡萄糖和甘露糖组成,由魔芋精粉酶解制备)、乳果糖(由吡喃半乳糖和呋喃果糖等单糖构成)和低聚异麦芽糖(由 6-葡糖基麦芽糖、异麦芽糖和异麦芽三糖等构成)三种不同的低聚糖选择性促进双歧杆菌的生长情况。结果表明,魔芋低聚糖及低聚异麦芽糖对多种益生菌的生长均具有促进作用,其中对双歧杆菌生长促进的活性最强,而乳果糖对多种益生菌促进生长作用最弱;魔芋低聚糖能够同时促进长双歧杆菌、青春双歧杆菌、短双歧杆菌、婴儿双歧杆菌及两歧双歧杆菌的生长,低聚异麦芽糖对除婴儿双歧杆菌之外的其余双歧杆菌的生长都具有促进作用,而乳果糖只对婴儿双歧杆菌的生长具有促进作用。

吴拥军等(2002)在 GAM 和 PTYG 培养基中分别加入浓度为 0.4%、0.6%、0.8%的魔芋葡甘聚糖发酵液,接种耐氧长双歧杆菌 5%,37℃培养 24 h 后,亚甲蓝染色血球计数板计数。结果显示,加入浓度 0.4%魔芋葡甘聚糖发酵液的试验组活菌数可分别达到 2×10^9、5×10^9,并且耐氧长双歧杆菌生长速度快,而未加魔芋葡甘聚糖发酵液的试验对照组活菌数仅为 4.4×10^7、3.4×10^7。另外两组 0.6%、0.8%魔芋葡甘聚糖发酵液处理的活菌数也超过了试验对照组,且活菌数均比对照组增加了两个数量级,说明魔芋低聚糖有很强的促进双歧杆菌生长、增殖的作用。

秦湘红和张群芳(2003)用枯草芽孢杆菌以魔芋精粉为底物经发酵培养产生活力为 10 U/mL 的 β-甘露聚糖酶,用此酶液水解魔芋精粉,并经体外试验证实酶解产物中不同分子大小的低聚糖对双歧杆菌具有明显的促生长作用。经甘露聚糖酶酶解后,魔芋精粉酶解产物对青春双歧杆菌和长双歧杆菌生长都具有较好的促进作用,其作用效果与低聚果糖相当,较不加低聚糖的对照组可使活菌数提高几倍到十几倍。试验结果还表明,培养基中低聚糖的含量并不是越高越好,就低聚果糖和魔芋精粉酶解产物来说,浓度以 2%的效果最好,浓度超过 5%时则对双歧杆菌的生长产生抑制作用,这可能是高浓度低聚糖的渗透压较高,对细菌产生脱水作用,进而抑制其生长。

2. 提高机体抗氧化能力

超氧阴离子自由基($\cdot O_2^-$)和羟自由基($\cdot OH$)等参与了许多生理和病理过程。现代自由基医学的研究,通过测定丙二醛(MDA)可以间接反映体内自由基产生和老化程度。而抗氧化酶谷胱甘肽过氧化物酶(GSH-Px)和超氧化物歧化酶(SOD)

的活性是反映机体抗氧化能力的重要指标。SOD 能促使超氧阴离子自由基变为过氧化氢和氧离子，从而减少脂质过氧化反应，使机体细胞和组织免受损害。GSH-Px 是机体中可催化过氧化氢分解的重要酶，具有保护细胞膜结构的功能，并能维持细胞膜的功能完整。大量研究报道证实，不少植物及其提取物具有较强的清除人体内氧自由基、延缓衰老的作用。

杨艳燕和高尚(1999)分别用 5%、15%的葡萄糖溶液和同样浓度的魔芋低聚糖溶液灌喂小鼠，取血样测定多项生化指标，研究了魔芋低聚糖对小鼠血糖含量及抗氧化能力的影响。结果显示，高浓度葡萄糖可使小鼠血糖含量增高，而同样浓度的魔芋低聚糖未使血糖含量发生明显变化，却使小鼠体内 SOD 活性明显升高，同时降低了过氧化脂质(LPO)水平。因此认为魔芋低聚糖不升高血糖，且能提高机体抗氧化能力。

陈建红等(2006)研究了魔芋低聚糖抗氧化性，体外试验结果表明，魔芋低聚糖具有显著的清除自由基及保护 DNA 氧化损伤能力。魔芋低聚糖的浓度从 5 mg/mL 增至 40 mg/mL 时，其对超氧阴离子自由基的抑制率可以从 30.56%增至 74.25%。魔芋低聚糖对 • OH 有很强的清除作用，当魔芋低聚糖的浓度为 15 mg/mL 时，其 • OH 的发光抑制率达到 90%。高、中浓度的魔芋低聚糖对 DNA 损伤保护能力极强，很难修复 DNA 的损伤。

连续两周每日给小白鼠分别灌喂魔芋低聚糖溶液(实验室酶法生产)40 mg/kg 体重、80 mg/kg 体重、120 mg/kg 体重，结果表明，魔芋低聚糖能有效地降低肝脏中 MDA 的含量，提高肝脏和血浆中 SOD、GSH-Px 的活性，尤以高剂量组效果最好。魔芋低聚糖提高试验小鼠抗氧化功能的机制为：魔芋低聚糖可直接清除活性氧自由基，其通过复杂的体内生化代谢途径，可激活并提高机体中的 GSH-Px 和 SOD；魔芋低聚糖能降低肝脏中 MDA 的含量，但对血浆中 MDA 的含量无影响。这可能是魔芋低聚糖可优先作用于肝脏中的脂质过氧化物，使肝脏产生的 MDA 较少，然后才作用于血浆中脂质过氧化物，降低其中的 MDA 含量。

3. 防治高脂血症和降血脂、护肝作用

杨艳燕和高尚(1999)给试验性高脂血症小鼠灌喂一定剂量的魔芋低聚糖，发现魔芋低聚糖能有效地抑制血清甘油三酯(TG)和总胆固醇(TC)水平升高，同时能提高高密度脂蛋白胆固醇(HDL-C)水平及其与总胆固醇的比值，说明服用魔芋低聚糖可能对防治高脂血症、预防动脉硬化和冠心病的发生有一定作用。另外，该课题组还给试验性糖尿病小鼠灌喂一定剂量[低剂量：0.8 g/(kg·d)；高剂量：2.4 g/(kg·d)]的魔芋低聚糖，试验 2 周后显示，灌服低、高剂量魔芋低聚糖液的糖尿病小鼠血糖值分别为(10.41±2.23)mmol/L 和(9.81±1.67)mmol/L，与未用魔芋低聚糖液的糖尿病组的(17.17±3.89)mmol/L 比有较明显降低(P<0.01)；同

时灌喂魔芋低聚糖液的糖尿病小鼠血液中血红蛋白与白细胞数明显升高,而胆固醇含量下降,接近正常组水平,与未用魔芋低聚糖液的糖尿病组比有较明显差异($P<0.05$)。说明魔芋低聚糖既可以降低糖尿病患者的血糖水平,也能提高糖尿病患者机体的免疫能力和携氧能力,同时对防治动脉粥样硬化也有一定的作用。

陈黎等(2002)用高脂溶液造成小鼠高血脂动物模型,同时给予一定剂量的低聚糖[3.0 g/(kg·d)]灌喂,取血样测定多项生化指标,研究了魔芋低聚糖的降脂作用,发现低聚糖处理组的血脂水平较高脂对照组分别降低了29%和32%,而血清高密度脂蛋白水平却升高了35%,说明魔芋低聚糖降脂作用非常明显。同时灌喂低聚糖组小鼠的血清丙氨酸氨基转移酶(ALT)较高脂组无显著差异,表明其对小鼠肝功能无明显损害,而血清尿素氮(UN)水平却降低了 16%。推测这可能是魔芋低聚糖减少了肠内氨的生成和吸收,降低了血清尿素氮水平,进而减轻了肝脏对血氨的解毒负担,因此认为魔芋低聚糖可能有一定的护肝作用。

李春美(2004)以四氧嘧啶诱导糖尿病小鼠为试验模型,研究了它们对通过酶解制备的三种不同分子量魔芋低聚糖(魔芋低聚糖-Ⅰ、魔芋低聚糖-Ⅱ、魔芋低聚糖-Ⅲ)和天然魔芋葡甘聚糖的降血糖效果。研究发现,在其他条件相同的情况下,上述四种多糖对试验小鼠的血糖下降率分别达 55.37%、80.60%、33.44%和40.90%。结果表明,魔芋低聚糖-Ⅱ的降血糖效果是天然魔芋葡甘聚糖降血糖效果的近2倍。不过文献中未测定所得魔芋低聚糖-Ⅰ、魔芋低聚糖-Ⅱ和魔芋低聚糖-Ⅲ的分子量,虽然试验结果能够证明不同分子量魔芋低聚糖和天然魔芋葡甘聚糖降血糖效果的差异性,但尚未建立不同分子量低聚糖与血糖下降率的相应关系。

4. 排毒和增强免疫功能作用

有研究表明,魔芋低聚糖在肠道内不能被吸收,但是当它通过小肠时会与病原菌的特定部位相结合,与病原菌一起随粪便排出体外。留在肠道的魔芋低聚糖会促进肠道蠕动,也会促使有害物质加速排出体外,即“排毒”作用。李小宁(1998)研究了魔芋低聚糖口服液对二硝基氟苯(DNFB)所致的小鼠耳廓超敏反应(DTH)的影响,结果发现高剂量魔芋低聚糖有明显增强二硝基氟苯引起的小鼠迟发性超敏反应作用。对魔芋低聚糖口服液对小鼠血清溶血素水平影响的分析发现,魔芋低聚糖口服液不能增强小鼠血清溶血素反应,但能明显增强小鼠对单核巨噬细胞的吞噬功能。分析认为病原微生物的细胞表面有一种称为外源凝集素(lectin)的物质,它能识别糖类中某些低聚糖(如魔芋低聚糖),当病原微生物侵入肠道时,低聚糖便与病原微生物黏着在一起,导致病原微生物不能增殖并失去活性,并将病原微生物及其毒素排出体外,从而提高了人和动物的免疫功能,不易生病。

魔芋低聚糖具有免疫原性,可以通过肠绒毛免疫细胞表面蛋白受体相互作用或通过干预存在于淋巴结和黏膜固有层记忆细胞上的信号系统进行免疫调节,还可以与一定的毒素、病毒的真核细胞的表面结合而作为这些外源抗原的佐剂，减缓抗原的吸收，增加抗原的效价，从而增强动物体的细胞和体液免疫（杨敏和蒙义文，2002）。

王志江等（2011）利用微波辐射酶解处理得到两种魔芋葡甘聚糖片段，再通过体内、外抗肿瘤试验，探究两种降解产物的抗肿瘤活性。结果表明，两种魔芋葡甘聚糖片段对宫颈癌细胞株的存活率有一定的抑制作用；对于艾氏腹水瘤小鼠的移植性卖体瘤和脏器指数均有不同程度的增强作用。

氧化魔芋葡甘聚糖（OKGM）是一种多糖类的氧化产物，从魔芋葡甘聚糖中降解获得。Zhang 等（2013）通过对齐口裂腹（Prenanti）鱼的饮食中添加不同剂量的OKGM，试验结束后发现在 Prenanti 鱼的饮食中增加 OKGM，不仅促进生长，还能提高机体免疫功能，其中包括红细胞数、红细胞的吞噬指数、嗜中性粒细胞数量、IgM 抗体都显著增加，而 MDA 降低，说明其抗氧化性也得到提高。

5. 截取肠道病原菌作用

Pierce-Cretel 等（1983）报道，魔芋低聚糖可以截取肠道病原菌。由表 4-3 可以看出，魔芋低聚糖对不同病原菌的截获效果，即魔芋低聚糖可以 100%截获肠炎沙门氏菌、摩干氏变形菌、差异柠檬酸杆菌及黏质沙雷菌，对肺炎克雷伯菌、嗜水气单胞菌和伤寒沙门氏菌也有较高的截取率，对于大肠杆菌、弗氏柠檬酸杆菌和鼠伤寒沙门氏菌的截取效果相对较低。因此，可以将魔芋低聚糖作为新型抗生素对其进行开发。

表 4-3　魔芋低聚糖截取病原菌效果

细菌种类	试验菌株数	截取菌株数	截取率/%
大肠杆菌	118	54	46
伤寒沙门氏菌	6	4	67
鼠伤寒沙门氏菌	13	4	31
肠炎沙门氏菌	4	4	100
摩干氏变形菌	11	11	100
肺炎克雷伯菌	16	15	94
差异柠檬酸杆菌	36	36	100
弗氏柠檬酸杆菌	9	4	44
黏质沙雷菌	12	12	100
嗜水气单胞菌	7	5	71

4.4.2 魔芋低聚糖的产品开发

魔芋低聚糖是一种益生元产品，在保健食品、乳品等领域中应用广泛。

1. 食品工业中的应用

随着生活水平的提高，食品已从充饥型转向功能型，低糖、无糖型食品还有一些保健食品越来越受广大消费者青睐。研究发现，魔芋低聚糖可以作为益生元应用，因为它可以选择性增值双歧杆菌和一些人类肠道中起有益健康作用的乳酸菌株。从产品开发剂型来看(图 4-15)，以胶囊最多，占比不到 35%，其片剂、冲剂、口服液的数量相差不下，均占比 20%～22%，在产品开发的剂型中，还出现了膏体剂型，其数量极少。但在今后的产品开发上，为展现产品形态的新颖性，在可能的情况下，可以考虑膏体剂型的使用。

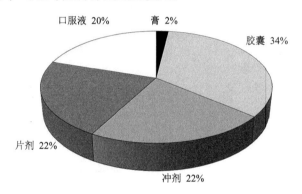

图 4-15 魔芋低聚糖在食品添加中的产品剂型

1) 在饮料中的应用

魔芋低聚糖在酸性环境中不稳定，并且它的双歧杆菌增殖效果也非常显著。同时，魔芋低聚糖的添加使饮料具有低糖、低热量的特点，使产品具有营养与保健的双重价值，能满足不同消费人群对饮料的需求，它的添加也使产品更上档次，具有广阔的市场前景。

一般酸奶制品生产厂家使用的菌种是嗜热链球菌和保加利亚乳杆菌。这两种菌无法承受胃酸和胆汁的杀伤作用，即使有少量能够进入肠内，也不能定植而被排出体外，起生理作用的只有其发酵产物，而肠道内存在的双歧杆菌，对肠道的健康作用是其他乳酸菌无法相比的。魔芋低聚糖作为双歧因子，对双歧杆菌具有高选择性增殖效果，这主要是因为人体胃肠道内没有水解魔芋低聚糖的酶系统，它不被消化吸收而直接进入大肠内,而大肠中的双歧杆菌则可以利用魔芋低聚糖，并转化为有机酸作为其自身生长碳源进行增殖。因此，将魔芋低聚糖添加在酸奶中可以成为保健酸奶。

2）在焙烤食品中的应用

焙烤食品是以谷类为基础原料，并且以油、糖、蛋等作为主要原料的一种食品。正因为焙烤食品富含油、糖等高能量组分，从而使焙烤食品不适合那些需要限制饮食的消费者，也因此产生了对低能量焙烤食品的需求，更使低热量、低甜度的配料成为食品革新家的首选。魔芋低聚糖适合添加在低能量焙烤食品中，作为"淡化"焙烤食品配方的一种成分。同时，魔芋低聚糖具有降低水分活度的特性，在焙烤食品中加入魔芋低聚糖，使产品水分容易得到控制，不易老化，从而达到延长保质期的目的。

3）在功能性食品中的应用

保健食品的重点是发展预防心脑血管疾病、癌症及糖尿病的保健食品（图4-16），调节生理功能的保健食品的开发也日趋白热化。魔芋低聚糖是一种理想的功能性食品添加剂，可广泛用于保健食品的开发和生产。

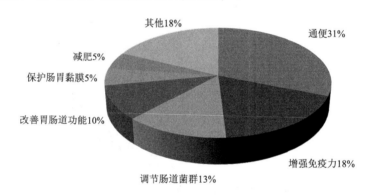

图 4-16　魔芋低聚糖的主要功效

糖尿病患者体内的碳水化合物、脂肪和蛋白质均出现程度不一的紊乱，因此引起一系列并发症。营养问题在糖尿病的发病控制与治疗中显得特别重要，膳食调理是糖尿病最基本的治疗措施。糖尿病患者的保健食品中甜味剂的选择尤为重要，所使用的甜味剂应以不影响患者血糖水平为先决条件，包括无能量或者低能量的甜味剂或填充型甜味剂。魔芋低聚糖不被人体的消化酶水解，且代谢不依赖胰岛素，因此，它不影响患者的血糖，属于无能量甜味剂，可满足糖尿病患者的需要。

大量试验证明，利用魔芋低聚糖的特殊功效，可以使双歧杆菌在肠道内大量繁殖，能够起到抗癌作用。人体肠道中腐生菌在分解食物、胆汁过程中，必然会产生酚类、吲哚、甲基吲哚、有机胺、氨、粪臭素和硫化氢等致癌有毒代谢产物，而双歧杆菌在代谢时产生的乳酸和乙酸能加速肠道蠕动和通便，促使这些致癌物质迅速排出体外而解毒。魔芋低聚糖有效地用在预防癌症的保健食品中，也顺应了保健食品的发展方向。

　　另外，魔芋低聚糖在各种糖果、果脯蜜饯、酿造业、冷饮品及口香糖中都有利用，随着人们生活水平的提高，魔芋低聚糖将会被更广泛地应用。

　　2. 饲料工业中的应用

　　研究结果表明，饲料中添加低聚糖具有以下生理功能：提高动物对营养物质的吸收率和饲料的利用率，促进动物生长和生产；增强机体免疫力，提高动物的抗病力；改善动物肠道内微生物的生态平衡，减少粪便及粪便中氨气等腐败物质的产生，防止环境污染；同时还可以改善畜禽产品的质量，防止畜禽腹泻与便秘等。

　　1) 家禽饲料

　　国内外众多研究表明,魔芋低聚糖能提高动物对养分的吸收率和饲料利用率,有促进动物生长的功能。

　　2) 家畜饲料

　　魔芋低聚糖应用于家畜饲料中，可以提高饲料转化率，降低腹泻率，促进家畜生长，同时还能提高家畜的免疫能力。

　　3) 鱼类饲料

　　饲料中添加魔芋低聚糖能刺激鱼类的非特异性免疫机能，提高鱼体的抗病能力，提高鱼类的生长速度。

　　3. 其他应用

　　1) 医药

　　小鼠试验证明魔芋低聚糖可以有效减少糖尿病的并发症，增加抗氧化剂的活性，所以魔芋低聚糖可以用于治疗糖尿病的医药中(Fukumori et al., 2000)。

　　魔芋低聚糖还可以用来治疗肠道功能紊乱，从试验结果可知，魔芋低聚糖及其为原料制成的药物可有效地治疗肠道功能紊乱，缓解腹泻、便秘和腹胀等症状。同时魔芋低聚糖还可以用来治疗慢性肝炎伴肠道功能紊乱,有效改善盲肠末端微肛门处微生态环境,增殖有益菌群并能抑制部分病原菌,还可以用来做治疗痔疮的洗液。

　　另外，目前已制备出一种肝素药物——魔芋葡甘露低聚糖醛酸丙酯硫酸酯钠盐，此药分子量为 2000~4000，半致死剂量为 8.81 g/kg。经湖北省食品药品监督检验研究院对照《中华人民共和国药典》1995 年版肝素钠标准进行检验，该产品为淡黄色无定形粉末，比旋度为 −200，水溶液显钠盐和酯基的鉴别反应，有机硫含量达 20%，pH 4.7，干燥失重 8.0%，抗凝效价 33.1 U/mg；药理试验表明，将魔芋葡甘露低聚糖醛酸丙酯硫酸酯钠盐加在饲料中喂养小鼠、大鼠、兔，具有明显的抗凝血和抗血栓作用，安全性好，毒性极微，是有前途的防治心血管疾病的新型低分子类肝素药物。

　　2) 农业上的应用

　　魔芋低聚糖可以作为农作物的营养物,能提高农作物的生长速度和抗病能力。

用魔芋低聚糖对番茄种子进行浸种，能促进番茄种子的发芽生长，而且对番茄植株的生物量、根重有明显的增加效果。施加魔芋低聚糖后，番茄植株茎叶健壮，对土壤中氮、钾养分的吸收增加，同时提高土壤微生物的活性，表现为土壤微生物碳、氮的增加。孙春来和干信(2004)建立了一套制备魔芋寡聚糖DS-VLK杀菌剂的工艺流程，产物溶于水，对魔芋软腐病有很好的杀菌效果；对霉菌(如小麦赤霉、稻瘟、梨黑斑病、棉花黄萎病等)都有很好的杀菌效果。因此，魔芋低聚糖作为肥料添加剂在农业中具有广阔的应用前景，是一种新型广谱生物农药。

我国低聚糖的规模化生产起步不久，在十多年的发展中还存在很多不足，如缺乏对低聚糖功能的认识与深度开发；应用面窄；生产工艺、水平和设备远远落后于日本等；生产厂家多，但规模普遍偏小，研发能力偏弱；总体科研力量尚显薄弱分散等。今后的发展方向还是应以工业化推广为主，尽快将科研成果转化为生产力，利用已开发成功的国际领先技术生产高质量的产品。不仅要在国内市场普及、推广低聚糖的保健功能和产品，还要将产品推向国际市场。在科研开发方面，一方面要完善低聚糖的生产工艺，另一方面要在低聚糖的应用方面加大科研开发力度，扩大应用范围，创造出更为巨大的经济效益和社会价值。

参 考 文 献

陈峰, 钱和. 2008. 超声波降解魔芋葡甘露聚糖工艺的响应面优化. 食品工业科技, 29(1): 146-148, 152

陈建红, 周海燕, 吴永尧. 2006. 魔芋葡甘低聚糖抗氧化性初步研究. 天然产物研究与开发, 18(5): 713-716

陈黎, 杨艳燕, 闫达中. 2002. 魔芋低聚糖降脂作用的初步研究. 中国生化药物杂志, 23(4): 181-182

党娅, 张志健, 卫永华, 等. 2015. 魔芋低聚糖生产制备工艺优化研究. 食品工业科技, 36(8): 250-256

丁金龙, 孙远明, 杨幼慈, 等. 2008. 魔芋葡甘聚糖机械力化学降解研究. 现代食品科技, 24(7): 621-623

杜先锋, 李平. 2000. 四川白魔芋球茎中甘露聚糖酶部分酶学性质. 合肥工业大学学报, 23(5): 678-682

高金, 罗丹, 刘凯. 2010. 纤维素酶降解魔芋葡甘聚糖的条件. 内江师范学院学报, 8(25): 48-51

郭际, 邱杰. 1996. 魔芋资源研究与开发利用综述. 农业工程学报, 10(3): 25-28

黄永春, 谢清若, 何仁, 等. 2005. 微波辅助 H_2O_2 降解魔芋葡甘聚糖的研究. 食品科学, 26(8): 197-200

黄永春, 谢清若, 马月飞, 等. 2006. 超声波降解魔芋葡苷聚糖的研究. 食品科技, (9): 103-105

李春美. 2004. 不同分子链段的魔芋葡甘露聚糖对试验性糖尿病小鼠血糖含量的影响. 中药材, 27(2): 110-113

李剑芳, 邬敏辰, 程科, 等. 2007. β-甘露聚糖酶制备魔芋葡甘露低聚糖的研究. 食品与发酵工

业, 33(1): 21-24

李涛, 马美湖, 邬应龙. 2009. 氧化-酸解法制备魔芋葡甘露低聚糖的初步研究. 食品与发酵技术, 45(1): 35-39

李小宁. 1998. 魔芋甘露低聚糖口服液对雌性 ICR 小鼠免疫功能的调节作用. 江苏预防医学, (4): 3-4

刘佩瑛. 2004. 魔芋学. 北京: 中国农业出版社

娄广庆, 林向阳, 彭树美, 等. 2009. 臭氧降解魔芋葡甘露聚糖的效果研究. 食品科学, 30 (20): 203-206

罗清楠, 谭玉荣, 刘宏, 等. 2012. 响应曲面法优化酸法魔芋葡甘露聚糖水解工艺. 食品科学, 33(6): 119-122

马建华, 高扬, 牛秀田, 等. 1999. 枯草芽孢杆菌中性 β-甘露聚糖酶的纯化及性质研究. 中国生物化学与分子生物学报, 15(1): 79-82

祁黎, 李光吉, 宗敏华. 2003. 酶催化魔芋葡甘聚糖的可控降解. 高分子学报, (5): 650-654

秦湘红, 张群芳. 2003. 魔芋粉酶解产物与低聚果糖对双歧杆菌的促生长作用比较研究. 中国微生态学杂志, 15(5): 261-263

任元元, 康建平, 黄静, 等. 2013. 喷雾干燥制备魔芋葡甘露低聚糖工艺的研究. 食品与发酵科技, 49(5): 30-33

史劲松, 郭鸿飞, 孙达峰, 等. 2009. 半乳甘露寡糖的膜法精制工艺研究. 中国野生植物资源, 28(4): 45-47

孙春来, 干信. 2004. 魔芋寡聚糖 DS-VLK 杀菌剂的研制. 现代商贸工业, 16(4): 44-46

陶兴无. 2005. 酸酶结合法水解魔芋葡甘露聚糖工艺研究. 武汉工业学院学报, 24(3): 1-4

汪超, 黄红霞, 吕文平, 等. 2010. 超声处理对魔芋葡甘聚糖分子尺度的影响. Proceedings of 2010 First International Conference on Cellular, molecular Biology, Biophysics & Bioengineering (Volume 4), 齐齐哈尔: Institute of Electrical and Electronics Engineers

王绍云. 2009. 魔芋葡甘露寡糖的酶解制备及其分离纯化的研究. 中国农业科学院硕士论文

王文宗, 李琳, 林鸿佳, 等. 2010. 超声波对多酚氧化酶活力的影响及其机理. 食品科学, 31(17): 331-334

王志江, 李致瑜, 黄水华, 等. 2011. 不同魔芋葡甘聚糖降解物抑制肿瘤活性的比较研究. 食品与机械, 27(5): 72-74

吴长菲, 董岩岩, 李俊俊, 等. 2010. 魔芋葡甘露低聚糖的酶法制备工艺的初步研究. 生物技术通报, (1): 118-122

吴葛洋, 曹雁平, 王蓓, 等. 2011. 超声场对固定化木瓜蛋白酶的影响研究. 食品工业科技, (10): 142-145

吴拥军, 王嘉福, 蔡金藤, 等. 2002. 魔芋葡萄甘露低聚糖的提取及其产物对耐氧双歧杆菌的促生长作用. 食品科学, 23(6): 41-44

香红星. 2000. β-甘露聚糖酶产生菌的诱变育种及其应用开发研究. 中国科学院成都生物研究所硕士学位论文

熊德鑫, 李秋剑, 徐殿霞. 2002. 低聚糖体外选择性促进双歧杆菌生长的研究. 食品科学, 23(4): 181-182

徐春梅. 2008. β-甘露聚糖酶的生产及其酶法制备魔芋葡甘露低聚糖的研究. 江南大学硕士论文

徐春梅, 邬敏辰, 李剑芳, 等. 2008. 魔芋葡甘露聚糖的酶水解工艺条件. 食品与生物技术学报,

27(3): 120-124

徐振林, 孙远明, 丁金龙, 等. 2006. 魔芋葡甘露聚糖的辐照降解研究. 农产品加工, (10): 27-29

徐振林, 杨幼慧, 孙远明, 等. 2008. 辐照魔芋葡甘露聚糖的应用研究. 中国食品学报, 8(1): 78-82

许牡丹, 汤木红, 王小燕. 2008. 硅胶柱层析法分离纯化甘露低聚糖. 食品工业科技, 29(9): 188-190

杨敏, 蒙义文. 2002. 魔芋低聚糖硫酸酯的制备及抗病毒活性研究. 天然产物研究与开发, 14(1): 17-20

杨伟东. 2010. 固定化甘露聚糖酶制备甘露低聚糖的研究. 食品研究与开发, 31(9): 56-58

杨文博, 佟树敏, 时薇, 等. 1996. β-甘露聚糖酶水解植物胶条件的研究. 食品与发酵工业, (1): 14-18

杨艳燕, 高尚. 1999. 魔芋低聚糖对小鼠试验性高脂血症防治作用的研究. 湖北大学学报, 21(4): 386-388

张琳. 2013. 魔芋低聚糖制备及其性质研究. 吉林大学硕士学位论文

张迎庆, 干信, 谢笔钧. 2003. 纤维素酶制备魔芋葡甘低聚糖. 吉首大学学报(自然科学版), 24(3): 42-44

周海燕. 2004. 酶法生产魔芋葡甘低聚糖研究. 湖南农业大学硕士学位论文

周海燕. 2008. 甘露聚糖酶 Man23 的基因表达体系优化及其分子改造. 湖南农业大学博士学位论文

周海燕, 饶力群, 吴永尧. 2008a. 甘露聚糖酶 man23 基因的重组及其在短短芽孢杆菌中的表达. 浙江大学学报(农业与生命科学版), 34(4): 389-394

周海燕, 杨三东, 周大寨, 等. 2005. 发酵生产魔芋葡甘聚糖酶. 中国生物工程杂志, 25(3): 65-68

周海燕, 赵文魁, 吴永尧. 2008b. 甘露聚糖酶的多样性分析. 生物技术通报, (2): 60-67

Araki T, Kitamikado M. 1982. Purification and characterization of a novel exo-betamannanase from Aeromonas sP. F-25. J Biochem, 91(4): 1181-1186

Ateqad N, Iqbal J. 1985. Effect of ultrasound on papain. Indian J Biochem Biophys, 22(3): 190-192

Chen H L, Fan Y H, Chen M E, et al. 2005. Unhydrolyzed and hydrolyzed konjac glucomannans modulated cecal and fecal microflora in Balb/c mice. Natrition, 21(10): 1059-1064

Fukumori Y, Takeda H, Fujisawa T, et al. 2000. Blood glucose and insulin concentrations are reduced in humans administered sucrose with inosine or adenosine. J Nutr, 130(8): 1946-1949

Isono Y, Kumagai T, Watanabe T. 1994. Ultrasonic degradation of waxy rice starch. Biotech, 58(10): 1799-1802

Kataoka N, Tokiwa Y. 1998. Isolation and characterization of an active mannanase-producing anaerobic bacterium, *Clostridiimi tertium* KT-SA, from lotus soil. J Appl Microbiol, 84(3): 357-367

Kato K, Matsuda K. 1972. Studies on the chemical structure of konjac mannan. Part Ⅲ: Theoretical aspect of controlled degradation of the main chanin of the mannan oxalate in tropical root crops. Agric Biol Chem, 36(4): 639-644

Kok M S, Abdelhameed A S, Ang S, et al. 2009. A novel global hydrodynamic analysis of the molecular flexibility of the dietary fibre polysaccharide konjac glucomannan. Food Hydrocolloids,

23 (7): 1910-1917

Lin K W, Huang C Y. 2008. Physicochemical and textural properties of ultrasound-degraded konjac flour and theix influences on the quality of low-fat Chinese-style. Meat Science, 79 (4): 615-622

Maltsuura Y. 1998. Degradation of konjac glucomannan by enzymes in human feces and formation of short-chain fatty acids by intestinal anaerobic bacteria. J Nutr Sci Vitaminol, 44 (3): 423-436

Pierce-Cretel A, Izhar M, Nuchamowitz Y, et al. 1983. Oligosaccharide structural specificity of the soluble agglutinin released from guinea pig colonic epithelial cells. FEMS Microbiol Lett, 20 (2): 237-242

Prawitwong P, Takigami S, Phillips G O. 2007. Effects of γ-irradiation on molar mass and properties of Konjac mannan. Food Hydrocolloids, 21 (8): 1362-1367

Takahashi R, Kusakabe I, Kusama S, et al. 1984. Structures of glucomanno-oligosaccharides from the hydrolytic products of konjac glucomannan produced by a *β*-mannanase from *Streptomyces* sp. Agric Biol Chem, 48 (12): 2943-2950

Xu Z L, Sun Y M, Yang Y H, et al. 2007. Effect of γ-irradiation on some physiochemical properties of konjac glucomannan. Carbohydr Polym, 70 (4): 444-450

Zhang L, Wu Y L, Wang L, et al. 2013. Effects of oxidized konjac glucomannan (OKGM) on growth and immune function of Schizothoraxprenanti. Fish Shellfish Immunol, 35 (4): 1105-1110

Zhou H Y, Pan H Y, Rao L Q, et al. 2011. Redesign the α/β fold to enhance the stability of mannanase Man23 from bacillus subtilis. Appl Biochem Biotechnol, 163 (1): 186-194

Zhou H Y, Yang W J, Tian Y, et al. 2016b. N-terminal truncation contributed to increasing thermal stability of mannanase Man1312 without activity loss. J Sci Food Agric, 96 (4): 1390-1395

Zhou H Y, Yang Y, Nie X, et al. 2013. Comparison of expression systems for the extracellular production of mannanase Man23 originated from *Bacillus subtilis* B23. Microb Cell Fact, 12: 78

Zhou H Y, Yong J, Gao H, et al. 2016a. Loops Adjacent to Catalytic Region and Molecular Stability of Man1312. Appl Biochem Biotechnol, 180 (1): 122-135

第5章 魔芋飞粉综合利用

5.1 魔芋飞粉概况

魔芋飞粉，简称飞粉，是在加工魔芋精粉过程中，由魔芋表皮等部分组成的粉末飘落在石臼周围的质量轻、颗粒小的细粉。作为魔芋精粉加工中产生的副产品，魔芋飞粉占魔芋精粉质量的 30%～40%。许永琳等(1993)对云南、贵州、四川等地魔芋飞粉的主要成分进行分析，结果表明魔芋飞粉中含有丰富的碳水化合物、蛋白质、氨基酸、矿物质元素及葡甘聚糖等成分。其中，飞粉中可溶性糖与淀粉含量为 31.40%，约占飞粉质量 1/3；粗蛋白含量为 15.21%，含有 16 种氨基酸，占飞粉的 8.88%。粗蛋白中 58.4%为蛋白质或氨基酸；粗纤维含量为 1.67%；此外，还含有人体必需的微量元素(包括镁、铁、锌、铜、锰等)(表 5-1)。由于魔芋飞粉中含有抗营养物质(如生物碱与单宁等)与异味物质(如三甲胺与樟脑等)，飞粉有恶臭味、辛辣味及鱼腥味，导致适口性很差，严重影响魔芋飞粉在饲料、食用等方面的广泛利用。仅湖北省每年有85%(约 $8×10^4$ t)飞粉未被有效利用。因此，去除魔芋飞粉中的抗营养物质与异味物质，对于提高魔芋飞粉综合利用水平具有重要意义。

表 5-1 魔芋飞粉中主要成分含量(许永琳等，1993)

成分		含量/(%风干重)	成分	含量/(%风干重)
糖分	可溶性糖	$8.59±0.36$	天门冬氨酸	1.09
	淀粉	$22.81±1.08$	苏氨酸	0.33
	粗纤维	$1.67±0.07$	丝氨酸	0.64
粗蛋白		15.21	谷氨酸	1.89
P		$1.40×10^{-1}$	甘氨酸	0.52
Ca		1.68	丙氨酸	0.41
Mg		$1.59×10^{-1}$	缬氨酸	0.37
Fe		$4.73×10^{-2}$	蛋氨酸	0.31
Cu		$1.58×10^{-3}$	异亮氨酸	0.36
Zn		$3.33×10^{-3}$	亮氨酸	0.52

续表

成分	含量/(%风干重)	成分	含量/(%风干重)
Mn	$5.59×10^{-3}$	酪氨酸	0.36
水分	16.14	苯丙氨酸	0.41
灰分	7.01	赖氨酸	0.27
		组氨酸	0.18
		精氨酸	0.77
		脯氨酸	0.45
		合计	8.88

胡敏等(2000)采用溶剂法与鼓风排气加热法有效地去除了魔芋飞粉中的三甲胺等异味成分。而且, 经适当处理后的魔芋飞粉, 其主要营养成分(包括总糖、粗蛋白与氨基酸)损失很少。

李斌等(2001)采用酸洗一步法处理魔芋飞粉, 有效去除了飞粉中的抗营养因子, 经酸处理后的飞粉中生物碱含量降低了91%, 单宁含量降低了81%, 三甲胺含量降低了98%; 而且, 处理后的魔芋飞粉中蛋白质质量分数提高到30.03%, 可用于生产高蛋白饲料(表5-2)。

表 5-2　魔芋飞粉处理前后的比较(李斌等, 2001)

项目	处理前	处理后
外观和气味	微白泛黄, 有异臭	黄褐色, 无臭味
三甲胺/%	0.635	0.013
单宁/%	0.245	0.047
生物碱/%	0.493	0.042

魔芋飞粉中含量最多的异味物质是三甲胺, 被用作去除异味的指标性物质。为了去除魔芋飞粉中的主要异味物质三甲胺, 李晴晴等(2015)采用柠檬酸溶液浸提溶解, 通过单因素和正交优化试验, 确定了柠檬酸去除魔芋飞粉中三甲胺的最优工艺条件为: 柠檬酸浓度1.4%、料液比1∶7、浸提温度35℃、浸提时间2 h, 在该条件下可以去除75.67%的三甲胺。

为了避免化学法去除三甲胺过程带来的环境污染问题, 朱新鹏等(2016)利用活性干酵母对魔芋飞粉进行处理, 如表5-3和表5-4所示, 通过采用正交试验得到最优的去除三甲胺工艺条件为: 酵母液质量分数1.5%, 料液比1∶6, 发酵温度45℃, 发酵时间2.5 h。在该条件下, 酵母发酵法可去除魔芋飞粉中62.00%的三甲胺。但在发酵过程中淀粉、蛋白质和脂肪等成分因呼吸消耗，尤其淀粉在发酵中消耗最大，而可溶性糖含量有所升高（表 5-5）。发酵后的魔芋飞粉异味明显减轻，为魔芋飞粉的开发利用提供了一条很好的途径。

表 5-3　正交试验因素水平表（朱新鹏等，2016）

水平	因素			
	酵母液质量分数(A)/%	料液比(B)	发酵温度(C)/℃	发酵时间(D)/h
1	1.5	1 : 6	35	2.0
2	2.0	1 : 7	40	2.5
3	2.5	1 : 8	45	3.0

表 5-4　正交试验结果（朱新鹏等，2016）

试验序号	因素				提取率/%
	A	B	C	D	
1	1	1	1	1	38.13
2	1	2	2	2	31.10
3	1	3	3	3	41.40
4	2	1	2	3	22.38
5	2	2	3	1	16.90
6	2	3	1	2	28.25
7	3	1	3	2	53.10
8	3	2	1	3	39.07
9	3	3	2	1	13.69
K_1	36.88	37.87	35.15	22.91	
K_2	22.51	29.02	22.39	37.48	
K_3	35.27	27.78	37.13	34.28	
R	14.37	10.09	14.74	14.57	

注：K 为均值；R 为极差

表 5-5　正交试验结果（朱新鹏等，2016）　　　（单位：g/100 g）

测定时间	可溶性糖	淀粉	蛋白质	脂肪
发酵前	6.45±0.07	73.73±0.15	23.27±0.12	1.39±0.06
发酵后	7.51±0.11	36.85±0.14	14.06±0.14	1.06±0.01

　　魔芋飞粉因其独特的化学组成，具有重要的药用价值、食用价值及工业价值。因此，如何高效地分级利用魔芋飞粉中不同的功能成分已成为亟须解决的热点问

题。为了提高对于魔芋飞粉的综合利用水平，减少环境污染，有必要对魔芋飞粉的功能成分进行研究。

5.2　魔芋飞粉中的生物碱

生物碱一般是指存在于植物中的碱性含氮化合物，大多数具有含氮杂环，有旋光性和明显的生理效应。生物碱是中草药中重要的有效成分之一，也是现代药物最主要的来源之一。到目前为止，有关魔芋生物碱方面的研究较少。张忠良等(2004)测定了魔芋不同部位(皮、块茎、叶片及飞粉)中总生物碱含量，研究发现魔芋飞粉中总生物碱平均含量为 0.501%(表 5-6)。生物碱会影响魔芋飞粉的味道及口感，严重地限制了魔芋飞粉的广泛应用。近年来，为了扩大魔芋飞粉的应用范围，很多科研人员对魔芋飞粉中的生物碱成分、结构及开发应用开展了研究，并取得了很多的成果，为魔芋飞粉资源的开发提供了指导。

表 5-6　魔芋生物碱提取数据表(张忠良等，2004)

原料	原料质量/g	含水量/%	提取总生物碱量/g	总生物碱含量/%	总生物碱平均含量/%	相对误差/%
鲜魔芋块茎	150.0	92.01	0.0162	0.135	0.134	0.75
			0.0157	0.131		−2.24
			0.0164	0.137		2.24
魔芋皮	150.0	88.20	0.0478	0.270	0.280	−3.57
			0.0501	0.283		1.07
			0.0508	0.287		2.50
魔芋叶	150.0	59.10	0.1442	0.235	0.232	1.29
			0.1472	0.240		3.45
			0.1350	0.220		−5.17
魔芋飞粉	150.0	14.39	0.6459	0.503	0.501	0.40
			0.6305	0.491		−2.0
			0.6549	0.510		1.80

5.2.1　魔芋飞粉生物碱的成分

生物碱种类很多，结构类型不固定，其分子中一般含有碳、氢、氧和氮这四种元素。不同品种魔芋的同一部位，所含的生物碱成分具有较高的相似性。目前，对于魔芋飞粉生物碱成分分析的研究处于起步阶段。

根据生物碱的溶解性，福建农林大学庞杰等(2002a)采用 95%乙醇提取魔芋飞粉中生物碱，经三氯甲烷和正丁醇萃取，获得魔芋飞粉中脂溶性生物碱 I 和水溶性生物碱Ⅱ。对两种生物碱分别进行氧化铝干柱层析，从样品Ⅰ中分出 A、B、C、D、E 与 F 共 6 种生物碱；从样品Ⅱ中分出 G、H、I、J、K 和 L 共 6 种生物碱。庞杰等(2002b)将获取的纯样品Ⅰ进行傅里叶红外、核磁共振与质谱分析，推断样品Ⅰ生物碱是 5-甲基咪唑的衍生物。目前对于纯样品Ⅱ则未有报道。

5.2.2 魔芋飞粉生物碱的提取

溶解性是影响生物碱提取与纯化的重要因素。根据生物碱在不同溶剂中的溶解能力，可将其分为水溶性生物碱与脂溶性生物碱两类。

湖南农业大学孙天玮等(2008)考察了乙醇浓度、料液比、pH、温度、时间、提取次数等对魔芋飞粉中总生物碱提取效果的影响。单因素试验结果表明：料液比、温度、乙醇浓度、pH 是影响魔芋飞粉总生物碱提取效果的四个主要因素。该课题组进一步通过正交试验确定了魔芋飞粉总生物碱的提取工艺，结果见表 5-7 和表 5-8。研究发现，影响魔芋飞粉总生物碱提取效果的因素的主次顺序是：pH > 乙醇浓度 > 料液比 > 温度，其中，pH 对魔芋飞粉总生物碱提取效果影响显著($P<0.05$)；当提取工艺条件为料液比 1∶15、温度 50℃、乙醇浓度为 70%、pH 为 1 时，总生物碱提取量可达到 89.79 mg/100g。通过正交试验优化后的提取工艺简单可行，为魔芋飞粉的总生物碱提取工业提供了理论依据。考虑该工艺对后续分离工作的影响，可选择 pH=2 的条件进行提取。

表 5-7 正交试验结果(孙天玮等，2008)

试验序号	因素				吸光度 A
	料液比	温度/℃	乙醇浓度/%	pH	
1	1∶10	50	70	1	0.627
2	1∶10	60	80	2	0.369
3	1∶10	70	90	3	0.121
4	1∶15	50	80	3	0.249
5	1∶15	60	90	1	0.680
6	1∶15	70	70	2	0.564
7	1∶20	50	90	2	0.551
8	1∶20	60	70	3	0.323
9	1∶20	70	80	1	0.499
K_1	0.372	0.476	0.505	0.602	
K_2	0.498	0.457	0.372	0.495	
K_3	0.458	0.395	0.451	0.231	
R	0.126	0.081	0.133	0.371	

注：K 为均值；R 为极差

表 5-8　正交试验方差分析表(孙天玮等，2008)

因素	偏差平方和	自由度	F 比	临界值	显著性
料液比	0.025	2	2.273	19.000	
温度	0.011	2	1.000	19.000	
乙醇浓度	0.026	2	2.364	19.000	
pH	0.218	2	19.818	19.000	*
误差	0.01				

注：F 比等于因素均方和除以误差均方和，F 比越大，其相应的因素对影响程度越高。在正交试验数据分析中，F 比是方差分析的一种方法。$F_{0.05}=19.000$。*表示 $P<0.05$

　　为了提高魔芋飞粉的综合利用效率，邹庭等(2018)通过单因素和正交试验考察了乙醇浓度、料液比、浸提时间和浸提温度对魔芋飞粉生物碱提取效果的影响。结果表明，乙醇浓度与料液比对魔芋飞粉生物碱的提取效果有显著影响($P<0.05$)，而浸提时间和浸提温度的影响不显著。魔芋飞粉中生物碱最佳浸提工艺参数组合为：乙醇浓度 65%，料液比[质量(g)：体积(mL)]1：30，浸提时间 7 h，浸提温度 35℃(表 5-9～表 5-11)。在此条件下浸提 3 次，可使魔芋飞粉的生物碱提取得率达到 98.76%，采用三级逆流浸提工艺提取的魔芋飞粉生物碱产量明显提高(76.97 mg/100g)(表 5-12)。该研究优势在于采用较低浓度乙醇(65%)作为浸提剂、较低的提取温度(35℃)，以及三级逆流提取工艺提取魔芋飞粉生物碱，不仅可以有效减轻魔芋飞粉中营养成分的损伤，还能够明显提高魔芋飞粉生物碱的产量，这对于提高魔芋飞粉的综合利用效率具有重要的参考价值。

表 5-9　正交试验因素水平表(邹庭等，2018)

水平	因素			
	乙醇浓度/%	料液比	浸提时间/h	浸提温度/℃
1	60	1：20	6	35
2	65	1：25	7	40
3	70	1：30	8	45

表 5-10　浸提正交试验直观分析表(邹庭等，2018)

试验序号	因素				生物碱产量/(mg/100g)
	乙醇浓度/%	料液比	浸提时间/h	浸提温度/℃	
1	60	1：20	6	35	13.31
2	60	1：25	7	40	14.30
3	60	1：30	8	45	20.33

续表

试验序号	因素				生物碱产量/(mg/100g)
	乙醇浓度/%	料液比	浸提时间/h	浸提温度/℃	
4	65	1：20	7	45	22.41
5	65	1：25	8	35	24.29
6	65	1：30	6	40	33.25
7	70	1：20	8	40	20.71
8	70	1：25	6	45	22.63
9	70	1：30	7	35	36.63
K_1	15.980	18.810	23.063	24.743	
K_2	26.650	20.407	24.447	22.753	
K_3	26.657	30.070	21.777	21.790	
R	10.670	11.260	2.670	2.953	

注：K 为均值；R 为极差

表 5-11　提取正交试验方差分析表（邹庭等，2018）

变异来源	偏差平方和	自由度	F 比	临界值	显著性
乙醇浓度	228.553	2	21.372	19.000	显著
料液比	224.114	2	20.957	19.000	显著
浸提时间	10.694	2	1.000	19.000	不显著
浸提温度	13.544	2	1.267	19.000	不显著

表 5-12　逆流浸提对生物碱提取的影响（邹庭等，2018）

次数	上清液体积/mL	提取液生物碱浓度/(μg/mL)	生物碱提取量/μg	生物碱产量/(mg/100g)
1	138	28.247	3898.03	77.96
2	137	27.725	3789.29	75.97
平均		27.99	3843.66	76.97

5.2.3　魔芋飞粉生物碱的纯化

经过溶剂提取后的魔芋飞粉生物碱溶液中除生物碱及盐类之外，还存在大量其他杂质，需要进一步纯化处理，将魔芋飞粉生物碱成分从中分离出来。常用的生物碱纯化方法包括有机溶剂萃取、色谱与树脂吸附（喻朝阳和王晓琳，2006）。目前，对于魔芋飞粉生物碱的纯化研究报道很少。

庞杰等（2002b）采用 95%乙醇提取魔芋飞粉中生物碱，经三氯甲烷和正丁醇分别萃取后，采用氧化铝干柱层析与高效液相色谱进行魔芋生物碱纯化，获得纯样品Ⅰ和Ⅱ。

梁引库和张志健(2013)采用 90%乙醇在 70℃条件下热回流提取魔芋飞粉中生物碱，进一步确定了 D101 大孔树脂分离纯化魔芋飞粉生物碱的最佳纯化工艺条件，研究表明魔芋生物碱上样量 177.4 mg/mL，上样流速为 0.5 BV/h，杂质洗脱剂为去离子水，生物碱洗脱剂为 90%乙醇时，大孔树脂对魔芋生物碱分离纯化效果好，且纯化后生物碱纯度高。本试验确定的工艺参数具有工艺成熟、操作简单、成本低的特点，为魔芋飞粉的进一步开发利用提供了一条新的途径。

5.2.4　魔芋飞粉生物碱的应用

目前，开发环境友好的绿色农药是现代农药的发展方向。我国研究人员利用魔芋生物碱对黄曲条跳虫、小菜蛾和斜纹夜蛾等蔬菜主要害虫进行防治效果试验，已经取得了明显的害虫防治效果(庞雄飞，1999)。然而，对于魔芋飞粉中生物碱防治蔬菜害虫的研究很少报道。实际上，魔芋飞粉生物碱属于纯天然产物的提取药物，能迅速降解，无生态环境污染问题，有较高的选择性，对人畜较为安全，而且不产生抗性、无药害、有肥效，对植物生长有刺激作用，兼具治病虫害、提高植物的免疫功能等优点。

庞杰等(2002a)通过 95%乙醇提取，经三氯甲烷和正丁醇萃取得到的 12 种生物碱进行了十字花科蔬菜害虫小菜蛾防治试验，结果表明处理后蔬菜植株得到较好的保护，起到明显的害虫防治效果(表 5-13～表 5-16)。可见，魔芋飞粉中生物碱在防治害虫、生产绿色蔬菜方面具有重要的应用前景。黄皓和干信(2004)阐述了魔芋飞粉中生物碱具有抗虫害功能，此外，对硫酸盐还原菌具有杀菌功能以及具有降脂减肥的作用。

表 5-13　不同魔芋生物碱对小菜蛾产卵忌避作用(试验浓度为 1g/100 mL)(庞杰等，2002a)

| 试剂 | 平均卵密度/(粒/株) | | 干扰作用 |
	处理	对照	控制指数
A	11.20	37.20	0.3011
B	18.27	37.20	0.4910
C	8.20	13.10	0.6260
D	9.30	13.10	0.7099
E	21.60	37.20	0.5860
F	6.07	10.70	0.5670
G	5.33	10.70	0.4984
H	28.60	37.20	0.7688
I	9.27	13.23	0.7003
J	5.79	13.23	0.4376
K	8.33	13.23	0.6297
L	18.50	37.20	0.4973

表 5-14　不同魔芋生物碱对小菜蛾卵孵化的影响(试验浓度为 1g/100 mL)

(庞杰等，2002a)

试剂	对照			处理			干扰作用控制指数
	观察数/粒	孵化数/粒	孵化率/%	观察数/粒	孵化数/粒	孵化率/%	
A	109	108	99.08	121	69	57.02	0.5755
B	109	108	99.08	125	78	62.40	0.6298
C	121	118	97.52	89	72	80.90	0.8452
D	121	118	97.52	109	93	85.32	0.8749
E	109	108	99.08	127	115	90.55	0.9137
F	113	111	98.23	97	73	75.26	0.7661
G	113	111	98.23	85	69	81.18	0.8264
H	109	108	99.08	117	109	93.16	0.9403
I	125	122	97.60	104	86	82.69	0.8473
J	118	114	96.61	88	72	81.82	0.8469
K	125	122	97.60	95	79	83.16	0.8520
L	109	108	99.08	131	98	74.81	0.7550

表 5-15　不同魔芋生物碱对小菜蛾 1 龄幼虫的作用(试验浓度为 1g/100 mL)

(庞杰等，2002a)

试剂	对照			处理			干扰作用控制指数
	观察数/粒	潜叶数/粒	潜叶率/%	观察数/粒	潜叶数/粒	潜叶率/%	
A	135	116	85.93	85	39	45.88	0.5339
B	135	116	85.93	103	50	48.54	0.5649
C	117	98	83.76	96	65	67.71	0.8084
D	117	98	83.76	111	75	67.57	0.8036
E	135	116	85.93	127	73	57.48	0.6689
F	122	109	89.34	86	49	56.98	0.6378
G	122	109	89.34	95	62	65.26	0.7305
H	135	116	85.93	115	91	79.13	0.9209
I	119	101	84.87	95	62	65.26	0.7690
J	127	112	88.19	83	40	48.19	0.5465
K	119	101	84.87	113	76	67.26	0.7925
L	135	116	85.93	125	71	56.80	0.6610

表 5-16　不同生物碱对小菜蛾 2 龄幼虫的影响(试验浓度为 1g/100mL)(庞杰等，2002a)

试剂	对照			处理			干扰作用控制指数
	观察数/粒	存活数/粒	存活率/%	观察数/粒	存活数/粒	存活率/%	
A	98	82	83.67	35	17	48.57	0.5805
B	98	82	83.67	45	24	53.33	0.6374
C	82	63	76.83	62	39	62.90	0.8187
D	82	63	76.83	71	47	66.20	0.8616
E	98	82	83.67	71	52	73.24	0.8753
F	77	59	76.62	57	35	61.40	0.8014
G	77	59	76.62	67	32	47.76	0.6234
H	86	67	77.91	59	41	69.49	0.8919
I	86	67	77.91	61	38	62.30	0.7996
J	93	75	80.65	47	25	53.19	0.6596
L	98	82	83.67	65	41	63.08	0.7539

　　为了提高生物碱对害虫的生物防治效果，彭述辉和庞杰(2005)利用缓释或控释的原理，采用乙醇提取魔芋飞粉生物碱，并以其为芯材，以海藻酸钠和魔芋胶为材料，用锐孔-凝固法研究了魔芋飞粉生物碱释药凝胶制备的工艺条件。探讨了材料组成、氯化钙浓度、固化时间及下滴速度和高度对释药凝胶效果的影响。结果表明，飞粉与乙醇配比以 1：3，常温下机械桨叶高速搅拌 48 h 为佳。干柱层析时以甲醇为展开剂，且展开剂与被展开溶液之间配比以 3 mL：3 mL 效果最好。正交试验结果表明，魔芋生物碱释药凝胶的海藻酸钠和魔芋胶的最佳配比为 10：1，固化液氯化钙浓度为 0.25 mol/L，固化最佳时间为 10 min，下滴速度和高度分别以 120～180 滴/min 和 10～15 cm 为宜。

5.3　魔芋飞粉中的神经酰胺

　　神经酰胺(ceramide)是由神经鞘氨醇长链碱基与脂肪酸通过酰胺键连接而成的神经鞘氨脂质，是皮肤角质层的重要组成部分。作为生物信息传递过程中的"第二信使"，神经酰胺具有神经信号传递、细胞信号传导，调节神经细胞生长、增殖、分化、凋亡等生理过程。近年来，神经酰胺类组织成为新兴的功能性医药保健品、食品和化妆品的重要活性成分，具有极大的应用价值(孙庆杰，2003)。由于魔芋中神经酰胺类物质含量很高(高达 0.15%～0.20%)，作为一种富含神经酰胺类物质的资源植物，魔芋引起了人们极大的兴趣。研究表明，魔芋表皮中含有大量的神经酰胺，但是在魔芋精粉制备过程中，这些表皮组分主要留在魔芋飞粉中。因而，对于魔芋飞粉中神经酰胺的提取、分离与鉴定具有一定的价值和必要性。

5.3.1　神经酰胺的提取

西南大学魏静等(2008)以神经酰胺粗提取作为各项指标的参考标准，首次对魔芋飞粉中神经酰胺的提取进行了详细研究。首先比较了两种不同提取溶剂(氯仿与乙醇)的提取效果，以及不同提取方法(振荡浸提法与超声波浸提法)的提取效果，从而确定了提取溶剂对提取效果的影响。通过采用单因素试验与正交试验，重点分析了温度、时间、料液比和提取溶剂浓度对魔芋飞粉中神经酰胺粗提取物提取得率的影响，确定了魔芋飞粉中神经酰胺粗提取物最佳提取工艺参数。该研究为魔芋飞粉神经酰胺的工业化研究提供了一定的依据。具体研究内容如下。

1. 提取方法的选择

分析测定了不同提取方法对魔芋飞粉中神经酰胺提取效果的影响，其测定结果见表 5-17。由此可见，采用超声波技术进行神经酰胺的工业化具有可行性。

表 5-17　不同提取方法对提取效果的影响(魏静等，2008)　　(单位：%)

提取方法	1	2	3	平均值
振荡浸提法	1.9026	2.0867	1.8099	1.9331
超声波浸提法	2.3299	2.1762	2.2253	2.2438

2. 提取溶剂的选择

分析了不同提取溶剂对魔芋飞粉中神经酰胺提取效果的影响，其测定结果见图 5-1。由图可知，氯仿的提取效果在相同条件下明显好于 95%乙醇的提取效果。考虑氯仿具有一定毒性，提取过程要求严格，导致成本升高，本试验选择 95%乙醇作为提取溶剂。

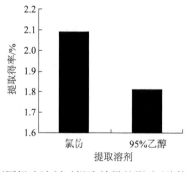

图 5-1　不同提取溶剂对提取效果的影响(魏静等，2008)

3. 不同提取温度对魔芋飞粉中神经酰胺提取效果的影响

分析测定了不同提取温度对魔芋飞粉中神经酰胺提取效果的影响，其测定结果见图 5-2。由图得出，魔芋飞粉中神经酰胺粗提物的提取得率在一定温度范围内，随着温度的升高而逐渐增大，60℃时提取得率最高。因此，本试验确定提取最佳温度为 60℃。

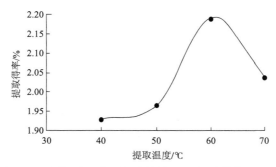

图 5-2　不同提取温度对提取效果的影响(魏静等，2008)

4. 不同提取时间对魔芋飞粉中神经酰胺提取效果的影响

分析测定不同提取时间对魔芋飞粉中神经酰胺提取效果的影响，见图 5-3，考虑提取得率与能耗的关系，本试验确定提取时间为 35 min。

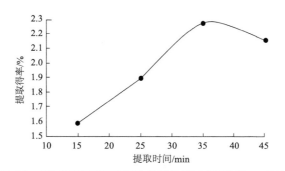

图 5-3　不同提取时间对提取效果的影响(魏静等，2008)

5. 不同料液比对魔芋飞粉中神经酰胺提取效果的影响

分析测定了不同料液比对魔芋飞粉中神经酰胺提取效果的影响，其测定结果见图 5-4。由图可以看出，料液比在 1∶4 时的提取得率比 1∶3 时有明显的提高。为了减少溶剂使用及相关工艺能耗，本试验确定料液比为 1∶4。

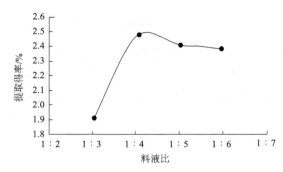

图 5-4　不同提取料液比对提取效果的影响(魏静等, 2008)

6. 正交试验

由表 5-18 和表 5-19 可知:通过重点分析提取温度、提取时间、料液比和提取溶剂浓度对魔芋飞粉中神经酰胺粗提取物提取得率的影响, 研究发现影响程度由大到小依次为: 提取温度 > 料液比 > 提取时间 > 提取溶剂浓度。考虑提取工艺的安全与成本问题,最终确定了魔芋飞粉中神经酰胺粗提取物最佳提取工艺参数: 提取温度为 60℃、提取时间为 35 min、料液比为 1∶4、提取溶剂为 90%乙醇, 神经酰胺粗提物的最高提取得率可达 2.89%。

表 5-18　正交试验结果直观表(魏静等, 2008)

试验序号	因素				提取得率/%
	提取时间/min	料液比	提取温度/℃	乙醇浓度/%	
1	1(25)	1(1∶3)	1(40)	1(90)	1.7898
2	1	2(1∶4)	2(50)	2(95)	2.0138
3	1	3(1∶5)	3(60)	3(100)	2.5369
4	2(35)	1	2	3	1.9964
5	2	2	3	1	2.8932
6	2	3	1	2	2.0566
7	3(45)	1	3	2	2.3567
8	3	2	1	3	2.0513
9	3	3	2	1	1.8947
K_1	2.1135	2.0476	1.9659	2.1926	
K_2	2.3154	2.3194	1.9683	2.1424	
K_3	2.1009	2.1627	2.5956	2.1949	
R	0.2145	0.2718	0.6297	0.0525	

注: K 为均值; R 为极差

表 5-19　正交试验方差分析表(魏静等，2008)

变异来源	偏方平方和	自由度	均方	F 值	P 值
X(1)	0.1117	2	0.0435	16.4596	0.0573
X(2)	0.0869	2	0.0558	21.1448	0.0452*
X(3)	0.7900	2	0.3950	149.5827	
X(4)[§]	0.0053	2	0.0026		0.0066**

§表示因素 4(乙醇浓度)影响最小；*表示 $P<0.05$；**表示 $P<0.01$

5.3.2　神经酰胺的分离

神经酰胺分离技术主要包括薄层色谱、高效液相色谱和气相色谱法。西南大学魏静(2008)采用柱层析、薄层层析和溶剂结晶相结合的方法分离得到一个神经酰胺单体化合物，并利用红外光谱、紫外光谱、质谱和核磁共振等方法，鉴定了魔芋飞粉中神经酰胺单体化合物为 N-(1′-羟甲基-2′-羟基)-3-十八烯烃-2,4-二羟基十九脂肪酰胺($C_{38}H_{75}NO_5$)。该研究对魔芋飞粉中神经酰胺的分离纯化和结构进行了分析，有助于魔芋飞粉资源的进一步开发利用。

湖南农业大学吴永尧等围绕魔芋飞粉中神经酰胺的提取、分离与鉴定方面做了大量工作，并取得了很多成果。湖南农业大学刘仁萍(2010)通过比较石油醚、乙酸乙酯与95%乙醇三种不同溶剂对魔芋飞粉中神经酰胺类物质提取量的影响，结合工业化提取的成本问题，采用热回流法对魔芋中的神经酰胺类物质提取工艺进行了研究。具体试验结果如下。

1. 提取溶剂的确定

分析测定了不同溶剂对魔芋飞粉神经酰胺类物质提取量的影响，见图 5-5。由图可见，在相同条件下中等极性溶剂乙酸乙酯的提取效果最理想，石油醚提取的效果最差，这可能与溶剂的极性有关。实际上，乙酸乙酯与95%乙醇分别对粗品的提取量差异很小。由于乙酸乙酯的价格较高，在提取过程中加热挥发较严重，而且在魔芋精粉湿法加工过程中最初的溶剂采用乙醇，考虑神经酰胺类物质的提取与魔芋精粉的制备相结合且95%乙醇的提取效果较好，本试验选用95%乙醇作为提取溶剂。

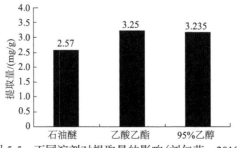

图 5-5　不同溶剂对提取量的影响(刘仁萍，2010)

2. 正交试验

由表 5-20～表 5-22 可以看出,采用回流提取法进行魔芋飞粉神经酰胺提取的四个主要因素影响程度由大到小依次为乙醇浓度 > 温度 > 提取时间 > 料液比。其中,对魔芋飞粉神经酰胺类物质提取量影响最大的是乙醇浓度,最小的是固液比。通过试验表明回流提取魔芋飞粉神经酰胺的最佳提取工艺是乙醇浓度 95%,温度 80℃,提取时间 8 h,料液比[质量(g):体积(mL)]1:10。

表 5-20　正交试验因素水平表(刘仁萍,2010)

水平	因素			
	乙醇浓度/%	温度/℃	料液比	提取时间/h
1	70	60	1:10	6
2	80	70	1:20	8
3	90	80	1:25	10
4	95	90	1:30	12

表 5-21　正交试验结果(刘仁萍,2010)

试验序号	因素				提取量/(mg/g)
	A(乙醇浓度/%)	B(温度/℃)	C(料液比)	D(提取时间/h)	
1	70	60	1:10	6	0.385
2	70	70	1:20	8	0.525
3	70	80	1:25	10	0.760
4	70	90	1:30	12	2.340
5	80	60	1:20	10	3.435
6	80	70	1:10	12	1.935
7	80	80	1:30	6	2.600
8	80	90	1:25	8	3.565
9	90	60	1:25	12	3.380
10	90	70	1:10	10	3.210
11	90	80	1:30	8	3.595
12	90	90	1:20	6	3.235
13	95	60	1:30	8	3.470
14	95	70	1:25	6	3.190
15	95	80	1:20	12	3.755
16	95	90	1:10	10	4.105
K_1	1.003	2.668	2.409	2.353	

试验序号	因素				提取量/(mg/g)
	A（乙醇浓度/%）	B（温度/℃）	C（料液比）	D（提取时间/h）	
K_2	2.884	2.215	2.738	2.789	
K_3	3.355	2.678	2.724	2.878	
K_4	3.630	3.311	3.001	2.853	
R	2.627	1.096	0.593	0.525	
因素主次	1	2	4	3	
优水平	A_4	B_3	C_1	D_2	

表 5-22　正交试验方差分析表（刘仁萍，2010）

变异来源	偏差平方和	自由度	F 值	临界值	显著性
乙醇浓度	16.832	3	12.233	9.280	*
温度	2.473	3	1.916	9.280	
料液比	0.323	3	0.254	9.280	
提取时间	0.729	3	0.573	9.280	
误差	1.27	3			

*代表 $P<0.05$

3. 重现性考察

按照选定的试验条件 $A_4B_3C_1D_2$ 进行重复试验，结果见表 5-23。本优选项下重复试验的重现性较好，最高提取量可达 4.34 mg/g。

表 5-23　重现性试验结果（刘仁萍，2010）

样品	总量/g	提取量/(mg/g)	平均值	RSD/%
1	0.209	4.18		
2	0.210	4.20		
3	0.217	4.34	4.24	1.48
4	0.213	4.25		
5	0.211	4.22		

4. 不同来源魔芋神经酰胺类物质的含量分析

采用重量法对不同来源的魔芋神经酰胺类物质粗品进行定量分析（图 5-6）。研究发现，在相同条件下，不同魔芋品种、魔芋不同部位的神经酰胺类物质的含量存在差异，尤其魔芋花皮和飞粉中神经酰胺类物质的粗品含量高于魔芋其他部位中神经酰胺类物质的含量。

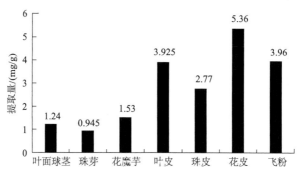

图 5-6 不同来源魔芋神经酰胺粗品的含量（刘仁萍，2010）

5.3.3 神经酰胺的检测

目前，神经酰胺的检测方法主要有苯甲酰化-紫外检测法、荧光标记-荧光检测法、蒸发光散射检测法、质谱法等。由于神经酰胺分子结构较为简单，无发色团，所以不易直接检测。为此，湖南农业大学刘仁萍等（2010）采用高效液相色谱（high-performance liquid chromatography，HPLC）结合蒸发光散射检测器（evaporative light-scattering detector，ELSD），通过系统探讨魔芋神经酰胺类物质粗提物的梯度洗脱条件，包括梯度洗脱的起始浓度、洗脱时间和洗脱梯度程序的设置，成功分离神经酰胺类物质的组分，从而建立了一种简便、灵敏、重复性好的测定神经酰胺类物质的方法，具体结果如下。

由于神经酰胺样品成分复杂，采用甲醇/水浓度为 60%等梯度洗脱的方法不能使样品的物质得到分离[图 5-7（a）]，因此，进一步选用梯度洗脱的方式进行分离。根据反相色谱的规律分别定性分析了甲醇/水起始浓度为 50%、60%和 70%的分离效果，洗脱梯度均为 0 min 甲醇的起始浓度，15 min 后甲醇浓度线性增加为 100%，并在此比例下保持 15 min。分离结果如图 5-7（b）～（d），图 5-7（b）中的前半部分基本没有分离，故分离效果最差，图 5-7（c）和（d）的分离效果相差不大，但从图中峰的形状可以看出还是图 5-7（c）的分离效果最好，所以，选定甲醇/水的起始浓度为 60%。

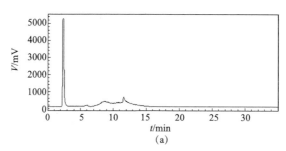

(a)

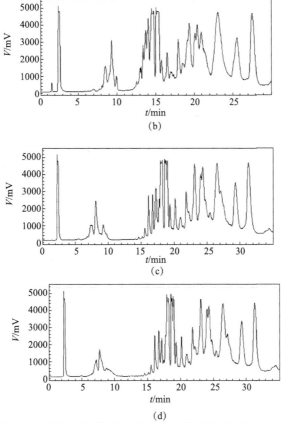

图 5-7　不同条件下的色谱分离图比较(刘仁萍等，2010)

流动相：甲醇和水；注入体积：20 μL；流速：1 mL/min；柱温：35℃；蒸发光散射检测器温度40℃；氮气流速1.5 L/min。(a)甲醇/水浓度为60%等梯度洗脱色谱分离图；(b)甲醇/水起始浓度为50%，15 min 后甲醇浓度线性增加为100%梯度洗脱色谱分离图；(c)甲醇/水起始浓度为60%，15 min 后甲醇浓度线性增加为100%梯度洗脱色谱分离图；(d)甲醇/水起始浓度为70%，15 min 后甲醇浓度线性增加为100%梯度洗脱色谱分离图

从图 5-7 可知，样品中的大部分物质在甲醇浓度达到100%之后才洗脱出来，因此该梯度设置不合理，进一步进行了梯度洗脱设置条件的筛选，结果见图 5-8。从结果图中可知，图 5-8(e)、(f)的梯度设置下神经酰胺标准品的色谱图的峰形较好，是一个单一对称性较好的峰，因此，样品的梯度洗脱程序设置为：5min 内甲醇浓度由 60%线性增加为 90%，在 20min 内线性增加到 95%。

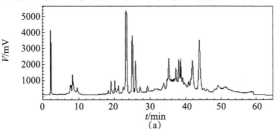

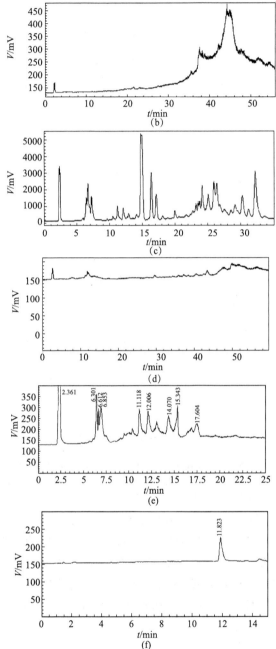

图 5-8　样品和标准品在不同梯度设置条件下的色谱分离图比较(刘仁萍等, 2010)

流动相: 甲醇和水; 注入体积: 20 μL; 流速: 1 mL/min; 柱温: 35℃; 蒸发光散射检测器温度40℃; 氮气流速
1.5 L/min。(a)、(b)样品和标准品的色谱图, 梯度设置如下: 5 min 内甲醇浓度由 60%线性增加为 70%, 在 10 min
内线性增加到 90%, 在 20 min 内线性增加到 100%; (c)、(d)样品和标准品的色谱图, 梯度设置如下: 5 min 内
甲醇浓度由 60%线性增加为 90%, 在 10 min 内线性增加到 95%, 在 20 min 内线性增加到 100%; (e)、(f)样品和
标准品的色谱图, 梯度设置如下: 5 min 内甲醇浓度由 60%线性增加为 90%, 在 20 min 内线性增加到 95%

通过改变流动相的流速，考察流速分别为 0.8 mL/min 和 1 mL/min 时神经酰胺的分离效果，结果见图 5-9。从结果图可知，流速较小时峰的宽度较大，对称性较差，而且出峰时间延后，所以最终选择流动相的流速为 1 mL/min。

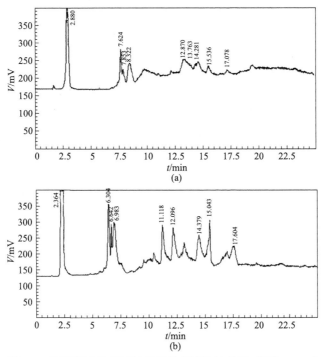

图 5-9　不同流速条件下的色谱分离图比较(刘仁萍等，2010)

(a)流速为 0.8 mL/min 的色谱分离图；(b)流速为 1 mL/min 的色谱分离图

分别精密吸取神经酰胺 CerⅡ标准品(0.1 mg/mL)溶液 2 μL、5 μL、10 μL、15 μL、20 μL 注入色谱仪进行分离，以峰面积的自然对数为 x 轴，以神经酰胺的质量(μg)的自然对数为 y 轴，得到神经酰胺 CerⅡ的定量标准曲线，以 3 倍信噪比计算检测限，检测限为 0.01 mg/mL，线性范围为 0.2～2 μg。CerⅡ标准曲线: $y=1.0129x-6.4656$(图 5-10)。

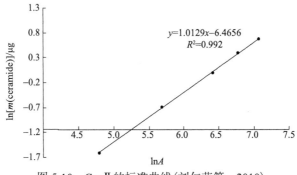

图 5-10　CerⅡ的标准曲线(刘仁萍等，2010)

精密吸取神经酰胺 Cer II 标准品溶液分别在 0 h、4 h、6 h、24 h、72 h 进样 5 次，每次进样 15 μL，峰面积分别为 858.1、856.5、846.5、851.5 和 801.7，峰面积 RSD=2.78%，说明 Cer II 在 72 h 内稳定，仪器精密度良好。

在选定的色谱条件下对花魔芋、花魔芋皮、珠芽魔芋及魔芋飞粉中的神经酰胺进行测定，每种样品的色谱分离图见图 5-11。由于魔芋神经酰胺和标样神经酰胺的脂肪酸部分长度不同，因而出峰的时间也略有差异。从图 5-11 可知，花魔芋粉和珠芽魔芋粉的粗品中都含有神经酰胺，而花魔芋皮和魔芋飞粉的粗品中都几乎不含神经酰胺。由于魔芋神经酰胺的种类很多，该结果只能说明在花魔芋皮和魔芋飞粉中不存在 Cer II 或与此结构类似的物质，并不能说明二者中不存在神经酰胺。

基于上述研究，建立了高效液相色谱-蒸发光散射检测器分析神经酰胺的方法。色谱柱：ZORBZX Eclipse XDB-C$_{18}$(4.6 mm×250 mm，5 μm)；洗脱方法：梯

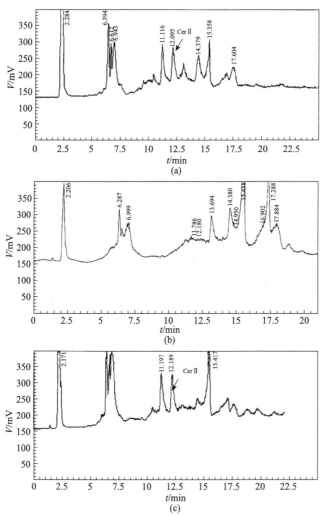

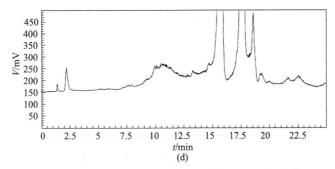

图 5-11 不同样品中魔芋神经酰胺的色谱分离图(刘仁萍等，2010)

流动相：甲醇和水；注入体积：20 μL；流速：1 mL/min；柱温：35℃；蒸发光散射检测器温度40℃；氮气流速
1.5 L/min；梯度设置：5 min 内甲醇浓度由 60%线性增加为 90%，在 20 min 内线性增加到 95%。(a)花魔芋的分
离色谱图；(b)花魔芋皮的色谱分离图；(c)珠芽魔芋的色谱分离图；(d)魔芋飞粉的色谱分离图

度洗脱；柱温：35℃；流动相：甲醇/水；流速：1 mL/min；检测器：蒸发光散射检测器；漂移管温度：40℃；氮气流速：1.5 L/min；梯度设置：5 min 内甲醇浓度由 60%线性增加为 90%，从 5 min 到 25 min 甲醇浓度线性增加到 95%。

湖南农业大学刘仁萍等(2011)利用高效液相-蒸发光散射检测器方法对所提取的魔芋神经酰胺类物质粗品中的结合态神经酰胺，即鞘磷脂进行了定性定量分析。研究发现，花魔芋、花魔芋皮、珠芽魔芋与魔芋飞粉中均有鞘磷脂的存在，尤其是魔芋飞粉中鞘磷脂含量最高(表 5-24)。因此，可将鞘磷脂通过与发酵结合利用磷脂酶 C 的定向酶解将结合态的神经酰胺释放出来，进一步提升魔芋飞粉的利用前景。

表 5-24 样品中鞘磷脂的含量(刘仁萍等，2011)

样品	总磷脂含量/(mg/g)	鞘磷脂含量/%
花魔芋神经酰胺类物质粗品	215.7	2.88
花魔芋皮神经酰胺类物质粗品	168.1	1.99
珠芽魔芋神经酰胺类物质粗品	250.9	2.50
魔芋飞粉神经酰胺类物质粗品	255.6	3.90

5.3.4 神经酰胺的纯化

上述制备的神经酰胺粗品中还含有大量的杂质(如三酰甘油、磷脂等)，因此，需要将神经酰胺进行进一步的纯化研究。刘仁萍(2010)通过采用硅胶柱层析和半制备型高效液相色谱对花魔芋神经酰胺类物质的粗品进行了纯化分析，获得了一单体物质，并通过质谱进行了确认。具体研究结果如下。

1. 洗脱方案的确定

在硅胶柱层析过程中，可以通过改变洗脱剂的极性，将杂质和神经酰胺进行初步分离。该试验选用了 3 种洗脱方案(表 5-25)，各洗脱剂体积均为 200 mL，流速为 2 mL/min。各洗脱方案的具体分离效果如图 5-12 所示。

表 5-25　硅胶柱层析纯化魔芋神经酰胺的洗脱方案(刘仁萍，2010)

方案	洗脱剂 1	洗脱剂 2
1	石油醚	石油醚：乙酸乙酯(7∶3)
2	石油醚：乙酸乙酯(95∶5)	石油醚：乙酸乙酯(7∶3)
3	石油醚：丙酮(97.5∶2.5)	石油醚：乙酸乙酯(7∶3)

　　从 3 种洗脱方案的分离效果图(图 5-12)可知，经第一步的洗脱除杂后，第二步的洗脱液中神经酰胺的含量明显增加，但在各个方案中，第一步洗脱对杂质的去除能力有较大的差异，如方案 1 中的石油醚仅除去了少量的非极性物质，方案 2 中通过添加少量的中等极性溶剂乙酸乙酯，除杂能力明显提升，但仍存在少量的

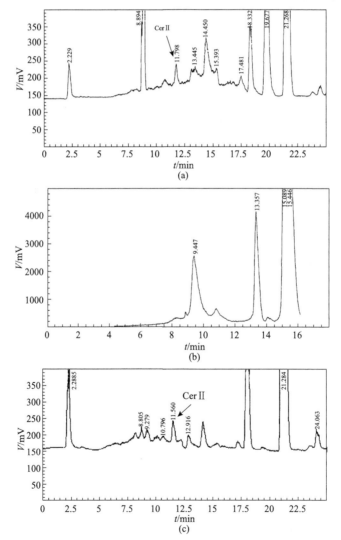

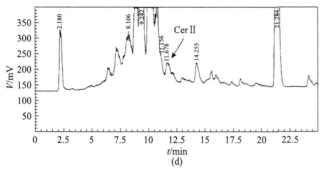

图 5-12　不同洗脱方案下魔芋神经酰胺的色谱分离图比较(刘仁萍等，2010)
流动相：甲醇和水；注入体积：20 μL；流速：1 mL/min；柱温：35℃；蒸发光散射检测器温度40℃；氮气流速
1.5 L/min；梯度设置：5 min 内甲醇浓度由 60%线性增加为 90%，在 20 min 内线性增加到 95%。(a)方案 1 的色
谱分离图；(b)和(c)方案 2 的色谱分离图；(d)方案 3 的色谱分离图

非极性物质，方案 3 中通过添加极性较强的丙酮，虽然洗脱效果显著，但也造成
了神经酰胺的损失。综合比较分析后，方案 2 不仅纯化效果较好，也没有造成神
经酰胺的损失，可用于魔芋神经酰胺的初步纯化。

2. 硅胶柱层析初步纯化条件优化

在室温范围内，进一步考察洗脱剂流速和上样量对硅胶柱层析纯化效果的
影响，结果如图 5-13 所示。流速太低时，轴向扩散影响变大，层析纯化效果差；
流速过大时，两相间的浓度难以分配平衡，纯化效果也变差，因此，选择流速
为 2 mL/min。在进样量较小时，随着进样量的增加，混合物各组分在层析柱中的
峰形出现部分重叠，纯化效果较差，综合考虑以一次进样 20 mg/g 介质为宜。

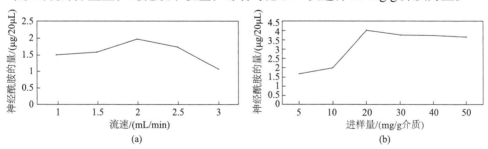

图 5-13　不同流速(a)和进样量(b)的层析纯化效果(刘仁萍等，2010)

3. 神经酰胺的梯度洗脱

经过第一步的除杂后，分别以石油醚：乙酸乙酯为 7：3、6：4、5：5 和 4：6
的梯度进行洗脱，每一梯度的洗脱样品通过 HPLC-ELSD 进行检测，发现在梯度
7：3 部分和 6：4 部分都能够检测到神经酰胺的存在，含量分别为 4.182%和
8.756%。

4. 半制备型高效液相制备分离神经酰胺

半制备型 HPLC 分离神经酰胺的条件如下：色谱柱：ZORBZX Eclipse XDB-C$_{18}$（9.4 mm×250 mm，5 μm）；洗脱方法：梯度洗脱；柱温：35℃；流动相：甲醇/水；流速：3 mL/min；检测器：蒸发光散射检测器；漂移管温度：40℃；氮气流速：1.5 L/min；梯度设置：5 min 内甲醇浓度由 60%线性增加为 90%，从 5 min 到 25 min 甲醇浓度线性增加到 95%。通过对样品和神经酰胺标准品的半制备色谱分离图进行比较，计算出神经酰胺流出的时间段，然后设置好时间表利用自动收集器对纯化的样品进行收集，最后利用分析柱进行检测分析，结果如图 5-14 所示，说明可以通过出峰时间判断出所制备的样品为神经酰胺。

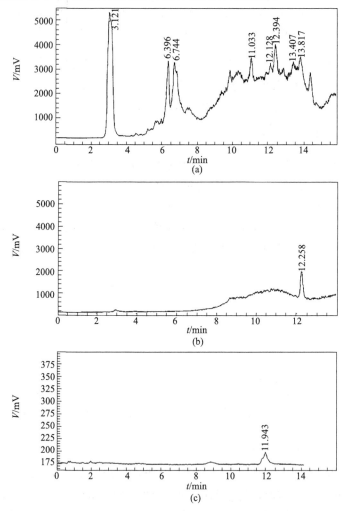

图 5-14 样品(a)、神经酰胺(b)的半制备色谱分离图和制备液(c)的分析色谱图
(刘仁萍等，2010)

5. 神经酰胺的质谱分析

将所纯化的魔芋神经酰胺采用 ESI-MS 进行质谱分析，质谱条件为负离子模式，雾化气流为 3 L/min，气帘气压为 11 psi（1 psi=1 ppsi=1 lbf/in²=6.894 76×10³Pa），离子源电压为 5000 V。质谱鉴定结果如图 5-15 所示，在 m/z=554.8 处得到一个较强的响应，分析模式为[M−1]⁻，表明该化合物分子量为 556。

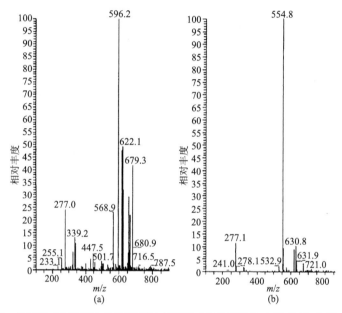

图 5-15　标准品（a）和所纯化的魔芋神经酰胺（b）的质谱鉴定图（刘仁萍等，2010）

5.4　魔芋飞粉中的其他活性物质

5.4.1　魔芋飞粉中的淀粉

魔芋飞粉中含有丰富的淀粉类物质，具有较高的利用价值。因此，如何最大效率地提高魔芋飞粉的综合利用水平已成为研究热点。然而，目前对于魔芋飞粉中淀粉的制备、性质研究以及应用方面研究较少。

谭博文等（2010）报道了利用中性蛋白酶酶解魔芋飞粉制备淀粉的方法和淀粉性质的研究。通过单因素与中心组合试验，该团队确定了中性蛋白酶酶解魔芋飞粉的最佳工艺参数：底物质量分数 2.5%、酶用量 818.3 U/g 底物、温度 44.1℃、pH 7.1、水解 120 min，在此条件下制得淀粉含量达 84.15%（表 5-26～表 5-28）。将制备所得的淀粉魔芋经过两次水洗处理，最终可获得含量为 90.09%的魔芋淀粉。通过扫描电镜观察淀粉颗粒形貌，研究发现魔芋飞粉中制备的淀粉颗粒为蚕豆形，颗粒粒径为 1～9 μm，平均为 5 μm，且淀粉颗粒小，不易发生凝沉现象（图 5-16 和图 5-17）。淀粉的溶解度与膨胀度是淀粉性质的基本指标，能够反映出淀粉样品与水的结合能力。谭博文等(2010)通过对制备的淀粉糊主要性质与指标进行分析，由表 5-29 可以看出淀粉糊具有较好的溶解度和透明度，魔芋淀粉的溶解度和膨胀度均高于红薯淀粉与玉米淀粉。经酶解制备的魔芋飞粉淀粉中直链淀粉含量为 18.20%，支链淀粉含量为 81.80%。

表 5-26　中心组合试验设计的三因素水平编码表(谭博文等，2010)

编码	因素	水平				
		−1.682	−1	0	1	1.682
X1	加酶量/(U/g)	127.28	400	800	1200	1472.72
X2	pH	6.16	6.5	7	7.5	53.40
X3	温度/℃	36.59	40	45	50	7.84

表 5-27　中心组合试验结果(谭博文等，2010)

试验序号	X1	X2	X3	淀粉含量/%
1	−1	−1	−1	62.19
2	1	−1	−1	69.58
3	−1	1	−1	68.58
4	1	1	−1	76.82
5	−1	−1	1	63.35
6	1	−1	1	65.25
7	−1	1	1	60.65
8	1	1	1	71.61
9	−1.682	0	0	64.76
10	1.682	0	0	83.95
11	0	−1.682	0	56.38
12	0	1.682	0	69.68
13	0	0	−1.682	70.92
14	0	0	1.682	57.41
15	0	0	0	82.39
16	0	0	0	78.82
17	0	0	0	79.68
18	0	0	0	80.65
19	0	0	0	76.91
20	0	0	0	79.66

表 5-28　回归方程的显著性检验(谭博文等，2010)

方差来源	自由度	平方和	均方	F 值	P 值	R^2
模型	9	1328.00	147.56	22.27	<0.0001	0.9525
残差	5	16.70	3.34		**	
总和	19	1394.24				

**代表在 1%水平显著

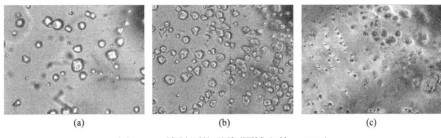

图 5-16　淀粉颗粒形貌(谭博文等，2010)

(a)红薯淀粉(400×)；(b)玉米淀粉(400×)；(c)魔芋淀粉(400×)

图 5-17　淀粉颗粒扫描电子显微镜照片(谭博文等，2010)

(a)红薯淀粉(1200×)；(b)玉米淀粉(1200×)；(c)魔芋淀粉(2000×)

表 5-29　各种淀粉酶的部分理化性质(谭博文等，2010)

项目	魔芋淀粉	红薯淀粉	玉米淀粉
透光率/%	42.83±1.47	21.3±1.01	21.5±0.71
析水率/%	14.28±0.30	3.95±0.23	20.21±1.32
溶解度/%	3.31±0.05	1.72±0.11	1.34±0.10
膨胀度/%	31.26±0.54	27.56±1.20	23.72±0.43

　　为了进一步扩大魔芋飞粉中淀粉的利用前景，湖南农业大学徐婷(2008)从自然界土样及大曲中分离得到能降解魔芋飞粉的毛霉菌株 F22，通过紫外诱变技术，成功获得一株高效利用魔芋飞粉的优势菌 YBⅡ。该菌株能使发酵后淀粉利用率达到 90%，培养基中还原糖含量上升了 5.7 倍，与酵母联合发酵后的乙醇浓度达 3%，这为魔芋飞粉的广阔应用奠定了基础。具体试验情况如下。

　　1)出发菌的选择

　　将自然界土样及大曲样制成悬浊液并稀释后，均匀涂布于分离培养基上，30℃培养 2 天后，得到能直接利用魔芋加工下脚料生长的菌株 30 株，接入发酵培养基中发酵后测其还原糖含量及淀粉利用率，结果见表 5-30。

表 5-30　初筛菌发酵后还原糖含量及淀粉利用率(徐婷，2008)

菌种	还原糖含量/(mg/mL)	淀粉利用率/%
D13	5.619 3±0.078 06	50.463 3±0.698 43
F22	10.429 3±0.070 62	80.426 7±0.302 23
B31	6.246 7±0.052 07	55.583 3±0.637 56
B32	6.120 0±0.049 33	54.320 0±0.405 01
B23	5.773 3±0.052 07	52.416 7±0.242 51
D33	8.726 7±0.121 29	77.743 3±0.313 17
D31	5.350 0±0.060 28	50.980 0±0.375 41
D23	6.750 0±0.043 59	63.740 0±0.595 01
E31	7.886 7±0.029 26	72.266 7±0.467 67
B21	6.100 0±0.057 74	53.336 7±0.274 12
C11	7.603 3±0.018 56	71.993 3±0.057 83
B13	3.743 3±0.071 26	34.960 0±0.217 03
B11	8.036 7±0.032 83	73.683 3±0.561 32
C32	8.020 0±0.043 59	72.643 3±0.716 99
C13	7.536 7±0.037 12	70.720 0±0.094 68
D11	7.126 7±0.033 33	67.730 0±0.379 87
E12	3.183 3±0.042 56	30.193 3±0.129 79
C21	5.216 7±0.053 64	48.346 7±0.335 13
C41	7.003 3±0.008 82	67.903 3±0.218 66
D22	6.341 3±0.045 70	60.056 7±0.450 79
C22	5.800±0.057 74	52.730 0±0.175 78
B12	5.223 3±0.063 86	49.666 7±0.358 81
D41	7.306 7±0.020 28	69.546 7±0.280 85
D21	6.308 3±0.020 48	60.006 7±0.138 60
C12	5.313 3±0.052 39	50.726 7±0.175 25
F23	5.086 7±0.008 82	46.626 7±0.822 32
D32	5.500 0±0.057 74	50.306 7±0.618 85
E22	3.646 7±0.063 60	35.700 0±0.352 33
C44	6.533 3±0.088 19	61.430 0±0.110 00
E41	6.746 7±0.057 83	63.816 7±0.492 66

　　从初筛菌中挑选出能发酵生成还原糖能力较高的 8 株菌，分别与酵母培养液混合后一起接入发酵培养基，30℃静置发酵 3 天，测定发酵液中乙醇浓度。由表 5-31 可见，菌株 F22 与酵母菌混合发酵产乙醇能力最强。因此，选取发酵液乙醇浓度最高的 F22 为紫外诱变的出发菌。

表 5-31　高产还原糖菌株的乙醇发酵试验结果（徐婷，2008）

菌种	乙醇浓度/%
C13	1.486 7±0.020 28
D41	1.196 7±0.038 44
C11	0.876 7±0.031 80
F22	2.240 0±0.040 41
B11	1.813 3±0.017 64
C32	1.530 0±0.050 33
E31	1.630 0±0.030 55
D33	1.906 7±0.031 80

2）出发菌株 F22 的鉴定

对 F22 菌株形态及其培养特征进行了鉴定，该菌为孢囊孢子，孢子囊初期无色，后期为灰褐色，无假根，无横隔，菌丝白色透明且有分枝，根据其形态及培养特征，初步确定属于毛霉属。F22 菌株形态图如图 5-18 所示。

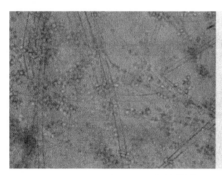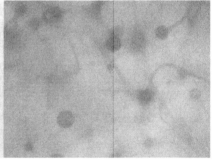

图 5-18　出发菌株 F22 的形态图（徐婷，2008）

3）紫外诱变及复筛结果

选择 120 s 为紫外照射时间，将紫外照射后生长较好的诱变单菌落接入发酵培养基中，30℃培养 3 天后测定其中还原糖含量、淀粉利用率及联合酵母发酵后乙醇浓度，其结果如表 5-32 所示。可见菌株 YBⅡ中的还原糖含量及发酵液的乙醇浓度均最高，分别为 18.90 mg/mL 与 3.21%。因此，确定 YBⅡ为优势菌株。

表 5-32　诱变菌种的发酵试验结果（徐婷，2008）

编号	还原糖含量/(mg/mL)	淀粉利用率/%	乙醇浓度/%
YBⅠ	10.173 3±0.018 56	80.106 7±0.060 64	1.863 3±0.023 33
YBⅡ	18.896 7±0.079 65	92.840 0±0.102 14	3.213 3±0.020 28
YBⅢ	13.543 3±0.348 06	84.230 0±0.069 28	1.973 3±0.017 64

4)优势菌株传代稳定性考察

将优势菌 YBⅡ连续传代五次，每次接种发酵培养基，30℃摇瓶培养 3 天后测定还原糖含量、淀粉利用率及联合酵母发酵后乙醇浓度，结果发现发酵后还原糖含量仍然保持在 18 mg/mL 以上，淀粉利用率在 90%以上，同时，发酵后乙醇浓度维持在 3%左右，可见优势菌 YBⅡ表现出较好的传代稳定性。

同时，徐婷(2008)研究了不同营养条件和培养条件对魔芋飞粉优势降解菌 YBⅡ生长的影响。通过正交试验优化四个因素，包括培养温度、初始 pH、接种量与装液量，确定了 YBⅡ菌株的最佳培养条件为：温度 30℃、初始 pH 5、接种量 8%、装液量 100 mL、培养时间 48 h。在此条件下，还原糖含量可达约 19.81 mg/mL、淀粉利用率可达 93.40%、生物量为 2.1×10^6 个/mL (表 5-33~表 5-39)。在此基础上，开展采用 YBⅡ与酵母菌在实验室条件下同步固态发酵魔芋飞粉生产乙醇的研究，确定了其最佳条件为：与酵母菌的配比 1:2、料液比 1:3、接种量 8%、发酵温度 30℃、发酵时间 3 天(表 5-40~表 5-42)。在此条件下，发酵液中的乙醇浓度可达 7.14%。在实验室发酵条件的研究基础上，通过小试发酵条件的单因素试验和正交试验，由表 5-43~表 5-45 可知，小试发酵生产乙醇的最佳条件为：优势菌 YBⅡ与酵母菌的配比 1:2、料液比 1:3、接种量 8%、发酵温度 30℃、发酵时间 5 天。在此条件下，发酵液中的乙醇浓度可达 7.04%。

表 5-33　正交试验因素水平表(徐婷，2008)

水平	因素			
	培养温度/℃	初始 pH	接种量/%	装液量/mL
1	25	4	6	50
2	30	5	8	100
3	35	6	10	150

表 5-34　正交试验方案和结果(还原糖含量)(徐婷，2008)

试验序号	因素				还原糖含量/(mg/mL)
	培养温度/℃	初始 pH	接种量/%	装液量/mL	
1	25	4	6	50	15.92
2	25	5	8	100	18.41
3	25	6	10	150	17.33
4	30	4	8	150	18.84
5	30	5	10	50	19.81
6	30	6	6	100	19.25
7	35	4	10	100	16.56

试验序号	因素				还原糖含量/(mg/mL)
	培养温度/℃	初始 pH	接种量/%	装液量/mL	
8	35	5	6	150	17.52
9	35	6	8	50	17.93
K_1	17.220	17.107	17.563	17.887	
K_2	19.300	18.580	18.393	18.073	
K_3	17.337	18.170	17.900	17.897	
R	2.080	1.473	0.830	0.186	

注：K 为均值；R 为极差

表 5-35　正交试验方差分析表（还原糖含量）（徐婷，2008）

因素	偏差平方和	自由度	F 比	临界值	显著性
培养温度	8.195	2	124.167	19.000	*
初始 pH	3.469	2	52.561	19.000	*
接种量	1.046	2	15.848	19.000	
装液量	0.066	2	1.000	19.000	
误差	0.07	2			

表 5-36　正交试验方案和结果（淀粉利用率）（徐婷，2008）

试验序号	因素				淀粉利用率/%
	培养温度/℃	初始 pH	接种量/%	装液量/mL	
1	25	4	6	50	85.95
2	25	5	8	100	90.31
3	25	6	10	150	86.23
4	30	4	8	150	91.08
5	30	5	10	50	93.40
6	30	6	6	100	92.83
7	35	4	10	100	86.09
8	35	5	6	150	87.01
9	35	6	8	50	87.56
K_1	87.497	87.707	88.597	88.970	
K_2	92.437	90.240	89.650	89.743	
K_3	86.887	88.873	88.573	88.107	
R	5.550	2.533	1.077	1.636	

注：K 为均值；R 为极差

表 5-37　正交试验方差分析表（淀粉利用率）（徐婷，2008）

因素	偏差平方和	自由度	F 比	临界值	显著性
培养温度	55.578	2	24.494	19.000	*
初始 pH	9.647	2	4.252	19.000	
接种量	2.269	2	1.000	19.000	
装液量	4.022	2	1.773	19.000	
误差	2.27	2			

表 5-38　正交试验方案和结果（生物量）（徐婷，2008）

试验序号	因素				生物量/($\times 10^5$ 个/mL)
	培养温度/℃	初始 pH	接种量/%	装液量/mL	
1	25	4	6	50	13
2	25	5	8	100	18
3	25	6	10	150	17
4	30	4	8	150	19
5	30	5	10	50	21
6	30	6	6	100	20
7	35	4	10	100	15
8	35	5	6	150	16
9	35	6	8	50	17
K_1	16.000	15.667	16.333	17.000	
K_2	20.000	18.333	18.000	17.667	
K_3	16.000	18.000	17.667	17.333	
R	4.000	2.666	1.667	0.667	

注：K 为均值；R 为极差

表 5-39　正交试验方差分析表（生物量）（徐婷，2008）

因素	偏差平方和	自由度	F 比	临界值	显著性
培养温度	32.000	2	47.976	19.000	*
初始 pH	12.6667	2	18.991	19.000	
接种量	4.667	2	6.997	19.000	
装液量	0.667	2	1.000	19.000	
误差	0.67	2			

表 5-40　正交试验因素水平表(徐婷，2008)

水平	因素			
	菌种比	料液比	接种量/%	发酵温度/℃
1	2∶1	1∶2	6	25
2	1∶1	1∶3	8	30
3	1∶2	1∶4	10	35

表 5-41　正交试验方案和结果(徐婷，2008)

试验序号	因素				乙醇浓度/%
	菌种比	料液比	接种量/%	发酵温度/℃	
1	2∶1	1∶2	6	25	5.62
2	2∶1	1∶3	8	30	6.52
3	2∶1	1∶4	10	35	5.75
4	1∶1	1∶2	8	35	6.30
5	1∶1	1∶3	10	25	6.12
6	1∶1	1∶4	6	30	6.67
7	1∶2	1∶2	10	30	7.14
8	1∶2	1∶3	6	35	7.06
9	1∶2	1∶4	8	25	6.95
K_1	5.963	6.353	6.450	6.230	
K_2	6.363	6.567	6.590	6.777	
K_3	7.050	6.457	6.337	6.370	
R	1.087	0.214	0.253	0.547	

注：K 为均值；R 为极差

表 5-42　正交试验方差分析(徐婷，2008)

因素	偏差平方和	自由度	F 比	临界值	显著性
菌种比	1.812	2	26.647	19.000	*
料液比	0.068	2	1.000	19.000	
接种量	0.097	2	1.426	19.000	
发酵温度	0.484	2	7.118	19.000	
误差	0.07	2			

表 5-43　正交试验因素水平表(徐婷，2008)

水平	因素			
	菌种比	料液比	接种量/%	发酵温度/℃
1	2∶1	1∶2	6	25
2	1∶1	1∶3	8	30
3	1∶2	1∶4	10	35

表 5-44　正交试验方案和结果(徐婷，2008)

试验序号	因素				乙醇浓度/%
	菌种比	料液比	接种量/%	发酵温度/℃	
1	2∶1	1∶2	6	25	5.56
2	2∶1	1∶3	8	30	6.44
3	2∶1	1∶4	10	35	5.74
4	1∶1	1∶2	8	35	6.26
5	1∶1	1∶3	10	25	6.05
6	1∶1	1∶4	6	30	6.57
7	1∶2	1∶2	10	30	7.04
8	1∶2	1∶3	6	35	6.89
9	1∶2	1∶4	8	25	6.43
K_1	5.913	6.287	6.340	6.013	
K_2	6.293	6.460	6.377	6.683	
K_3	6.787	6.247	6.277	6.297	
R	0.874	0.213	0.100	0.670	

注：K 为均值；R 为极差

表 5-45　正交试验方差分析表(徐婷，2008)

因素	偏差平方和	自由度	F 比	临界值	显著性
菌种比	1.150	2	76.667	19.000	*
料液比	0.077	2	5.133	19.000	
接种量/%	0.015	2	1.000	19.000	
发酵温度/℃	0.679	2	45.267	19.000	*
误差	0.01	2			

此外，徐婷等(2008)通过采用单因素和正交试验对 α-淀粉酶水解魔芋飞粉的

酶用量、pH、温度、Ca^{2+} 和底物浓度等五个因素进行优化，确定了魔芋飞粉最佳水解反应条件。由表 5-46 和表 5-47 可见，在 α-淀粉酶用量为 4 U/g 淀粉、pH 为 6.0、温度为 60℃、Ca^{2+} 浓度为 0.010 mol/L 和底物浓度为 8%时，魔芋飞粉水解度达 20%。该研究利用 α-淀粉酶水解魔芋飞粉生产乙醇，不仅为其在乙醇发酵领域的应用奠定了基础，也提升了魔芋飞粉综合开发与利用的空间。

表 5-46　正交试验方案和结果(徐婷等，2008)

试验序号	因素					水解度/%
	酶用量/(U/g 淀粉)	温度/℃	pH	Ca^{2+}浓度/(mol/L)	底物浓度/%	
1	3	55	5	0.005	7	18.30
2	3	60	6	0.010	8	19.54
3	3	65	7	0.015	9	18.62
4	4	55	6	0.015	9	19.47
5	4	60	7	0.005	7	20.32
6	4	65	5	0.010	8	20.27
7	5	55	5	0.010	9	20.16
8	5	60	6	0.015	7	21.14
9	5	65	7	0.005	8	20.75
10	3	55	7	0.010	7	18.84
11	3	60	5	0.015	8	19.12
12	3	65	6	0.005	9	19.25
13	4	55	7	0.015	8	20.65
14	4	60	5	0.005	9	20.96
15	4	65	6	0.010	7	21.44
16	5	55	6	0.005	8	21.36
17	5	60	7	0.010	9	21.62
18	5	65	5	0.015	7	20.95
K_1	18.945	19.797	19.960	20.157	20.165	
K_2	20.518	20.450	20.367	20.312	20.282	
K_3	20.997	20.213	20.133	19.99	20.013	
R	2.052	0.653	0.407	0.320	0.269	

注：K 为均值；R 为极差

表 5-47　正交试验方差分析表(徐婷等，2008)

因素	偏差平方和	自由度	F 比	临界值	显著性
酶用量/(U/g 淀粉)	13.827	2	63.719	19.000	
温度/℃	1.313	2	6.051	19.000	
pH	0.500	2	2.304	19.000	
Ca^{2+}浓度/(mol/L)	0.307	2	1.415	19.000	

续表

因素	偏差平方和	自由度	F 比	临界值	显著性
底物浓度/%	0.217	2	1.000	19.000	
误差	0.22	2			

王百顺(2016)通过考察底物浓度、中性蛋白酶用量、酶解温度和 pH 等因素，确定了中性蛋白酶处理魔芋飞粉制备魔芋淀粉的最佳工艺，即底物浓度 10%、酶用量 0.4%、酶解时间 1.5 h、酶解温度 45℃、pH 为 7 左右时，所制备的魔芋飞粉淀粉含量约 82%。具体试验情况如下。

1)底物浓度对魔芋飞粉淀粉含量的影响

控制其他单因素不变，研究底物浓度对淀粉含量的影响，如图 5-19 所示。可以看出，随着底物浓度增大，所制备的魔芋飞粉淀粉的含量先增大后减小，当底物浓度为 10%时达到最高。因此，最佳底物浓度为 10%。

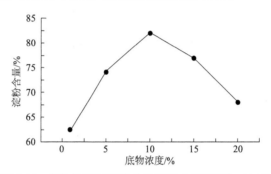

图 5-19　底物浓度对淀粉含量的影响(王百顺，2016)

2)酶用量对魔芋飞粉淀粉含量的影响

酶用量是蛋白质水解重要的影响因素之一。控制其他单因素不变，研究中性蛋白酶的用量对淀粉含量的影响，如图 5-20 所示。可以看出，当酶用量较低时，蛋白质水解不够完全，因此淀粉含量偏低；随着酶用量的逐渐增加，曲线上升缓慢，蛋白质逐渐水解彻底。因此，选择酶用量为 0.4%。

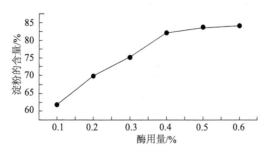

图 5-20　酶用量对淀粉含量的影响(王百顺，2016)

3) 酶解时间对魔芋飞粉淀粉含量的影响

控制其他单因素不变，研究酶解时间对淀粉含量的影响，如图 5-21 所示。可以看出，随着反应时间的延续，曲线先上升后平缓。随着时间的推移，酶解完全，体系达到平衡，曲线趋于平缓。因此，酶解时间为 1.5 h 为宜。

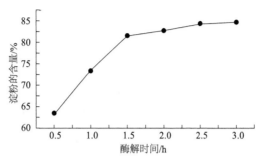

图 5-21　酶解时间对淀粉含量的影响 (王百顺, 2016)

4) 酶解温度对魔芋飞粉淀粉含量的影响

控制其他单因素不变，研究酶解温度对淀粉含量的影响，如图 5-22 所示。可以看出，酶的活性受温度影响较大，刚开始随着温度的升高，酶分解速率加快，当温度升至 45℃时，酶解效率达到峰值；随着温度进一步升高，酶的活性降低。因此，酶解温度为 45℃最佳。

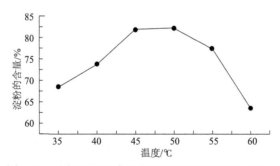

图 5-22　酶解温度对淀粉含量的影响 (王百顺, 2016)

5) pH 对魔芋飞粉淀粉含量的影响

控制其他单因素不变，研究溶液 pH 对淀粉含量的影响，如图 5-23 所示。可以看出，体系溶液 pH 直接影响中性蛋白酶的活性，当溶液 pH 为 7 左右时，酶的活性最高，酶解最充分。pH 过低或过高都会在一定程度上降低酶的活性，使体系蛋白质水解不完全，淀粉含量偏低。

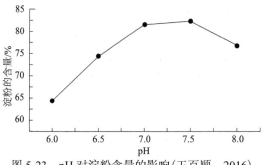

图 5-23　pH 对淀粉含量的影响(王百顺，2016)

在此基础上，王百顺(2016)采用不同的方法(包括中温 α-淀粉酶、过氧化氢、阳离子醚化剂)处理魔芋飞粉淀粉,将制备的含有活性自由基的魔芋飞粉淀粉溶液用于制备纸板环压增强剂的研究，进一步开发了魔芋飞粉的利用新途径。

5.4.2　魔芋飞粉中的蛋白质

魔芋飞粉中粗蛋白含量为 15%～21%，含有 16 种氨基酸。由于蛋白质具有多种生理功能，因此，开展魔芋飞粉蛋白质的研究具有一定意义。目前，对于魔芋飞粉蛋白质提取及其应用方面的研究很少。

西北农林科技大学贺楠和徐怀德(2013)采用碱溶酸沉法提取魔芋飞粉蛋白质，并对魔芋飞粉蛋白质乳化性进行了研究。通过测定魔芋飞粉的成分，结果发现样品的主要成分含量分别为：水分 16.42%、灰分 5.13%、蛋白质 17.87%、脂肪 1.80%、淀粉 53.17%、葡甘聚糖 2.91%，而且，魔芋飞粉蛋白质等电点 pI 为 3.6。采用单因素与正交试验优化提取工艺，结果表明影响魔芋飞粉蛋白质提取率大小的因素依次为：料液比、提取液 pH、提取时间、提取温度(表 5-48)。而且，在魔芋飞粉蛋白质最佳提取工艺条件下，即提取温度为 40℃、提取液 pH 为 10.0、提取时间为 40 min、料液比[质量(g)：体积(mL)]为 1：30 时，经过滤干燥获得魔芋飞粉蛋白质提取率 36.59%，蛋白质纯度为 74.73%、蛋白质脂肪含量为 0.99%。

表 5-48　正交试验设计及结果(贺楠和徐怀德，2013)

试验序号	因素				蛋白质提取率 /%
	提取温度/℃	提取液 pH	提取时间/min	料液比	
1	1(40)	1(8.0)	1(40)	1(1：20)	30.27±0.21
2	1	2(9.0)	2(50)	2(1：25)	33.11±0.18
3	1	3(10.0)	3(60)	3(1：30)	34.06±0.20
4	2(50)	1	2	3	31.31±0.07
5	2	2	3	1	29.93±0.07
6	2	3	1	2	36.10±0.15
7	3(60)	1	3	2	27.00±0.11

续表

试验序号	因素				蛋白质提取率/%
	提取温度/℃	提取液 pH	提取时间/min	料液比	
8	3	2	1	3	33.95±0.17
9	3	3	2	1	28.76±0.21
K_1	32.48	29.53	33.44	29.65	
K_2	32.45	32.33	31.06	32.07	
K_3	29.90	32.97	30.33	33.11	
R	2.58	3.45	3.11	3.45	

注：K 为均值；R 为极差

在此基础上，西北农林科技大学贺楠和徐怀德（2013）通过考察 pH、离子强度、蛋白质含量与温度等四个因素对魔芋飞粉蛋白质乳化性能的影响，研究发现不同因素对魔芋飞粉蛋白质乳化能力及乳化稳定性影响变化趋势一致，魔芋飞粉蛋白质乳化能力平均为 47.88%，乳化稳定性平均为 43.55%。由图 5-24~图 5-27 可知，在 pH 9 时，蛋白质乳化能力及乳化稳定性达到最好；当氯化钠浓度范围在 0~0.1 mol/L 时，随浓度增加而乳化性能增强，超过 0.1 mol/L 则呈现下降趋势；乳化性能随蛋白质含量的增加而增强，但在蛋白质含量大于 4%后变化趋势不明显；温度范围在 20~40℃时，乳化性能随温度升高而增强，40℃之后缓慢降低。

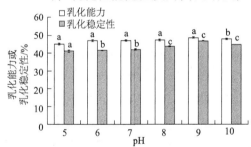

图 5-24　pH 对蛋白质乳化性能的影响（贺楠和徐怀德，2013）

同指标小写字母不同表示有显著差异，$\alpha=0.05$

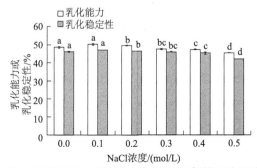

图 5-25　离子强度对蛋白质乳化性能的影响（贺楠和徐怀德，2013）

同指标小写字母不同表示有显著差异，$\alpha=0.05$

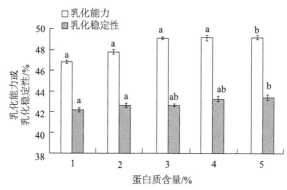

图 5-26　蛋白质含量对蛋白质乳化性能的影响(贺楠和徐怀德，2013)

同指标小写字母不同表示有显著差异，$\alpha=0.05$

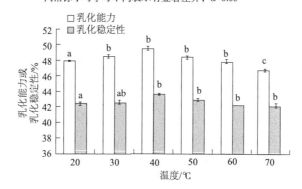

图 5-27　温度对蛋白质乳化性能的影响(贺楠和徐怀德，2013)

同指标小写字母不同表示有显著差异，$\alpha=0.05$

此外，陕西科技大学毛跟年等(2014)采用碱溶酸沉法提取魔芋飞粉中的蛋白质，以蛋白质提取率为指标，通过单因素与正交试验优化了魔芋飞粉蛋白质的提取工艺(表 5-49 和表 5-50)。可知各因素的影响程度依次为：提取料液比 > 提取液 pH > 提取温度 > 提取时间，且建立的最佳魔芋飞粉蛋白质提取组合条件为提取料液比 1:35、提取温度 50℃、提取时间 50 min、提取液 pH 10.0。在最佳提取工艺下，魔芋飞粉蛋白质提取率为 34.72%、蛋白质纯度为 77.03%，含粗脂肪 0.84%、淀粉 1.16%、灰分 2.09%。这些成果为魔芋飞粉蛋白质研究奠定了基础。

表 5-49　正交试验因素水平表(毛跟年等，2014)

水平	因素			
	A(提取料液比)	B(提取温度/℃)	C(提取时间/min)	D(提取液 pH)
1	1:30	40	40	9.0
2	1:35	50	50	9.5
3	1:40	60	60	10.0

表 5-50　正交试验结果分析表(毛跟年等，2014)

试验序号	因素				蛋白质提取率/%
	A	B	C	D	
1	1	1	1	1	29.57
2	1	2	2	2	32.49
3	1	3	3	3	31.82
4	2	1	2	3	34.24
5	2	2	3	1	33.17
6	2	3	1	2	33.04
7	3	1	3	2	32.53
8	3	2	1	3	32.96
9	3	3	2	1	30.86
K_1	31.29	32.11	31.86	31.20	
K_2	33.48	32.87	32.53	32.69	
K_3	32.12	31.91	32.51	33.01	
R	2.19	0.97	0.67	1.81	

注：K 为均值；R 为极差

生物活性肽是指能够调节生物机体的生命活动或具有某些生理活性作用的一类肽，从其结构上可分为简单的二肽与较大分子的多肽。由于活性肽具有多种生理功能，现在已成为研究的热点(游智能等，2014)。魔芋飞粉中蛋白质含量丰富，是生产生物活性肽类物质的良好原料，具有较高的利用价值。黄皓和干信(2005)采用多菌固化发酵剂共生发酵魔芋飞粉发酵乳中的可溶性肽进行分离、纯化及理化特性的研究，结果表明利用十二烷基磺酸钠-聚丙烯酰铵凝胶电泳能够测定可溶性肽的分子质量在 10 kDa 以内，这为魔芋飞粉生物活性肽的开发奠定了基础。目前，利用魔芋飞粉制备的生物活性肽主要有血管紧张素转化酶(ACE)抑制肽、高 F 值寡肽、抗氧化多肽、支链氨基酸寡肽和甘露聚糖肽等。

1. ACE 抑制肽

高血压是目前临床最常见、最主要的心血管疾病之一，严重危害人类的身体健康。目前，高血压患者多服用人工合成的 ACE 抑制剂类药物，如卡托普利、阿拉普利、赖诺普利等，但是这些合成类药物会产生较大的副作用(赵爽等，2017)。然而，多肽类降压药具有分子量小、免消化、直接吸收、生物利用度高及对人体无过敏等特点，更具有广阔的市场前景(李慧等，2015)。ACE 抑制肽是指血管紧张素转化酶抑制剂，可与 ACE 的 2 个活性功能区竞争性结合，抑制 ACE 活性，从而抑制不具有活性的血管紧张素 I 转化为具有强烈收缩血管作用的血管紧张素

Ⅱ。目前，通过对酶解食物蛋白(如牛奶、豆类、花椒籽、鱼类、豆粕和玉米等)制备 ACE 抑制肽方面取得很多成果。然而，利用魔芋飞粉制备 ACE 抑制肽方面的报道很少。

西北农林科技大学王莉等(2010)以水解度为指标，对碱性蛋白酶酶解魔芋飞粉蛋白质进行优化，通过测定不同酶解阶段及不同分子量魔芋多肽的 ACE 抑制活性，筛选出具有高 ACE 抑制活性的降血压多肽。结果表明：在底物质量分数 2.25%(净蛋白)，加酶量 3500 U/g，温度 55℃，pH 7.82 的条件下酶解 270 min 时，魔芋飞粉酶解液的 ACE 抑制率达到最大值 94.6%，水解度为 9.97%，多肽得率为 12.26%。将酶解液经浓缩、干燥得到的魔芋多肽含量 52.62%，粗蛋白质含量 62.30%；用 Sephadex G-25 与 G-15 串联柱分离得到 5 个多肽组分，其中组分Ⅲ(分子质量为 1500 Da)与组分Ⅳ(分子质量为 1000 Da)的 ACE 抑制活性较高，抑制 ACE 活性 IC_{50} 分别为 0.12 mg/mL 与 0.088 mg/mL。

近年来，陕西科技大学毛跟年等在以魔芋飞粉蛋白质为原料，制备 ACE 抑制肽方面取得了一系列成果，为魔芋飞粉的开发利用及高附加值产品的绿色生物制造奠定了基础。毛跟年等(2017a)以 ACE 抑制肽含量、多肽得率为指标，通过单因素与正交试验设计，优化了碱性蛋白酶酶解魔芋飞粉蛋白质制备 ACE 抑制肽的工艺(表 5-51 和表 5-52)。结果表明：碱性蛋白酶酶解魔芋蛋白质制备 ACE 抑制肽的最佳酶解组合条件为：酶解 pH 8.5、酶解温度 55℃、酶用量 3000 U/g、酶解时间 210 min，在此条件下，ACE 抑制肽含量为 35.79 mg。

表 5-51　正交试验因素水平表(毛跟年等，2017a)

水平	因素			
	A(酶解 pH)	B(酶解温度/℃)	C[酶用量/(U/g)]	D(酶解时间/min)
1	7.5	45	2500	120
2	8.0	50	3000	150
3	8.5	55	3500	180

表 5-52　正交试验结果分析表(毛跟年等，2017a)

试验序号	因素				ACE 抑制肽含量/mg
	A	B	C	D	
1	1	1	1	1	28.8
2	1	2	2	2	32.9
3	1	3	3	3	31.1
4	2	1	2	3	35.3
5	2	2	3	1	36.2
6	2	3	1	2	30.1

续表

试验序号	因素				ACE 抑制肽含量/mg
	A	B	C	D	
7	3	1	3	2	29.4
8	3	2	1	3	32.8
9	3	3	2	1	30.8
K_1	30.9	31.2	30.6	31.9	
K_2	33.9	34.0	33.0	33.8	
K_3	31.0	30.7	32.2	33.1	
R	2.9	3.3	2.4	2.3	

注：K 为均值；R 为极差

　　该课题组将前期制备的魔芋飞粉 ACE 抑制肽粗品通过超滤除去大分子杂质，再经过 Sephadex G-15 凝胶柱层析分离，获得三个不同多肽区段的组分；通过测定 ACE 抑制率，发现组分 2 的 ACE 抑制活性最高，可达到 90.20%；组分 2 进一步经过反相高效液相色谱法(RP-HPLC)纯化分离得到两个肽峰，其中峰 2 的 ACE 抑制率为 92.85%(图 5-28)。通过采用紫外分光光度法进行魔芋飞粉 ACE 抑制肽体外活性检测，发现魔芋飞粉中 ACE 抑制肽对马尿酰-组氨酰-亮氨酸(HHL)分解产物 Hip 具有较强抑制作用，说明魔芋飞粉 ACE 抑制肽活性较好(毛跟年等，2017b)。他们还通过静态吸附和静态解吸试验对 3 种型号的大孔树脂进行筛选，结果表明：DA201-C 型大孔吸附树脂效果最好，吸附率 49.79%，解吸率 68.43%(图 5-29)。在此基础上，通过对 DA201-C 大孔树脂进行静态和动态吸附-解吸试验，得到最佳工艺条件：吸附条件为上样液浓度 8 mg/mL、pH 2.0、上样量 8 mL；洗脱条件为乙醇体积分数 80%、洗脱流速 1.0 mL/min、洗脱时间 2 h。在此条件下，魔芋飞粉 ACE 抑制肽脱盐后抑制率为 95.19%，起到了分离纯化的作用(毛跟年等，2017c)。

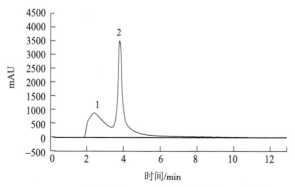

图 5-28　RP-HPLC 纯化魔芋 ACR 抑制肽图谱(毛跟年等，2017b)

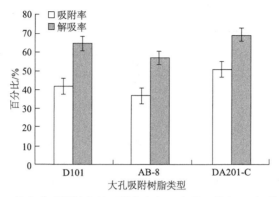

图 5-29　3 种大孔吸附树脂的吸附率和解吸率的比较(毛跟年等，2017c)

2. 高 F 值寡肽

高 F 值寡肽系是一个由 3～7 个氨基酸残基组成的混合寡肽体系，同时，该肽的氨基酸组成要求是支链氨基酸含量高、芳香族氨基酸含量低的蛋白前体(赵珊珊和干信，2005)。F 值是支链氨基酸与芳香族氨基酸的摩尔比值，高 F 值寡肽的 F 值应大于 20。因高 F 值寡肽具有独特的氨基酸组成与生理功能，现已受到食品、医药与保健界的高度关注。

魔芋飞粉中支链氨基酸(如缬氨酸、亮氨酸)含量丰富，而芳香族氨基酸(如苯丙氨酸、酪氨酸)含量较低，这表明魔芋飞粉是一种生产高 F 值寡肽的优良天然资源。目前，对于魔芋飞粉制备高 F 值寡肽的报道很少。蛋白酶的选取和高 F 值寡肽的分离纯化是限制魔芋飞粉制备高 F 值寡肽过程中的关键因素。为此，湖北工业大学赵珊珊和干信(2006)以魔芋飞粉为原料，通过对蛋白质水解度的测定，确定了两步酶法(碱性蛋白酶与链霉蛋白酶)制备可溶性肽的最佳酶解条件：碱性蛋白酶用量 0.1%、底物浓度 3.75%、pH 9.0、水解温度 45℃、时间 5 h；链霉蛋白酶用量 0.03%、pH 8.0、水解温度 50℃、时间 7 h。酶解液再经过凝胶层析分离纯化，可用于制备高 F 值寡肽。这为魔芋飞粉高 F 值寡肽的制备提供了试验依据和工艺参考。

3. 抗氧化多肽

抗氧化多肽是一种新型的天然抗氧化剂，具有高效清除活性氧，抑制脂质过氧化，有效减少各种退化性疾病发生率的能力(包显颖等，2016)。魔芋飞粉中蛋白质经过酶解可以得到多种特殊生理功能的生物活性多肽，但目前对魔芋多肽的抗氧化性的报道较少。

为了进一步提高魔芋的综合利用，王莉(2009)以·OH 为指标，通过优化酶解工艺参数，确定了碱性蛋白酶酶解魔芋飞粉制备抗氧化多肽的最佳酶解条件，即固定底物浓度 2.25%(净蛋白)、加酶量 3228 U/g 底物蛋白、温度 55℃、pH 7.84、酶解时间 270 min；在此工艺条件下，酶解液的·OH 清除率为 73.4%，多肽得率为 12.75%。魔芋多肽溶液经 Sephadex G-25 与 Sephadex G-15 串联柱分离得到 5 个多肽组分，其中组分Ⅲ(分子质量 1500～1600 Da)与组分Ⅳ(分子质量 1000～1100 Da)的抗氧化活性较高，其清除 1,1-二苯基苦基苯肼(DPPH)的 IC_{50} 分别为 2.82 mg/mL 和 3.65 mg/mL；清除·OH 的 IC_{50} 分别为 9.03 mg/mL 和 14.16 mg/mL；抑制大鼠肝脏自发性脂质过氧化的 IC_{50} 分别为 0.21 mg/mL 和 0.66 mg/mL；抑制大鼠红细胞 H_2O_2 诱导氧化溶血的 IC_{50} 分别为 0.11 mg/mL 和 0.22 mg/mL。这为魔芋飞粉抗氧化多肽的开发利用提供了依据。

4. 支链氨基酸寡肽

支链氨基酸包括缬氨酸、异亮氨酸和亮氨酸，均属必需氨基酸，必须从食物中直接摄入。支链氨基酸寡肽可用于高代谢疾病(如烧伤、脓毒血症等)患者的术后恢复，具有广泛的应用前景。

黄皓等(2006)采用固相化的克菲尔菌粒发酵魔芋飞粉，以淀粉与粗蛋白转换率为优化指标，通过正交试验，确定了固相化发酵剂发酵魔芋飞粉的最佳组合条件，见表 5-53 和表 5-54。可知各因素的影响程度依次为：发酵时间 > 发酵温度 > 凝胶珠量。固相化发酵剂发酵魔芋飞粉的最佳共生条件：在 35℃下，接种凝胶珠 40 粒到发酵基质中，经摇床振荡培养(130 r/min)36 h。在此条件下，能够从魔芋飞粉发酵乳中分离得到分子质量在 10 kDa 以下的可溶性肽，再采用两步酶法酶解可溶性肽成功制备高支链氨基酸寡肽。寡肽用凝胶层析分离，分离后产物由氨基酸自动分析仪分析其成分：寡肽中支链氨基酸的含量为 27.52%，达到了支链氨基酸平衡溶液的最适含量(25%～65%)(表 5-55)。此工艺为利用魔芋飞粉制备支链氨基酸寡肽的生产奠定了坚实的基础。

表 5-53　正交试验因素水平表(黄皓等，2006)

水平	因素		
	A(发酵温度/℃)	B(发酵时间/h)	C(凝胶珠量/粒)
1	33	24	20
2	34	36	30
3	35	48	40

表 5-54　正交试验结果分析表(黄皓等，2006)

试验序号	试验设计			结果分析		
	A	B	C	淀粉转化率/%	粗蛋白转化率/%	总和/%
1	1	1	1	59	32	91
2	1	2	2	51	52	103
3	2	3	3	43	61	104

续表

试验序号	试验设计			结果分析		
	A	B	C	淀粉转化率/%	粗蛋白转化率/%	总和/%
4	2	1	2	56	30	86
5	3	2	3	54	56	110
6	3	3	1	53	53	106
1 位级结果和	194	177	197			
2 位级结果和	190	213	189			
3 位级结果和	216	210	214			
R	26	36	25			

注: R 为极差

表 5-55　氨基酸自动分析表(黄皓等，2006)

项目名称	魔芋飞粉蛋白氨基酸含量/(mg/100 mL)	支链氨基酸寡肽氨基酸含量/(mg/100 mL)
缬氨酸	27.08	5.22
异亮氨酸	13.81	8.01
亮氨酸	21.48	19.86
酪氨酸	13.41	6.63
苯丙氨酸	24.20	4.19
支链氨基酸	62.37	33.09
芳香族氨基酸	37.61	10.82
必需氨基酸总和	140.44	55.49
总氨基酸	438.20	120.26
(必需氨基酸/总氨基酸)/%	32.05	46.14
(支链氨基酸/必需氨基酸)/%	44.41	59.63
(支链氨基酸/总氨基酸)/%	14.23	27.52
亮氨酸：异亮氨酸：缬氨酸 (摩尔比)	1：0.64：1.41	1：0.4：0.29

5. 甘露聚糖肽

甘露聚糖肽是我国首创的一种新型生物反应修饰物和生物免疫增强剂。因其独特的生物活性以及在治疗肿瘤和增强免疫力方面良好的应用，甘露聚糖肽已受到广泛关注。

魔芋飞粉中含有丰富的甘露聚糖与蛋白质，是获得甘露聚糖肽的重要来源。但是，目前关于魔芋飞粉中提取甘露聚糖肽的研究很少。宋刚和千信(2008)采用米曲霉与枯草芽孢杆菌共生发酵的方法对魔芋飞粉进行预处理，获得可溶性糖肽；通过高效液相色谱对其性能检测表明：糖肽中的糖成分由甘露糖和葡萄糖聚合而成。SDS-PAGE 凝胶电泳测定结果表明：糖肽的分子质量为 10～40 ku。毛跟年等(2015)以魔芋飞粉经发酵与酶解所产的可溶性多肽为原料，采用超滤法将魔芋多肽分为 $M>200$ ku、10 ku$<M<200$ ku 和 $M<10$ ku 三个不同分子质量区段的多肽。如表 5-56 所示，分子质量区段为 10 ku$<M<200$ ku 的多肽所占比例最大，为 34.47%± 1.59%。在此基础上，采用 Sephadex G-100 凝胶层析对 10 ku$<M<200$ ku 分子质量的多肽区段进行分离，得到 N1、N2 和 N3 三个组分，且这三个组分中均含有甘露聚糖肽，其中 N2 组分中的甘露聚糖肽含量最高，其含量为 56.78%±2.41%（表 5-57）。高效液相色谱测定结果显示，N2 组分的氨基酸图谱与甘露聚糖肽标准品基本一致。

表 5-56　超滤液中各组分段的多肽比例（毛跟年等，2015）

不同分子质量组分段	多肽比例/%
Ⅰ（$M>200$ ku）	18.18±0.74
Ⅱ（10 ku$<M<200$ ku）	34.47±1.59
Ⅲ（$M<10$ ku）	20.72±1.04

表 5-57　N1、N2、N3 组分中甘露聚糖肽含量（毛跟年等，2015）

组分	甘露聚糖肽含量/%
N1	1.25±0.27
N2	56.78±2.41
N3	5.65±1.17

5.4.3　魔芋飞粉中的黄酮

黄酮类化合物是指 2 个苯环通过中央 3 个碳原子相互连接形成具有 C_6-C_3-C_6 基本结构的植物次生代谢产物(邹丽秋等，2016)。黄酮类化合物以其分布广泛及多样的药理活性，一直是药物学家研究的热点之一(赵雪巍等，2015)。黄酮类化合物可根据分子中三碳链是否成环状及氧化程度、连接环的位置及两分子的结合情况等特点，可分为黄酮类、黄酮醇、异黄酮、二氧黄酮、二氢异黄酮、查耳酮和花色素等几大类(张志健等，2018)。目前，黄酮类化合物广泛分布于水果、蔬菜和药用植物中，然而，魔芋飞粉的抗氧化活性研究未见报道。

陈百玲等(2008a)对魔芋飞粉总黄酮含量进行了测定与分析。研究表明，魔芋飞粉总黄酮最佳提取条件为：提取剂为质量分数80%的乙醇，料液比为1∶30，温度为50℃，回流时间为2 h。在此条件下，测得魔芋飞粉中总黄酮含量为 3.487 mg/g。对魔芋飞粉中总黄酮成分的初步鉴定表明，魔芋飞粉中含有黄酮、异黄酮、查耳酮、双氢黄酮类化合物。陈百玲等(2008b)以 DPPH 清除率为指标来评价魔芋飞粉总黄酮的抗氧化能力。体外试验结果表明：魔芋飞粉中黄酮类物质对 DPPH 的清除率为64.78%，说明魔芋飞粉中含有丰富的黄酮化合物，具有较强的抗氧化活性能力，这为进一步开发利用魔芋资源提供了科学依据。

参 考 文 献

包显颖, 陈丽, 倪姮佳, 等. 2016. 抗氧化多肽研究及其应用前景. 生命科学, 28(9): 998-1005

陈百玲, 李涛, 贾漫珂, 等. 2008a. 飞粉总黄酮提取工艺的研究. 农产品加工(学刊), (11): 27-29

陈百玲, 廖全斌, 刘朝霞, 等. 2008b. 魔芋飞粉总黄酮含量测定及抗氧化活性的研究. 三峡大学学报(自然科学版), 30(6): 97-99

贺楠, 徐怀德. 2013. 魔芋飞粉蛋白质提取及乳化性研究. 食品科学, 34(16): 120-124

胡敏, 谢笔钧, 孙颉, 等. 2000. 魔芋飞粉异味成分的去除及魔芋干燥剂的研制. 精细化工, 17(6): 339-342

黄皓, 干信. 2004. 魔芋飞粉中生物碱的研究及开发应用. 现代商贸工业, 16(2): 46-48

黄皓, 干信. 2005. 共生发酵魔芋飞粉发酵乳中生物活性肽的分离、纯化. 食品与发酵工业, 31(8): 100-103

黄皓, 赵珊珊, 干信. 2006. 固相化克菲尔菌粒共生发酵魔芋飞粉制备高支链氨基酸寡肽的研究. 食品科学, 27(12): 501-504

李斌, 谢笔钧, 彭宏伟, 等. 2001. 魔芋飞粉中抗营养因子的去除研究. 粮食与饲料工业, (11): 39-40

李慧, 吕莹, 丁轲, 等. 2015. 食物源降血压肽的制备与功能评价. 中国食物与营养, 21(1): 26-30

李晴晴, 朱新鹏, 唐冬雪, 等. 2015. 柠檬酸去除魔芋飞粉中三甲胺的工艺优化. 贵州农业科学, (1): 146-148

梁引库, 张志健. 2013. 魔芋生物碱提取纯化工艺研究. 食品工业, (2): 95-97

刘仁萍. 2010. 魔芋神经酰胺类物质的提取、分析及分离的研究. 湖南农业大学硕士学位论文

刘仁萍, 杨建奎, 颜焱娜, 等. 2011. 魔芋神经酰胺的提取及其鞘磷脂含量的测定. 天然产物研究与开发, 23(3): 542-546

刘仁萍, 杨建奎, 詹逸舒, 等. 2010. 魔芋中神经酰胺类物质的 HPLC-ELSD 分析及其含量测定. 中国生物化学与分子生物学报, 26(2): 189-194

毛跟年, 贺磊, 周亚丽, 等. 2017c. 大孔吸附树脂分离魔芋飞粉中 ACE 抑制肽工艺研究. 粮食与油脂, 30(10): 93-96

毛跟年, 贾莹, 张诗韵. 2015. 魔芋甘露聚糖肽的分离纯化. 食品工业科技, 36(24): 243-246

毛跟年, 吕婧, 张轲易, 等. 2014. 魔芋蛋白质提取工艺研究. 食品科技, (9): 246-249

毛跟年, 周亚丽, 贺磊, 等. 2017a. 魔芋 ACE 抑制肽酶法制备工艺研究. 食品工业, (1): 99-102

毛跟年, 周亚丽, 贺磊, 等. 2017b. 魔芋 ACE 抑制肽的分离纯化及活性检测. 食品与发酵工业, 43(6): 163-168

庞杰, 刘文娟, 陈明木, 等. 2002a. 魔芋生物碱在绿色蔬菜中的应用. 福州大学学报(自然科学版), 30(s1): 740-743

庞杰, 刘文娟, 陈明木, 等. 2002b. 魔芋生物碱的纯化与结构表征. 福州大学学报(自然科学版), 30(s1): 737-739

庞雄飞. 1999. 植物保护剂与植物免害工程-异源次生化合物在害虫防治中的应用. 世界科技研究与发展, 21(2): 24-28

彭述辉, 庞杰. 2005. 魔芋生物碱释药凝胶的制备研究. 现代食品科技, 21(3): 15-18

宋刚, 干信. 2008. 共生发酵魔芋飞粉制备甘露聚糖肽及其性能检测. 化学与生物工程, 25(5): 39-42

孙庆杰. 2003. 天然神经酰胺的研究与开发. 中国油脂, 28(2): 60-61

孙天玮, 徐婷, 周海燕, 等. 2008. 魔芋飞粉总生物碱的提取工艺研究. 现代生物医学进展, 8(12): 2278-2281

谭博文, 徐怀德, 米林峰. 2010. 中性蛋白酶酶解制备魔芋飞粉淀粉及其性质的研究. 食品科学, 31(18): 41-45

王百顺. 2016. 魔芋飞粉资源化利用生产纸板环压增强剂的工艺研究. 湖北工业大学硕士学位论文

王莉. 2009. 魔芋多肽的制备及功能特性的研究. 西北农林科技大学硕士学位论文

王莉, 徐怀德, 贺学林, 等. 2010. 碱性蛋白酶酶解魔芋飞粉制备 ACE 抑制肽研究. 中国食品学报, 10(1): 42-47

魏静. 2008. 魔芋飞粉中神经酰胺的提取与分离鉴定. 西南大学硕士学位论文

魏静, 钟耕, 屈浩亮. 2008. 超声波法提取魔芋飞粉中神经酰胺的初步研究. 食品科技, (1): 146-150

徐婷. 2008. 魔芋加工下脚料制乙醇研究. 湖南农业大学硕士学位论文

徐婷, 孙天玮, 周海燕, 等. 2008. α-淀粉酶水解魔芋飞粉最佳条件优化的研究. 现代生物医学进展, 8(6): 1090-1092

许永琳, 秦丽贤, 李康业, 等. 1993. 魔芋飞粉成分分析. 西南大学学报(自然科学版), 15(1): 77-79

游智能, 朱于鹏, 汪超. 2014. 魔芋飞粉的研究进展. 中国酿造, 33(4): 23-26

喻朝阳, 王晓琳. 2006. 生物碱提取与纯化技术应用进展. 化工进展, (3): 259-263

翟琨, 覃海兵, 洪雁. 2008. 魔芋淀粉理化性质研究. 食品科学, 29(9): 59-61

张志健, 耿敬章, 卫永华, 等. 2018. 魔芋资源开发利用研究. 北京: 科学出版社

张忠良, 王照利, 吴万兴. 2004. 魔芋中总生物碱提取试验. 食品工业科技, 25(9): 101, 103

赵珊珊, 干信. 2005. 魔芋飞粉高 F 值寡肽的研究. 化学与生物工程, 22(1): 10-12

赵珊珊, 干信. 2006. 酶解魔芋飞粉制备高 F 值寡肽最佳工艺条件的研究. 生物技术, 16(3): 67-69

赵爽, 刘昆仑, 陈复生. 2017. 食源性 ACE 抑制肽研究进展. 粮食与油脂, 30(3): 37-40

赵雪巍, 刘培玉, 刘丹, 等. 2015. 黄酮类化合物的构效关系研究进展. 中草药, 46(21): 3264-3271

朱新鹏，唐冬雪，丁彤. 2016. 酵母发酵法去除魔芋飞粉中三甲胺的研究. 湖北农业科学，55（18）：4793-4795

邹丽秋，王彩霞，匡雪君，等. 2016. 黄酮类化合物合成途径及合成生物学研究进展. 中国中药杂志，41（22）：4124-4128

邹庭，刘建富，张志健. 2018. 魔芋飞粉生物碱提取技术研究. 中国食品添加剂，(5)：134-140

第6章 魔芋加工产业发展前景

6.1 魔芋加工产业的优势

魔芋是一种具有经济价值的多年生草本植物,利用其开发的部分相关产品被联合国世界卫生组织划分为保健食品范畴(杨晶晶等,2018)。魔芋整株中最具开发价值的是块茎,其中的主要成分为葡甘聚糖,占块茎干重的 55%～62%,其他成分还包括氨基酸、淀粉、纤维素、蛋白质、生物碱和灰分等。其中,魔芋的重要成分是具有多种生理活性的葡甘聚糖。白魔芋的干物质含量中,葡萄糖甘露聚糖为 54.6%～61.5%,花魔芋中葡甘聚糖含量为 45.7%～54.7%(周江菊,2001)。魔芋独特的性质,使其在食品、化工、医药、石油勘探及建筑建材等行业具有广阔的开发前景。

近年来,魔芋逐渐成为山区经济发展、农民增收的一种重要的经济作物,这对于加快区域脱贫致富,带动农民致富具有直接的经济意义。以云南省曲靖市魔芋产业发展为例,曲靖市是魔芋生长最适宜区之一,多数耕地适宜魔芋种植。2016 年曲靖市种植魔芋 2.07 万 hm^2,占全国 8.67 万 hm^2 的 23.9%,占全省 4.33 万 hm^2 的 47.8%,实现产量 6.72 亿 kg,产值 10 亿元,产量和产值均位居全省前列(耿其勇等,2016)。魔芋可在疏林地和其他作物中套作,这对于退耕还林,提高土地利用率,修复林区生态具有积极作用。此外,魔芋种植于山区,可与粮、药、林间套作,不仅有利于山区农业结构调整,还可以缓解耕地紧张的矛盾(何家庆,2001)。目前,我国的魔芋种植面积及产量位居世界第一,占世界总产量的 60%,也是世界第一大魔芋原料生产和出口大国。据不完全统计,我国已推广了近 279.17 万亩魔芋种植基地,使山区农民找到了致富道路,同时,我国魔芋产业的快速发展,带动第二和第三产业年产值已超过百亿元。

6.1.1 种质资源丰富

全世界有 115 种以上的魔芋,我国已发现并命名的有 26 种,约占世界魔芋种类的 22.6%,其中有十多个魔芋种为我国特有品种,如白魔芋、田阳魔芋与疏毛魔芋等(牛义等,2005;张盛林等,2013;杨晶晶等,2018)。我国是最早栽培和利用魔芋的国家,是魔芋种植发源地之一。魔芋在我国已有 2000 多年的种植历史。

我国魔芋资源的分布高度，高原地区可达 2000～2500 m，丘陵及山区为 800～1500 m，多样化的生态环境孕育了丰富的魔芋种质资源(张盛林等，1999)。

影响魔芋种质资源分布的直接因素是热量和湿度，间接因素是海拔高度、地理位置、地形地势和植被状况。我国西部魔芋资源的分布具有如下规律：在水平地带上，魔芋的种类及数量随纬度的升高呈单向递减的趋势；在垂直地带上，魔芋的分布在能植区域中呈纺锤形曲线的双向递减趋势，其上限随纬度的降低由东向西而递增，其下限随纬度的降低而递减，由东向西而递增(牛义等，2005)。据初步统计，全国魔芋产区集中在四川、云南、贵州、湖北(西部)、陕西(南部)、湖南、重庆、广西等地区。仅湖北省适宜于种植魔芋面积约为 2.5 万 km^2，占全省面积的 14%。而且，建始、恩施、竹溪三大主产区就占了湖北全省总产量的 67%(赵伟和徐广文，2005)。我国魔芋产区种植的主要是花魔芋，其次是白魔芋，西南部分地区少量种植黄魔芋。其中，花魔芋种植面积最大，白魔芋品质最好。

魔芋产业的竞争基础在原料，原料的竞争则是由优势种植品种决定。实际上，东南亚地区是野生魔芋资源的原生区域，特别是印度尼西亚、缅甸与泰国，有着极为丰富的魔芋种质资源。其中，印度尼西亚有 26 个魔芋种，缅甸有 13 个含葡甘聚糖的魔芋种。目前，在印度尼西亚经济价值相对较高的魔芋种一般认为有 4 个，即珠芽弥勒魔芋(*Amorphophallus muelleri*)、印尼白魔芋(*Amorphophallus variabilis*)、疣柄魔芋(*Amorphophallus paeoniifolius*)及泰坦魔芋(*Amorphophallus titanum*)；缅甸魔芋现仍以野生资源为主，其中上缅甸以红魔芋和缅甸白魔芋居多，下缅甸以黄魔芋和耐热型白魔芋居多。这些丰富的魔芋资源为进一步提升我国魔芋产业在全球的竞争力提供了保障(张东华等，2011；张东华和汪庆平，2013)。其中，源于印度尼西亚的珠芽类魔芋中的弥勒魔芋种繁殖系数是花魔芋的数十倍，具有独特的品种特性，成为加快国内魔芋种植业发展的理性选择(表 6-1)(张东华和汪庆平，2015)。

表 6-1　几种高葡甘聚糖型魔芋栽培品种特性比较(张东华和汪庆平，2015)

性质比较	珠芽弥勒魔芋	花魔芋	白魔芋
繁殖系数	高(330 倍)	低(6～8 倍)	低(6～8 倍)
生长周期/年	1～2	3～4	3～4
KGM 含量(干基)/%	60～65	45～50	60～65
黏度/(mPa·s)	高	较高	高
种植环境要求	中低海拔、高温高湿	中高海拔、冷凉环境	极窄

我国是魔芋的起源中心之一，经历长期的自然变异和栽培驯化，品种繁多，

但国内目前尚未开展品种调查，品种比较混乱。形态学标记相对于分子标记来说，具有更加直观、简单易行等优点。为此，张凤洁等(2013)对国内 96 份魔芋种质进行实地调查和栽培观察，利用形态学标记对不同地理来源的魔芋种质资源进行了形态性状遗传多样性分析。通过对 96 份魔芋种质资源的芽、鳞片、叶、球茎等 30 个植物学性状进行调查，结果如下：种质间各性状平均变异系数为 48.1%，其中芽-形状的变异系数最大(130.6%)，叶-叶柄分叉处有无珠芽次之(112.5%)，叶-裂片颜色变异系数最小(25.6%)；此外，选取有关芽、鳞片、叶、球茎的 7 个性状进行相关性分析，其中芽形状与叶柄底色、裂片边缘形状、球茎剖面颜色呈极显著正相关，叶柄底色与叶柄斑纹颜色呈极显著负相关，叶柄斑纹颜色与裂片边缘形状呈显著负相关。采用 Q 型聚类分析，根据 30 个植物学性状将 96 份魔芋种质材料划分为 11 类。试验初步完成了对魔芋种质资源以及种质间亲缘关系的调查分析，初步建立了魔芋种质资源的形态数量学分类系统，这对深入开展魔芋种质资源的合理利用及优良品种的选育具有重要的意义。

魔芋传统分类主要基于对叶片、叶柄、块茎、花器官的形态观察，但由于魔芋以块茎繁殖，且花器官等形态易受环境或地理条件影响而发生变化，给魔芋属分类及资源的开发利用带来一定的困难。为了探讨魔芋资源分类的新途径，更好地研究和利用我国魔芋资源，西南农业大学张玉进等(2001)采用 RAPD 技术分析了我国主要栽培种 22 份魔芋材料之间的亲缘关系(表 6-2)。该团队用 40 个随机引物对 22 份魔芋资源材料的染色体组 DNA 进行 PCR 扩增，有 9 个引物能在全部材料种扩增出 84 条重视性好且稳定的 DNA 谱带，其中 77 条具有多态性。通过采用 UPGA 软件对扩增产物进行聚类分析表明，风岚野魔芋、兴仁黄魔芋及罗悃魔芋亲缘关系最近，花魔芋与白魔芋关系次之，而东京魔芋与花魔芋、白魔芋关系较远(表 6-3)。根据聚类结果可把魔芋材料划分为 5 组：第 1 组包括 15 个材料；第 2 组包括滇魔芋和江城魔芋 2 个材料；第 3 组包括罗悃魔芋、风岚野魔芋和江城魔芋 3 个材料；第 4 和第 5 组各有 1 个材料，分别为南蛇棒和东京魔芋。该结果为整理我国魔芋资源分类提供了分子水平上的依据(图 6-1)。

表 6-2　试验用的魔芋资源材料(张玉进等，2001)

编号	中文名	种和栽培种名称	来源
1	黑杆花魔芋	*A .konjac cv* black stem elephant foot yam	福建
2	花杆花魔芋	*A .konjac cv* dot stem elephant foot yam	福建
3	紫斑花魔芋	*A .konjac cv* purple dot elephant foot yam	福建
4	糯米魔芋	*A .konjac cv* glutinous elephant foot yam	云南
5	万源花魔芋	*A .konjac cv* wanyuan elephant foot yam	四川
6	屏山白魔芋	*A .albus cv* pingshan elephant foot yam	四川
7	炎山白魔芋	*A .albus cv* yanshan elephannt foot yam	四川

编号	中文名	种和栽培种名称	来源
8	个旧花魔芋	*A .konjac cv* gejiu elephant foot yam	云南
9	罗悃魔芋	*A .spp*	贵州
10	凤岚野魔芋	*A .spp*	贵州
11	兴仁黄魔芋	*A .spp*	贵州
12	龙陵黄魔芋	*A .spp*	云南
13	金平黄魔芋	*A .spp*	云南
14	思茅甜魔芋	*A .spp*	云南
15	南蛇棒	*A .dunnii*	贵州
16	田阳魔芋	*A .corrugatus*	广西
17	西盟魔芋	*A .krausei*	云南
18	滇魔芋	*A .yunnanesis*	云南
19	江城魔芋	*A .spp*	云南
20	保山魔芋	*A .spp*	云南
21	东京魔芋	*A .tokinensis*	云南
22	日本农林二号花魔芋	*A .konjac cv* Japanese Agriculture Forest Wood No.2	日本

表 6-3　魔芋资源的相似距离矩阵(张玉进等，2001)

	1	2	3	4	5	6	7	8	9	10	11	12	13	14	15	16	17	18	19	20	21	22
1																						
2	3.32																					
3	3.16	3.00																				
4	4.00	2.24	3.16																			
5	4.12	2.45	3.00	2.24																		
6	4.12	4.00	3.87	3.87	3.16																	
7	4.47	4.12	4.24	4.21	3.61	2.65																
8	4.21	3.87	3.74	3.74	3.00	3.00	2.83															
9	5.00	5.66	4.80	5.74	5.29	5.10	5.00	4.36														
10	5.39	6.00	5.20	6.08	5.66	5.48	5.39	4.80	2.45													
11	5.18	6.08	5.29	6.16	5.74	5.57	5.48	4.90	2.24	1.73												
12	4.17	5.20	4.24	5.29	4.80	4.36	4.47	4.47	5.00	5.00	5.10											
13	4.58	5.10	4.36	5.20	4.69	4.47	4.58	4.36	4.69	4.47	4.80	3.87										
14	4.90	5.00	4.24	4.90	4.58	4.36	4.47	4.24	5.20	5.39	5.66	4.69	4.12									
15	5.39	5.83	5.39	5.92	5.48	5.66	5.57	5.00	4.47	4.69	4.58	5.39	4.69	5.39								
16	4.47	5.20	4.69	5.29	4.80	4.12	4.24	4.47	5.00	5.20	5.29	3.74	4.12	4.69	5.00							
17	4.90	5.20	4.69	5.29	4.80	4.36	4.69	4.47	5.20	5.00	5.29	3.46	3.87	4.69	5.39	4.00						
18	5.10	5.74	5.10	5.83	5.39	5.00	5.10	4.69	4.58	4.58	4.90	4.69	4.36	5.10	4.58	4.24	4.24					
19	5.39	5.48	5.20	5.57	5.10	4.69	4.58	4.58	4.47	4.90	4.90	5.20	4.69	5.20	4.90	4.58	4.80	4.12				
20	5.00	4.90	4.58	4.80	4.24	4.21	4.80	3.84	4.69	4.90	5.00	4.58	4.69	5.00	5.29	5.00	4.36	4.58	4.69			
21	5.74	6.16	5.57	6.08	5.83	5.66	5.57	5.57	5.10	5.10	5.20	5.39	4.90	5.57	5.48	5.00	5.20	4.58	4.47	5.29		
22	6.20	4.69	4.36	4.58	4.00	4.47	5.00	4.12	5.10	5.10	5.20	4.58	4.90	4.80	5.66	5.20	5.00	4.80	5.10	3.16	5.29	

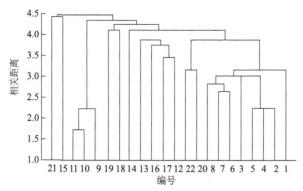

图 6-1 魔芋资源材料间的聚类图(张玉进等,2001)

武汉大学滕彩珠等(2006a)利用简单重复序列区间(ISSR)技术对 30 份云南魔芋种质资源进行了 DNA 多态性分析。结果表明,从 65 个随机引物中筛选出 11 个引物扩增 30 个魔芋品种基因组共获 116 条带,其中 102 条为多态性标记条带,每个引物平均提供 10.55 个标记信息。经非加权算数平均组对(UPMGA)法聚类分析可以看出,这 30 份魔芋种质资源间的 Jaccard 相似系数都比较大,在 0.65 以上。从聚类结果可以看出,甜魔芋和花魔芋以及西盟魔芋和珠芽魔芋的关系比较近;白魔芋品种间的遗传多样性较为丰富,它们与花魔芋的关系较近(图 6-2)。在此基础上,滕彩珠等(2006b)利用扩增片段长度多态性(AFLP)技术对 13 份魔芋种质资源(表 6-4)进行了 DNA 多态性分析。结果表明,从 10 对引物中筛选出 2 对引物,并对 13 个品种进行 DNA 多态性分析,共获得 112 条带,其中 109 条为多态性标记,每对引物平均提供 56 个标记信息。UPMGA 法聚类分析结果可以看出,13 份魔芋资源的遗传多态性比较丰富,其中西盟魔芋和珠芽魔芋的关系比较近,白魔芋和花魔芋的关系比较近(图 6-3)。这与 ISSR 分析魔芋种质资源多样性的研究结果一致。

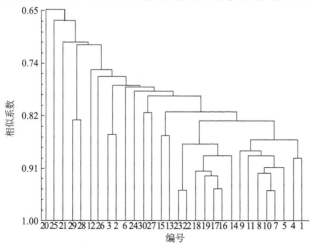

图 6-2 魔芋资源材料间的聚类图(滕彩珠等,2006a)

表 6-4　研究所用的 13 份魔芋种质资源(滕彩珠等, 2006b)

样品名	名称	种名	产地或采集地点
1	花魔芋 1	花魔芋	恩施城区
2	花魔芋 2	花魔芋	恩施市新塘乡(叶柄为淡红色)
3	花魔芋 3	花魔芋	巴东县清太坪镇
4	花魔芋 4	花魔芋	恩施市沙地乡
5	花魔芋 5	花魔芋	恩施市新塘乡(叶柄为墨绿色)
6	花魔芋 6	花魔芋	建始县花坪乡
7	花魔芋 7	花魔芋	鹤峰县
8	花魔芋 8	花魔芋	清江(巴东县)
9	花魔芋 9	花魔芋	恩施市三岔乡
10	白魔芋 1	白魔芋	咸丰县(叶片与白魔芋一致, 叶柄像花魔芋)
11	农林 1 号	白魔芋	日本
12	西盟魔芋	西盟魔芋	云南
13	珠芽魔芋	珠芽魔芋	云南

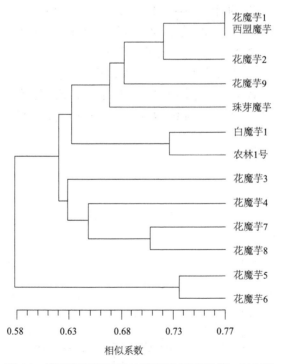

图 6-3　魔芋资源材料间的聚类图(滕彩珠等, 2006b)

6.1.2　种植和加工技术发展迅速

近年来国内的魔芋加工技术水平不断提升，并形成了规模化种植、机械化脱水干燥、精粉和微粉生产及魔芋食品加工等组成的魔芋初、中级加工产业链条，各种专业设备不断被开发、改进完善，从而使魔芋产业得到了迅速发展。

魔芋栽培关键技术方面，我国传统的魔芋种植通常是房前屋后的零星种植，近年来逐渐由传统模式转向了大面积的人工栽培。袁莉等(2018)结合多年的实践研究，总结了适宜花魔芋的标准化栽培技术。通过选地、选种、重施底肥、田间覆盖及病虫害防治等一系列措施的运用，可以最大程度上确保花魔芋的种植质量，实现了农民收入的稳步增长。

目前，魔芋与其他高秸作物套种技术为扩大魔芋种植面积提供了新的种植思路。为了能够增加魔芋产量，云南省昌宁县温泉镇采用了魔芋套种玉米加绿肥的模式，实现了玉米魔芋双增产(徐文果等，2009)。文明玲等(2018)通过探索不同芋龄魔芋与黄秋葵的适宜套种密度，研究了魔芋套种黄秋葵的可行性。结果表明黄秋葵套种魔芋可促进魔芋健壮生长，降低病害发生，是魔芋套种优化新模式。湖南农业大学的吴永尧教授也在湖南湘西地区桑植县对珠芽魔芋与玉米等其他作物之间进行套种，获得成功。

珠芽魔芋植株适宜热区林下套种，但遮阴导致高大植株耗去过多养分，叶面球茎数量稀少，繁殖系数受限，制约了种芋的数量。为此，张东华和汪庆平(2017)对珠芽魔芋叶面球茎的丰产技术进行了研究。结果发现采用多效唑、烯效唑及矮壮素 3 种矮化剂抑制地下球茎顶芽优势，促使魔芋植株趋于矮化粗壮，控制魔芋顶芽植株在遮阴环境条件下过度生长，有效矮化了植株，并使营养物质充分用于叶面球茎中干物质的积累。对于较大的球茎，可将掰除顶芽方式与喷施化学矮化剂相结合以促进侧芽生长和植株矮化，从而达到丰产叶面球茎的目的。对不同重量的繁殖材料，植株矮化率为 24%～48%，叶面球茎数量平均增加率达 65%～160%。用叶面球茎作为种植用种，植株具有抗性强、耐高温高湿、优质高产等优势，且其繁殖系数比传统白魔芋、花魔芋提高 8～10 倍以上，改变了现有种植品种花魔芋、白魔芋仅能以小球茎或繁殖根作为种芋的传统低效途径，给魔芋种植方式带来全新突破，方法切实有效，经济效益好，具有推广价值。

魔芋种芋储藏技术方面，魔芋储藏方式是否正确会直接影响来年魔芋种芋的质量，并影响魔芋的生长状况。种芋储藏的好坏与选留的种芋好坏有直接关系，应该选择优质的魔芋种芋进行储藏。常见的魔芋储藏方式主要有露地越冬保种储藏、地窖储藏、埋藏、堆藏与室内保温储藏等。其中，常见的室内保温储藏有沙埋保温储藏、谷壳保温储藏和悬挂储藏法。由于魔芋的特殊生理性能，汤万香等(2015)经过多年探索试验，从优质种芋挑选到收储方式、整个漫长冬季各时期的储藏管理办法以及中低山魔芋种植地就地越冬储藏方法等方面阐述了魔芋种安全高效储藏方法。尤其经过探索试验发现，海拔 1200 m 以下中低山魔芋种植地种芋最佳简单储藏方法是采用越冬方法。

魔芋快繁技术方面，现有的魔芋种芋不足成为制约魔芋产业发展的关键问题。传统魔芋栽培技术受到季节和外界环境条件的限制，存在繁殖速度慢且周期长、幼苗质量参差不齐等问题。建立魔芋组织培养快繁技术体系，在一定程度上可以缓解魔芋种芋短缺的问题。一般情况下，魔芋是以无性繁殖为主。根据魔芋的自然繁殖材料，可将其繁殖方法分为根状茎繁殖法、小球茎繁殖法、珠芽繁殖法、种子繁殖法；根据魔芋的人为繁殖手段，又可将繁殖方法分为切块繁殖法、分芽繁殖法、去顶繁殖法、商品芽芋窝繁殖法及组织培养快速繁殖法。其中，除种子繁殖法为有性繁殖，其余的均属无性繁殖(巩发永，2015)。

我国魔芋组织培养快繁技术经过多年的发展，试管苗与试管芋的生产技术日趋成熟，并在生产上取得了应用。胡悦等(2012)以万源花魔芋顶芽、球茎为外植体，通过比较不同激素浓度配比对外植体培养的影响，并进一步诱导试管微型芋。结果表明：顶芽是魔芋组培快繁的最佳外植体，腋芽产生频率高、速度快，较球茎分化不定芽的时间提早 60 天左右；最优腋芽增殖分化培养基是 MS + BA (2.4 mg/L) + NAA (0.1 mg/L)，腋芽分化率 90%(表 6-5)；在增殖培养基中腋芽增殖系数达 3.58；试管微型芋诱导的最优培养基配方是 MS + BA (0.5 mg/L) + NAA (0.1 mg/L) + 蔗糖 (50 g/L)，将腋芽接种在该培养基中培养 60 天诱导形成球状微型芋，成球率达 90.9%(表 6-6)。该试验以顶芽为外植体，不经过愈伤组织阶段，直接促进腋芽产生，建立了魔芋高频率的芽繁体系。这对于魔芋优良品种快速推广，促进我国魔芋产业化发展具有积极的现实意义。

表 6-5 不同激素配比对魔芋腋芽增殖的影响(胡悦等，2012)

| 激素/(mg/L) | | | | 接种芽数/个 | 分化芽数/个 | 增殖系数 |
BA	KT	ZT	NAA			
0.3			0.1	30	38	1.27 e
0.6			0.1	30	56	1.87 d
1.2			0.1	33	103	3.12 b
2.4			0.1	30	107	3.57 a
3.6			0.1	33	89	2.70 c
	0.3		0.1	30	35	1.17 e
	0.6		0.1	29	48	1.66 d
	1.2		0.1	31	97	3.13 b
	2.4		0.1	30	102	3.40 b
	3.6		0.1	32	94	2.94 c
		0.3	0.1	33	34	1.03 e

续表

激素/(mg/L)				接种芽数/个	分化芽数/个	增殖系数
BA	KT	ZT	NAA			
		0.6	0.1	30	52	1.73 d
		1.2	0.1	32	96	3.00 b
		2.4	0.1	31	93	3.00 b
		3.6	0.1	30	83	2.77 c

注：表中同列数据后不同小写字母表示差异显著（α=0.05）；BA 是苄氨基腺嘌呤，NAA 是萘乙酸，KT 是激动素，ZT 是玉米素

表 6-6　不同激素配比和蔗糖浓度对魔芋试管微型芋诱导的影响（胡悦等，2012）

激素/(mg/L)		蔗糖/(g/L)	接种芽数/个	成球数/个	成球率/%
BA	NAA				
0.5	0.1	40	31	23	74.2 d
0.5	0.1	50	33	30	90.9 a
0.5	0.1	60	32	28	87.5 b
0.5	0.1	70	30	19	63.3 d
1.0	0.1	40	32	13	40.6 e
1.0	0.1	50	31	25	80.6 b
1.0	0.1	60	30	23	76.7 c
1.0	0.1	70	34	9	26.5 f

注：表中同列数据后不同小写字母表示差异显著（α=0.05）；数据统计为培养 60 天

　　然而，现有的魔芋组培快繁外植体污染严重，致使无菌繁殖体系难以建立。为此，陈国爱（2016）采用三种不同方法对魔芋外植体进行消毒处理，结果表明：采用乙醇浸泡 30 s、升汞浸泡 15 min、甲醛-高锰酸钾熏蒸 20 min，污染率仅有 8.3%，且愈伤组织的诱导率高达 91.7%（表 6-7 和表 6-8）。

表 6-7　外植体不同消毒处理方法（陈国爱，2016）

处理方法	消毒处理
X1	乙醇浸泡 30 s，升汞浸泡 15 min，无菌水冲洗 6 次
X2	乙醇浸泡 30 s，漂白粉处理 15 min，无菌水冲洗 6 次
X3	甲醛-高锰酸钾熏蒸（20 min），乙醇浸泡 30 s，升汞浸泡 15 min，无菌水冲洗 6 次

表 6-8　不同消毒方法对魔芋外植体的消毒效果的影响（陈国爱，2016）

处理方法	接种数/瓶	污染数/瓶	愈伤数/瓶	污染率/%	愈伤诱导率/%
X1	72	21	51	29.2	70.8
X2	72	48	24	66.7	33.3
X3	72	6	66	8.3	91.7

魔芋加工工艺和设备选型方面，我国魔芋加工设备研制始于 20 世纪 80 年代，经过多年的发展，已经开发出一些适合我国国情的魔芋专用加工设备。魔芋加工设备按照加工工序的不同，可以分为三大部分：第一部分是鲜芋前期处理设备，完成新鲜魔芋的清洗、去皮和切片等过程；第二部分是芋片(条)干燥设备，完成芋片的定色、干燥等过程；第三部分是精粉加工设备，完成芋片的粉碎研磨、风力分选、吸尘和筛分等工序，最终获得精粉(周亚辉，1999)。具体魔芋加工设备现状如下。

(1)前期处理设备。这部分设备主要有两大类，包括清洗去皮机与切皮(条)机。清洗去皮机主要有旋转滚筒式、卧式多轴旋转塑料刷式和卧式搅拌轴式。这些设备大多采用塑料刷作为去皮元件，塑料刷起到魔芋表皮清洗作用，去皮效果都不理想。目前，魔芋清洗、去皮设备效果较好的是旋转滚筒型去皮机。切片(条)机主要有卧式离心切片式、立式离心切片式和往复切片式等。

(2)干燥设备。目前各厂家采用的设备主要有烘房式、隧道式、网带式干燥机及其他烘烤设备。烘房式干燥设备形式多样，其特点是产量小，产品质量不易保证，优质品率低。隧道式干燥设备主要有单隧道式、双隧道式和多隧道式，其特点是适用于中型的生产规模，投资少、热能利用率高且产品质量好。目前网带式干燥机按照类型和组合情况可分为单台六层网带式、2 台振动流化床与 1 台网带式串联、1 台振动流化床与翻版式串联、1 台振动流化床与 2 台网带式串联、3 台三层网带式串联、4 台网带式串联等六种形式，其特点是产量高，适用于大规模生产，机械自动化程度高，能连续生产作业，操作人员少，产品质量优级品率可达 90%以上。其他烘烤设备有烘箱式、平箱式、烤箱式、滚筒式、微波加热风干燥式及各种自制烘干设备等，这些设备虽然能用于魔芋干燥，但是干燥处理后的魔芋质量不好，不应选用。

目前，魔芋行业采用的干燥设备主要有网带式干燥、隧道式干燥、振动流化床与快速干燥这四大类，真空干燥只限于纯化精粉和微粉干燥(孙兴伟，2002)。这四类干燥设备对魔芋干燥的停留时间和能量消耗见表 6-9，可看出保留时间的差异很大，而能量消耗差异很小，这是因为物体的受热面积和物体在机内的运动关系很大。

表6-9　不同干燥设备对魔芋干燥情况的停留时间与能量消耗情况(孙兴伟，2002)

干燥器种类	在干燥器内停留时间			能量消耗(kJ/kg H_2O)
	10~30 s	30~50 min	20~180 min	
网带式干燥			*	4000~6000
快速干燥	*			4500~9000
振动流化床干燥		*		4000~6000
隧道式干燥			*	4000~6000

（3）精粉加工设备。主要有辊压式、磨齿式、粉碎研磨式、气流粉碎式和组合式等多种类型。其中，粉碎研磨式精粉机生产的精粉质量能达到要求，是目前国内各厂家使用最多的一种机型。魔芋精粉的生产在魔芋产业中占有重要的地位，针对魔芋精粉加工工艺所存在的问题，近年来突破了不少瓶颈，如魔芋精粉干法加工中不能完全去除生物碱、存在污染环境等问题，而魔芋精粉湿法生产中存在建设及生产成本较高、乙醇回收难度大、处理过程复杂等不足。卫永华和张志健（2015）成功开发出魔芋无硫湿法综合加工技术，该技术可以同时生产出无硫魔芋精粉、无毒无害的魔芋飞粉、魔芋生物碱和脱毒魔芋皮渣粉，既提高了魔芋的利用率，又降低了成本。

针对魔芋加工设备存在的主要问题，包括设备投资大，动力消耗大，芋片干、湿不一致所引起精粉质量降低及二氧化硫残留量超标等，结合市场对魔芋制品质量、产量需求情况，重庆市江津茶叶机械厂通过总结国内外魔芋加工设备的使用情况，基于该厂生产魔芋加工设备的实践与体会，成功开发和生产了魔芋干片加工成套设备、魔芋精粉湿法加工成套设备、魔芋微粒粉加工成套设备。其中，所开发的魔芋干片加工成套设备包括平床式干燥机干燥设备与网带式自动干燥机干燥设备。这些设备为降低魔芋加工投资成本、提升制品质量做出了贡献（赖德里和杜廷勇，2000）。

四川省农业机械研究设计院通过研究日本魔芋干片加工成套设备，成功研制出最新的魔芋干燥设备——MGF8 型魔芋干片加工成套设备。该成套设备由清洗去皮机、提升机、往复式切片机、不锈钢网带干燥机、出片机、热风炉、SO_2 发生炉、除尘器、风机、风管及电控柜等组成，具有干燥机热利用效率高、成套设备性价比高、可靠性高等优点，加快了魔芋初加工工厂化生产进程（顿金城，2001）。

6.1.3 应用广泛 附加值高

魔芋的主要成分是葡甘聚糖，属高分子化合物，是一种天然的优质膳食纤维，具有独特的生理作用，被称为"肠道的清道夫"。魔芋食品是国际上公认的高膳食纤维保健食品，受到人们的广泛关注。近年来，以魔芋加工后的魔芋精粉（主要成分为葡甘聚糖）为主要原料或辅料制得的魔芋食品日益受到世界各国营养、医学界专家的密切关注（伍城颖等，2018）。

在食品应用方面，以魔芋为原料或作为添加物加工的食品种类多样，魔芋制品在食品行业呈现出爆发式的发展。目前，魔芋食品主要包括以下几类：①直接加工产品。以魔芋为主要原料，不加或添加部分其他原辅料加工而成的产品，如魔芋精粉等。目前加工的魔芋精粉产品主要有普通魔芋粉、普通魔芋精粉、普通魔芋微粉、纯化魔芋粉、纯化普通魔芋精粉及纯化魔芋微粉。②粮油类制品。以粮食或油料作物为主要原料，适量添加魔芋后制成的产品，如魔芋豆腐、魔芋粉丝等。③食品添加剂。利用魔芋的特性，以魔芋为主要原料或同其他原料配合加工而成的产品，如面包改良剂、调味添加剂等。④饮料类。利用魔芋为原料制成的产品，如魔芋保健饮料等。⑤糖果糕点类。以魔芋为原料或主要添加物制成的产品，如魔芋软糖等。⑥仿生食品。以魔芋为主要原料或配合其他原料制成的产品，如魔芋仿生肉干等。⑦其他类食品，如魔芋复合食品、魔芋冰淇淋等(庞杰等，2001)。

黎鹏等(2012)以蓝莓果粉、魔芋膳食纤维等为主要原料，研制开发一种新型口味的魔芋膳食纤维固体饮料。以蓝莓果粉、魔芋膳食纤维作为基料，每份基料1.8 g，通过单因素试验确定添加 0.5 g 麦芽糊精可明显改善其溶解性能；在此基础上，通过正交试验确定添加其他辅料的最佳量为：黑加仑果粉 0.2g、柠檬酸 0.015 g、三氯蔗糖 0.006 g、食盐 0.01 g(表 6-10 和表 6-11)。

表 6-10　蓝莓味魔芋复合膳食纤维粉风味正交试验(黎鹏等，2012)

水平	因素			
	黑加仑果粉/g	柠檬酸/g	三氯蔗糖/g	食盐/g
1	0.1	0.010	0.004	0.010
2	0.2	0.015	0.005	0.015
3	0.3	0.020	0.006	0.020

表 6-11　风味剂最佳配比的正交试验结果(黎鹏等，2012)

试验序号	因素				综合评分
	黑加仑果粉/g	柠檬酸/g	三氯蔗糖/g	食盐/g	
1	1	1	1	1	79.2
2	1	2	2	2	82.6
3	1	3	3	3	84.8
4	2	1	2	3	88.4
5	2	2	3	1	91.5
6	2	3	1	2	84.1
7	3	1	3	2	82.2
8	3	2	2	3	83.7
9	3	3	1	1	76.5
K_1	82.2	83.3	79.9	82.4	
K_2	88.0	85.9	84.9	83.0	
K_3	80.8	81.8	86.2	85.6	
R	7.2	4.1	6.2	3.2	

易湘茜等(2018)以酥性饼干为载体，通过添加螺旋藻粉、魔芋精粉、麦芽糖醇、低脂牛奶等营养成分，成功开发出一款螺旋藻魔芋营养酥性饼干。对最佳配方的饼干进行理化和卫生指标检测，结果显示饼干的理化指标和卫生指标检验均符合 GB/T 20980—2007《饼干》标准。饼干外形完好，口感酥脆，色泽鲜明，组织细腻，香味适宜，营养全面；配以麦芽糖醇作为甜味剂，可有效地降低饼干热量和抗龋齿，是一款低糖低热量营养酥性饼干。张恒等(2018)以芒果汁、鲜牛乳为原料，超声波降解氧化魔芋葡甘聚糖(U-OKGM)、白砂糖、柠檬酸为辅料，研制出一款新型 U-OKGM 芒果乳饮料。该款饮料色泽呈乳黄色，芒果味与牛乳味突出，香气宜人，口感细腻，流动性好。该产品的研发对开发利用我国丰富的魔芋资源，丰富其在功能性饮料领域的应用上做出了新的尝试。

在工业应用方面，葡甘聚糖是一种多糖类高分子植物胶，具有较好的吸水性和膨胀性。经改性反应，魔芋葡甘聚糖在纺织工业上可作为浆料提高细砂力，可用作纺织印染剂；在印染工艺上可用作浆料、印染糊料及柔软剂；在香料加工中可作为微胶囊的囊壁材料；在日化工业中用作增稠剂和稳定剂；在食品和园艺保鲜中用作天然涂膜保鲜剂；在农业上可用作农药乳化剂、增效剂；在石油工业上用作钻井助剂和压裂剂。陶宁萍等(2003)利用魔芋与黄原胶复配具有协同增强效果，将魔芋与黄原胶按不同比例共混作为保鲜膜涂层主体，配以杀菌剂、保水剂等来保鲜香蕉。采用正交试验优化组合，通过感官及各项理化指标与空白相比较，成功获得一种能较好保鲜香蕉的魔芋复合剂配比，即 0.8%魔芋、0.2%黄原胶、0.2%甘油与 0.05%苯甲酸钠共混成膜。在室温条件下保鲜香蕉，较空白对照可延长保藏期 4~5 天，其效果明显。华中农业大学潘思轶等(2004)采用改性和不改性的魔芋精粉为涂膜材料，对经 75%乙醇消毒处理或 0.5%山梨酸钾溶液处理后的鲜猪肉进行涂膜处理，并与不同浓度的壳聚糖涂膜处理比较，以冷却肉的 pH、过氧化物酶活性、挥发性盐基氮及细菌总数的变化为指标，评价不同处理方法的保鲜效果。结果表明：冷却肉采用碱法改性的魔芋精粉溶胶涂膜处理保鲜效果与 2%的壳聚糖乙酸溶液保鲜效果接近，明显优于其他处理方法，一级鲜度货架期可达 9 天。段吉年等(2011)以 1%魔芋葡甘聚糖水溶液作为黏合剂，采用湿法制粒压片法制备灰黄霉素片，所得片剂性质稳定，工艺简单，质量可控。所得灰黄霉素片的硬度、脆碎度、崩解时限、溶出度等各项指标均有明显的改善，用该法制备的片剂经质量检查合格，片剂崩解时内外同时崩解且完全，溶出度增大；另外，利用该方法所得的灰黄霉素粒子表面包裹一层魔芋葡甘聚糖膜，可以改善药物的亲水性，促进药物溶出，加之灰黄霉素在溶剂中沉积于崩解剂(羧甲基淀粉钠)表面，有利于自身的溶出。

在医药应用方面，我国魔芋药用历史悠久。现代医学研究认为，魔芋的药理作用主要表现为魔芋葡甘聚糖对机体具有特别的生理效应。魔芋的医疗保健功能主要包括抗衰老、调节免疫肠道、降血脂、降血糖、减肥、抗肿瘤、补钙和提高免疫力等作用。刘秀英和刘力（2000）通过观察 34 例 2 型糖尿病住院患者食用魔芋精粉 30 天后的胰岛素释放情况，研究发现食用魔芋精粉后患者的空腹血糖、尿糖、血脂均有明显降低，血中胰岛素水平有所提高，这说明魔芋精粉是糖尿病患者的辅助治疗食品。

此外，魔芋精粉加工过程中产生的魔芋飞粉及皮渣的开发利用，也受到人们的高度重视，新研究成果不断涌现。现代研究发现，魔芋飞粉中含有丰富的糖类、蛋白质、矿物质、纤维素等多种类型的化合物，具有很高的开发利用价值。目前，对于魔芋飞粉的利用范围比较广，主要集中在生物活性肽类物质的制备、活性成分（生物碱、神经酰胺、总黄酮）的提取、淀粉的制备及抗营养因子的去除等方面。在发展魔芋产业的同时，深入研究魔芋飞粉，充分发掘魔芋飞粉的潜力，开发具有高附加值产品，既减少了魔芋资源的浪费和对环境的污染，也将产生巨大的社会效益和经济效益。

6.2　魔芋加工产业的局限性

作为最大的魔芋食品消费国家，日本是开展魔芋研究最早、水平最高的国家。虽然近年来我国的魔芋产业得到了迅速的发展，但与日本的魔芋产业水平依然存在差距。我国目前的魔芋种植总面积约为 43 万亩，鲜魔芋的产量为 20 万 t 左右，而魔芋精粉的产量仅为 1 万 t 左右（叶维等，2015）。以湖北省魔芋产业为例，尽管湖北省具有丰富的魔芋资源，但是目前魔芋加工技术落后，产品单一，附加值低等问题严重制约了魔芋产业的快速发展（赵伟和徐广文，2005）。由此可见，目前我国魔芋产业仍存在很多问题，如魔芋种植原料供应不足、科技力量投入不足、技术支持乏力及资金短缺等，影响了魔芋产业的健康发展。

6.2.1　原料供应不足

加快魔芋新品种的选育是当前魔芋产业发展急需解决的问题。中国分布的魔芋种类丰富，但是除花魔芋和白魔芋外，对其余魔芋品种并未进行全面的经济性、适应性、抗病性的观察和研究。目前，在魔芋育种方面的研究存在两方面问题：一方面是魔芋育种过程技术难度大。选种和杂交是魔芋育种中比较常用的方法，但是品质筛选盲目性大，杂交育种存在花期不遇、杂交不亲和等技术难题；另一方面是国内专门从事魔芋研究的机构相对较少，对于魔芋育种的研究力量相对较弱。因此，需要进一步开展魔芋资源的搜集与研究，利用分子标记技术与常规技术结合的方法，构建起源于我国的魔芋核心种质资源，培育一批具有重大应用价值的优良魔芋资源材料。针对当前魔芋品质单一现状，需要进行魔芋品种改良，选育出适合当地种植且质优高产的品种。结合魔芋加工工艺要求，要针对性地开展品种选育。例如，为延长加工时间，应配套选育早熟、晚熟品种；为了提高魔芋抗褐变能力，加强抗褐变魔芋新品种的选育；加速魔芋种芋繁育技术，扩大魔芋种植面积，增大魔芋种芋产量。

针对当前魔芋育种方面存在的问题，陈国爱等(2015)认为未来需要通过多种途径开展魔芋育种工作，从根本上解决目前魔芋种植过程中存在的问题，具体措施包括加强魔芋种质资源开发与利用，从野生品种和农用品种中筛选出新的魔芋品种；加强开展魔芋杂交育种研究，选育优质魔芋新品种；利用诱变育种和生物技术育种方法选育魔芋新品种。

另外，魔芋原料缺乏的另一个原因来自于魔芋重点病虫害防治技术的缺乏，尤其是不能有效防治魔芋根腐病、软腐病与白绢病，给种植户造成了不小的经济损失，这需要加强魔芋病虫害的防治研究。到目前为止，发现的我国魔芋病害种类共有 17 种，其中真菌性病害 8 种，细菌性病害 2 种，病毒性病害 4 种，魔芋线虫病 1 种，生理性病害 2 种(表 6-12)(高雪等，2017)。

表 6-12　我国魔芋的病害种类(高雪等，2017)

病害类型	病害及病原物	为害部位
真菌性病害	魔芋白绢病(*Sclerotium roifsij* Sacc)	茎、叶柄及球茎
	魔芋根腐病(*Rhizoctonia pythium* Fusarum)	根部
	魔芋枯萎病(*Fusarium solani*)	叶片
	魔芋轮纹斑病 (*Ascochyta amorphophalli*)	叶片
	魔芋炭疽病(*Colletotrichum* sp., *Gloesporium* sp.)	叶片
	魔芋白纹羽病(*Rosellinia necatrix*)	球茎和须根
	魔芋紫腐病(*Cylindrocarpon didymum*)	球茎
	魔芋疫病(*Phytophthora nicotianae*)	叶片、茎
细菌性病害	魔芋软腐病(*Erwinia carotvora*)	块茎
	魔芋细菌性叶枯病(*Xanthomonas conjac*)	叶片
病毒性病害	黄瓜花叶病毒(*Cucumber mosaic virus*，CMV)	叶片、块茎
	马铃薯 Y 病毒属(*Potyvirus*)	叶片
	烟草脆裂病毒(*Tobacco rattle virus*，TRV)	叶片
	番茄斑萎病毒(*Tomato spoted wile virus*，TSWV)	叶片、茎
线虫病	南方根结线虫(*Meloidogyne incongnita* Chitwood)	球茎
生理性病害	魔芋叶烧病	球茎
	魔芋黄白化病	叶片

据不完全统计，目前我国栽培种基本以地方品种为主，国内栽培魔芋品质退化严重，抗病品种未取得突破，导致魔芋病害突出，尤其是魔芋软腐病、白绢病无法根治，年损失量多在当年产量30%左右(张东华和汪庆平，2015)。以我国陕西省宁陕县魔芋产业为例，宁陕县是我国魔芋适生区域之一，虽然魔芋种植规模和总产量逐年增加，但是魔芋产量依旧不高。何富春和李婉钰(2018)通过对宁陕魔芋进行调查分析，发现软腐病和冻害是宁陕魔芋高产的主要限制因素。日本魔芋种植业常见病害主要有叶枯病、根腐病、干腐病和软腐病。目前，日本在魔芋病害防治方面已经取得一定的成功经验，包括主要采取选育和应用高产抗病品种、播前种芋与土壤管理、提高播种质量以及加强大田管理和种芋储藏病害防治等，这些经验对于提升我国在魔芋病虫害防治技术方面提供了指导(崔鸣，2011)。杨邦英(2017)总结了魔芋病害严重的原因及防治措施。当前，发生魔芋病害原因主要包括：生态条件改变、种芋质量差、土壤未消毒、种植措施不当、防治措施不力以及储藏方法不当；防治措施主要包括营造适宜魔芋生长的环境、严把种芋关、科学种植、适时轮作、加强病害防治及科学储藏。湖南农业大学吴永尧教授则通过引进抗病能力强的珠芽魔芋品种'湘芋一号'代替原有的传统种植品种，提高了湖南省湘西地区桑植县的魔芋产量，并使"桑植魔芋"于2017年正式获得国家地理标志商标认证，成为继"桑植萝卜"后该县第二个获得国家地理标志认证的农产品。

6.2.2　加工工艺有待改进

中国魔芋加工产业发展迅速，近年来加工技术和设备有了一定的进展，但是同发达国家，尤其日本相比，依旧存有差距。当前，我国魔芋加工企业大部分还处于起步阶段，生产技术水平及效率不高，需要加强生产过程控制与管理技术，完善加工过程中的质量控制标准体系。

鲜魔芋球茎中含有丰富的多酚类物质，在加工过程中魔芋极易发生褐变。魔芋褐变包括酶促褐变与非酶促褐变。通常，引起魔芋褐变的原因有两种：酶促褐变与非酶褐变的羰氨反应。引起酶促褐变的内因有多酚氧化物和底物，外因有温度、pH和水分等；引起非酶褐变中羰氨反应的内因有羰基化合物与氨基化合物，外因有温度、pH、水分和金属离子等(郑连姬等，2002)。抑制褐变是魔芋加工过程中技术瓶颈之一。当前，食品工业中常用的漂白方法有还原漂白法、氧化漂白法和脱色漂白法。其中，熏硫法是我国魔芋加工中最普遍的方法。尽管该方法可以漂白，同时可以抑制褐变，但是易引起SO_2含量超标。魔芋粉中SO_2主要源于魔芋加工过程。因此，降低魔芋初加工产品中的SO_2含量是我国魔芋产业需要解决的一个难题。

针对魔芋褐变与护色技术，目前主要采用熏硫护色技术，粉碎、研磨、风选分离技术，导致精粉产品硫残留偏高、纯度低，很大程度上限制了魔芋精粉的应用。因此，建议政府部门指导培育不易褐变的魔芋品种，改进加工工艺，要尽快解决魔芋粉中 SO_2 使用及其残留限量标准缺失的问题，以最大限度保持产品的安全性与品质。同时，针对熏硫护色技术产生大量的 SO_2 废气问题，需要研究魔芋的无硫加工技术，为魔芋产业的健康发展提供有力的质量保证。

针对国际市场对鲜芋全粉制品的需求，研究鲜芋低温冷冻干燥技术，可直接生产有机(无硫)全粉。为延长加工时间，应加大科研力度，开发商品魔芋储藏技术；在加工设备方面，应进一步完善设备，将设备逐渐定型，并制定相关标准。目前仅有魔芋精粉机一个标准，应该制定更多的设备标准(张锐等，2010)。

6.2.3　魔芋资源开发利用效率低

然而，魔芋制品的开发当前仍以食品行业应用为主，需要进一步提高魔芋产业化水平，大力发展魔芋深加工产品研发，如开发魔芋微粉胶囊、魔芋肉制品、魔芋水产制品、魔芋保健品等附加值较高的魔芋食品。同时，在药用行业、工业、日化领域以及在其他领域的应用价值有待进一步深入研究和不断探索，通过丰富魔芋产业形式，整合产业链资源，为魔芋资源的开发利用开辟广阔的空间。

此外，对于魔芋皮渣、魔芋飞粉等副加工产物中的生物活性成分(如淀粉、生物碱等)的提取和利用研究尚未实现产业化。目前魔芋飞粉主要用来研制飞粉肽类药物、功能性食品、化妆品、保健品、蒸馏酒和燃料乙醇等，但是利用率不高；对魔芋飞粉的降血压 、降血糖、抗衰老、抗血栓、抗氧化等功效以及其在环保工业中的应用研究还不够深入，作用机理也是空白(游智能等，2014)。所以，需要进一步在魔芋资源的综合利用和机理研究方面开展广泛研究，不断提高魔芋附加值的产业。

6.2.4　政府政策扶植局限

由于魔芋种植采用无性繁殖方式，规模化种植存在用量大、投入成本高特点，大多数农户对于种植魔芋没有规模化种植经验，仍持观望态度。尽管各级部门加大了对魔芋产业的投入力度，仍不能满足魔芋产业化的要求。魔芋产业投入不足成为该产业发展过程中需要解决的关键问题。因此，政府各级部门应加大对魔芋种植户、魔芋骨干企业及魔芋科学研究的技术投入。

针对魔芋种植户，加强对农民的技术培训。立足提升传统农民，着力培育一批懂技术、会经营、善管理、知市场的骨干农民，培育农村实用人才和农村青年致富带头人，使传统的魔芋种植户成长为职业农民(姚彦茹等，2015)。现阶段许多地区的魔芋产业核心组成是大量的中小型企业，缺乏龙头企业的带动力。因此，针对魔芋产业的骨干龙头企业，应该通过设立基地建设基金、技术创新基金、风险基金、扶贫基金等，加大对骨干企业的扶持力度，培育一批产业关联度大、带动能力强的大企业，支持魔芋产业龙头企业开展技术创新，进一步拓展魔芋产业市场。围绕魔芋科学研究的投入，应加强产学研教多方联合，强化科研、教学、推广单位建设，加大科技创新和产品研发力度，有计划地引进和培养魔芋产业建设的人才队伍建设，提高产业技术水平和科研创新能力。在魔芋品种方面，要强化培育技术，研究出优质的魔芋品种。根据不同地区魔芋的特性，研究出适合魔芋生长的有效方法。在防治病虫害方面，要积极探索病虫害传播的规律，对生产中的重大病虫害进行分析研究，探索出能够缓解病虫害的有效措施。引进国外的科学种植技术，提高魔芋的存活率，提高产量。在魔芋加工与资源利用方面，加大魔芋加工新工艺改造升级以及魔芋功能成分资源多元化利用的研究力度。

6.2.5　资金缺乏

当前魔芋产业化程度较低，导致资金缺乏，科技创新乏力，成果转化滞后，无法提升品牌知名度。企业在新产品开发，特别是产品中试过程中，具有较大的市场风险和技术风险，企业不愿承担。目前国内尚未形成魔芋产业的龙头技术企业。魔芋企业可借助资本市场，吸引外来资本投资，以提高科技创新能力，促进魔芋产业健康发展。

参 考 文 献

陈国爱. 2016. 魔芋外植体的消毒方法研究. 陕西农业科学, 62(5): 33-34

陈国爱, 郭邦利, 刘婷, 等. 2015. 魔芋新品种选育研究进展. 长江蔬菜, (4): 5-7

崔鸣. 2011. 日本魔芋病害防治及启示. 陕西农业科学, 57(6): 254-256

段吉年, 李兴茂, 王成军. 2011. 魔芋葡甘露聚糖在灰黄霉素片制备中的应用. 中国药物应用与监测, 8(3): 151-153

顿金城. 2001. 我国魔芋加工产业前景分析及 MGF8 型魔芋干片加工设备简介. 农业机械, 53(6): 36-37

高雪, 强远华, 梁社往, 等. 2017. 魔芋病虫害及绿色防控研究进展. 作物杂志, (5): 26-30

耿其勇, 丁云双, 孙开敏, 等. 2016. 曲靖市魔芋产业发展现状及对策. 安徽农学通报, 22(24): 54-55

巩发永. 2015. 魔芋资源的开发与利用. 成都: 四川大学出版社

何富春, 李婉钰. 2018. 宁陕魔芋高产的限制因素分析及对策. 农业与技术, (11): 34-35

何家庆. 2001. 论我国魔芋资源产业化与可持续发展. 湖北民族学院学报(自科版), 19(1): 5-9

胡悦, 冉兴宇, 张兴国, 等. 2012. 魔芋组培快繁的影响因素. 中国蔬菜, (8): 75-79

赖德里, 杜廷勇. 2000. 魔芋加工工艺技术与设备研究探讨. 山区开发, (9): 47-48

黎鹏, 袁萍, 徐雁翔, 等. 2012. 蓝莓味魔芋膳食纤维固体饮料的研制. 中国食物与营养, 18(12): 54-56

刘秀英, 刘力. 2000. 魔芋精粉对人体糖及脂质代谢影响的研究. 天津医药, 28(1): 52-53

牛义, 张盛林, 王志敏, 等. 2005. 中国魔芋资源的研究与利用. 西南大学学报(自然科学版), 27(5): 634-638

潘思轶, 王可兴, 杨东旭. 2004. 魔芋涂膜保鲜冷却肉研究. 食品科学, 25(8): 177-180

庞杰, 曾竞华, 林启训, 等. 2001. 魔芋的利用与加工. 食品研究与开发, 22(1): 19-21

孙兴伟. 2002. 魔芋干燥技术的现状和未来发展趋势. 山区开发, (11): 36-37

汤万香, 徐小燕, 邓红军, 等. 2015. 魔芋种贮藏方法与技术. 现代园艺, 2(3): 39-40

陶宁萍, 胡宾, 许宗平. 2003. 魔芋复合保鲜剂保鲜香蕉的工艺研究. 食品科技, (2): 63-64

滕彩珠, 刁英, 常福浩森, 等. 2006a. 云南魔芋种质资源亲缘关系的 ISSR 分析. 安徽农学通报, 12(11): 54-56

滕彩珠, 刁英, 易继碧, 等. 2006b. 魔芋种质资源的 AFLP 分析. 氨基酸和生物资源, 28(4): 33-35

卫永华, 张志健. 2015. 魔芋湿法综合加工关键技术探讨. 贵州农业科学, (2): 155-157

文明玲, 舒洪前, 魏德美, 等. 2018. 魔芋套种黄秋葵栽培技术初探. 陕西农业科学, (3): 67-69

伍城颖, 周静, 龙芳, 等. 2018. 基于专利数据的我国魔芋资源产业化发展现状及趋势分析. 中药材, 41(4): 839-843

徐文果, 张宏芳, 陈志雄. 2009. 魔芋套种玉米加绿肥高效栽培模式. 农村百事通, (2): 35-36

杨邦英. 2017. 魔芋病害严重的原因及防治措施. 云南农业, (12): 83-84

杨晶晶, 杨林夕, 邵娟娟. 2018. 魔芋中化学成分的提取纯化. 农产品加工, (8): 67-69

姚彦茹, 王运超, 高义富. 2015. 镇巴魔芋产业分析与发展措施建议. 农业科技通讯, (4): 175-177

叶维, 李保国, 周颖. 2015. 魔芋精粉的护色及干燥加工工艺的研究进展. 食品与发酵科技, 51(1): 4-8

易湘茜, 乔银娟, 劳超, 等. 2018. 螺旋藻魔芋粉酥性饼干配方研究. 轻工科技, (1): 20-23

游智能, 朱于鹏, 汪超. 2014. 魔芋飞粉的研究进展. 中国酿造, 33(4): 23-26

袁莉, 赵祥稳, 董坤, 等. 2018. 花魔芋标准化栽培技术. 蔬菜, (1): 37-39

张东华, 汪庆平. 2013. 缅甸魔芋(Amorphophallus Muelleri)资源分布及产业基本概况. 热带农业科学, 33(4): 46-51

张东华, 汪庆平. 2015. 中国魔芋种植业如何应对日本重返缅甸. 热带农业科学, 35(7): 76-80

张东华, 汪庆平. 2017. 珠芽魔芋叶面球茎的丰产栽培技术. 热带农业科学, 37(9): 11-16

张东华, 汪庆平, 马晋林. 2011. 印度尼西亚食用魔芋资源分布及产业发展. 长江蔬菜, (14): 9-13

张风洁, 刘海利, 蒋学宽, 等. 2013. 魔芋种质资源形态标记遗传多样性分析. 中国蔬菜, (18): 53-60

张恒, 郑俏然, 王晓杰. 2018. 超声波降解氧化魔芋葡甘露聚糖芒果乳饮料的研发. 食品科技, (6): 126-132

张锐, 方伟, 苗羽, 等. 2010. 魔芋加工及其综合利用. 农业科技与装备, (9): 20-24

张盛林, 刘佩瑛, 张兴国, 等. 1999. 中国魔芋资源和开发利用方案. 西南大学学报(自然科学版), 21(3): 215-219

张盛林, 张甫生, 钟耕. 2013. 魔芋加工中二氧化硫使用的必要性研究. 农产品质量与安全, (1): 60-62

张玉进, 张兴国, 刘佩瑛, 等. 2001. 魔芋种质资源的 RAPD 分析. 西南大学学报(自然科学版), 23(5): 418-421

赵伟, 徐广文. 2005. 湖北省魔芋加工产业现状分析. 农村经济与科技, 16(7): 20-21

郑连姬, 张盛林, 钟耕. 2002. 魔芋褐变原因分析及防止褐变途径初探. 畜牧市场, (11): 29-31

周江菊. 2001. 魔芋资源的开发利用. 贵州师范大学学报(自然科学版), 19(3): 105-106

周亚辉. 1999. 魔芋加工工艺和设备选型. 粮油加工与食品机械, (2): 28-29

索　引

A

ACE 抑制肽　203

B

白绢病　228

薄层变温热风干燥　55

C

采收　36

超声波降解　125

超微粉碎技术　124

成膜性　89

持水性　86

储藏期　41

D

大型复叶　2

蛋白质　200

低聚糖　124

淀粉　187

多酚氧化酶　42

E

二氧化硫护色法　49

F

发酵法　148

飞粉　63

非酶褐变　46

分子结构　85

佛焰花　3

辐照降解　127

G

干法加工　25, 63, 73

干腐病　228

干燥设备　222

甘露聚糖酶　130

甘露聚糖肽　208

甘油改性　90

高 F 值寡肽　206

根腐病　228

根状茎　2

功能性低聚糖　124

共混改性　91

H

核型　6

后期漂白技术　52

护色技术　49

化学法降解　128

还原漂白法　52

黄酮　16, 209

J

间接因素　214

间歇式过滤　79

交联反应　100

胶凝性　88

焦糖化反应　46

接枝共聚　99

精粉　63

精粉加工设备　223

K

抗坏血酸氧化褐变　46

抗氧化多肽　206

扩增片段长度多态性　8

L

连续式过滤　79

鳞片叶　2

流变性　87

M

酶促褐变　42

酶法降解　130

醚化反应　93

膜分离法　147

魔芋　1

魔芋低聚糖　124

魔芋飞粉　162

魔芋加工　61

魔芋精粉　20, 71

魔芋块茎　2

魔芋葡甘聚糖　15

魔芋种质资源分布　5

N

内部简单重复序列　8

P

葡甘聚糖　63

普通细胞　23

Q

气体射流冲击干燥　56

前期处理设备　222

R

热泵干燥　60

热风对流干燥　53

软腐病　228

软腐病病原菌　37

S

三甲胺　163

神经酰胺　15, 171, 172, 175, 178, 183

生物改性　103

生物技术育种　14

生物碱　15, 165, 166, 168

生长发育　3

湿法加工　26, 64, 74

双酶降解技术　143

水溶性　86

水溶性生物碱　166

酸解法　129

随机扩增多态性 DNA 标记　8

T

羰氨反应　46

天然褐变抑制剂　50

脱毒回收技术　67

脱乙酰反应　98

W

微波干燥　59

X

纤维素酶　137

形态学多样性　7

Y

氧化反应　102

氧化降解法　128

氧化-酸解法　130

叶枯病　228

乙醇纯化　90

乙醇回收技术　67

异味物质　162

异细胞　23

益生元　155

诱变育种　13

Z

增稠性　88

真空干燥　57

支链氨基酸寡肽　207

脂溶性生物碱　166

直接因素　214

酯化反应　95

中性蛋白酶　187

种芋储藏　38

种芋消毒　37

柱层析法　147

自然选择育种　9

综合法降解　143

阻溶技术　65

阻溶剂　65